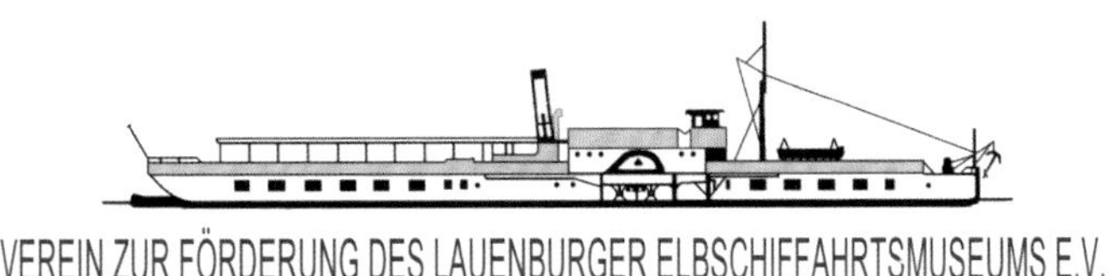

Schriftenreihe

Band 8

in Zusammenarbeit mit

EDITION TEMMEN

Bremen

NIEDERSACHSENS GRÖSSTE
WERFT FÜR BINNENSCHIFFBAU

ARMINIUS
BODENWERDER RUF 541-543
FÜR NEUBAU, UMBAU, REPARATUR
SPEZ.: TANK- UND BEHÄLTERSCHIFFE
MIT EIGENEN ENTLADEANLAGEN
VORWERFT: HANNOVER RUF 21081
TERMINTREU
LEISTUNGSSTARK
NACH WIE VOR

Werner Hinsch

Christian Pape
Arminiuswerft
Arminius Werke

Eine Werftgeschichte aus Bodenwerder/Weser

Lauenburg/Elbe 2024

Verein zu Förderung des Lauenburger
Elbschiffahrtsmuseums e.V.

Postfach 1310, 21472 Lauenburg/Elbe
– gemeinnützig –

www.elbschifffahrtsarchiv.de
info@elbschifffahrtsarchiv.de

In der wissenschaftlichen Schriftenreihe des Vereins zur Förderung des Lauenburger Elbschiffahrtsmuseums e.V. als Buchband Nr. 8 in freundlicher Zusammenarbeit mit „Edition Temmen" aus Bremen.

Redaktion: Werner Hinsch, Hohnstorf
Gestaltung: Klaus Lingenauber, Hamburg
Druck: Interpress, Budapest

Printed in EU

ISBN 978-3-8378-4073-7

Der Druck dieser Schrift
wurde gefördert durch:
Arminius Werke GmbH
Rühler Straße 34
37619 Bodenwerder

Vorwort des Herausgebers

Die über 100jährige Geschichte einer Schiffswerft weit im Binnenland, in Bodenwerder an der Oberweser, ist eine besondere Herausforderung für eine Dokumentation. Die Entwicklung weicht von der üblichen Struktur kleinerer und mittlerer Werften an oberen Flussläufen erheblich ab. Zwar in handwerklicher Form an der Schwelle vom Holz- zum Eisenschiffbau gegründet, gelangte die Werft nach dem turbulenten Ende des I. Weltkrieges in den Besitz einer großen Konzerngesellschaft. Ab diesem Zeitpunkt bestimmte die Flotte des neuen Eigentümers das Werftgeschehen in Bodenwerder – sowohl beim Neubau als auch bei der Reparatur der konzerneigenen Schiffe. Dieses wird besonders in den 1930er und 1940er Jahren sowie ab 1952 sehr deutlich. Als um 1960 der Flottenausbau der Muttergesellschaft beendet war, musste sich die Werftleitung nach alternativen Kunden umsehen. Dieses kann als gelungen bezeichnet werden. Bei der späteren weitreichenden Sättigung des Marktes im Binnenschiffbau erlosch das Interesse der Eigentümer an der Werft. Sie wurde kurzfristig fast stillgelegt und verkauft. Eine nachfolgende Umorientierung zum Bau seegängiger Schiffe brachte den Standort Bodenwerder erneut in ernsthafte Probleme. Dieses führte letztendlich zur Aufgabe des Werftstandortes.

Um all die hochinteressanten Entwicklungsvorgänge zu dokumentieren, bedarf es wichtiger Quellen und Betriebsunterlagen. Das Elbschifffahrtsarchiv in Lauenburg ist in der glücklichen Lage, sowohl eine große Aktenvielfalt als auch umfangreiche technische Zeichnungen aus Bodenwerder im Bestand zu haben. Hierfür ergeht unser ganz besonderer Dank an Herrn *Jürgen Freudenberg*, damals zuständig für die gesamte technische Verantwortung der *Arminiuswerft*. Er hatte bei der Räumung des dortigen Bürogebäudes rechtzeitig den historischen Wert erkannt und in mehreren Schritten das Material nach Lauenburg transportiert. Ohne derartig wichtige Unterlagen hätte diese Schrift nicht entstehen können! *Jürgen Freudenberg* gab auch in vielen Gesprächen mit dem Autor den entscheidenden Anstoß zum Entstehen des Buches.

Der Autor, 1956 bis 1959 auf der Schiffswerft Ernst Menzer in Geesthacht den Beruf des Schiffbauers erlernt, ist in seiner langen Berufslaufbahn überproportional mit dem Schiffbau und der Binnenschifffahrt bis heute verbunden. Als Leiter des Elbschifffahrtsarchivs in Lauenburg sorgte er zusammen mit den Kollegen *Ulrich Brammer* und *Lothar Andersson* für die fachgerechte Archivierung der „Arminius-Unterlagen“. Damit stehen diese für weitergehende spätere Forschungen zur Verfügung.

Nochmals bin ich als Autor besonderen Dank Herrn *Jürgen Freudenberg* schuldig, der mir nicht nur immer wieder neue Hinweise gab, sondern auch viele Unklarheiten im entstehenden Text ausräumen konnte. Desweiteren geht mein Dank an die Herren *Jan Kruse* aus Hameln und *Jürgen Schirsching* aus Oldenburg. Sie haben durch ihr Fachwissen sehr geholfen, das Puzzle zusammen zu tragen. Ferner danke ich den Mitarbeitern der im Quellenteil aufgeführten Archive und Institutionen für die Bereitstellung wichtiger Unterlagen.

Herrn *Klaus Lingenauber* aus Hamburg möchten wir unseren Dank für die gelungene Gestaltung dieses Buches aussprechen. Ein weiterer Dank geht an Frau *Edit Almár* in Budapest für die gute drucktechnische Umsetzung.

Die Dokumentation über die *Arminiuswerft* in Bodenwerder an der Oberweser erscheint als **Band Nr. 8** der Buchveröffentlichungen des Vereins zur Förderung des Lauenburger Elbschiffahrtsmuseums e. V..

Markus Reich, Vorsitzender
Werner Hinsch, Archivleiter

Vorwort der Arminius Werke

Seit mehr als 100 Jahren besteht dieser Werftstandort in Bodenwerder. Mit kleinen Reparaturen an hölzernen Kähnen ist die Möbelfabrik von *Christian Pape* angefangen und hat sich dann später unter dem Namen ARMINIUS zur größten Binnenschiffswerft Niedersachsens weiterentwickelt. Die Umstellung vom Holz- zum Stahlschiffbau, die Kriege und auch die wirtschaftlich schwierigen Zeiten, in denen die Produktion gänzlich zum Erliegen kam, hat die Werft überstanden. Dies war nur möglich mit der Unterstützung treuer Stammkunden, innovativer Konstruktion und der zuverlässigen Arbeit der Belegschaft.

Unterschiedliche Schiffstypen, die bei ARMINIUS entstanden sind, fuhren und fahren auch noch heute auf den europäischen Wasserstraßen. Der Kostendruck aus Osteuropa, die schwierigen Wasserverhältnisse der Oberweser und die Brücken- und Schleusenmaße der Weser führten allerdings im Jahre 1996 zur Einstellung der Neubauproduktion in Bodenwerder und einer Verlagerung zur Weserwerft in Minden und zur Cassens Werft in Emden. Andere Geschäftsbereiche blieben am alten Standort bestehen.

Wir möchten uns beim Elbschifffahrtsarchiv in Lauenburg und hier ganz besonders bei *Werner Hinsch* und allen anderen Beteiligten für die Aufarbeitung der Werftunterlagen bedanken, die als Ergebnis zu diesem sehr informativen und aufschlussreichen Buch geführt haben und wünschen Ihnen, liebe schifffahrtsinteressierte Leser, viel Freude mit dieser Chronik.

Wolfram Fritze, Arminius Werke GmbH
Jürgen Freudenberg, Arminius Werke GmbH

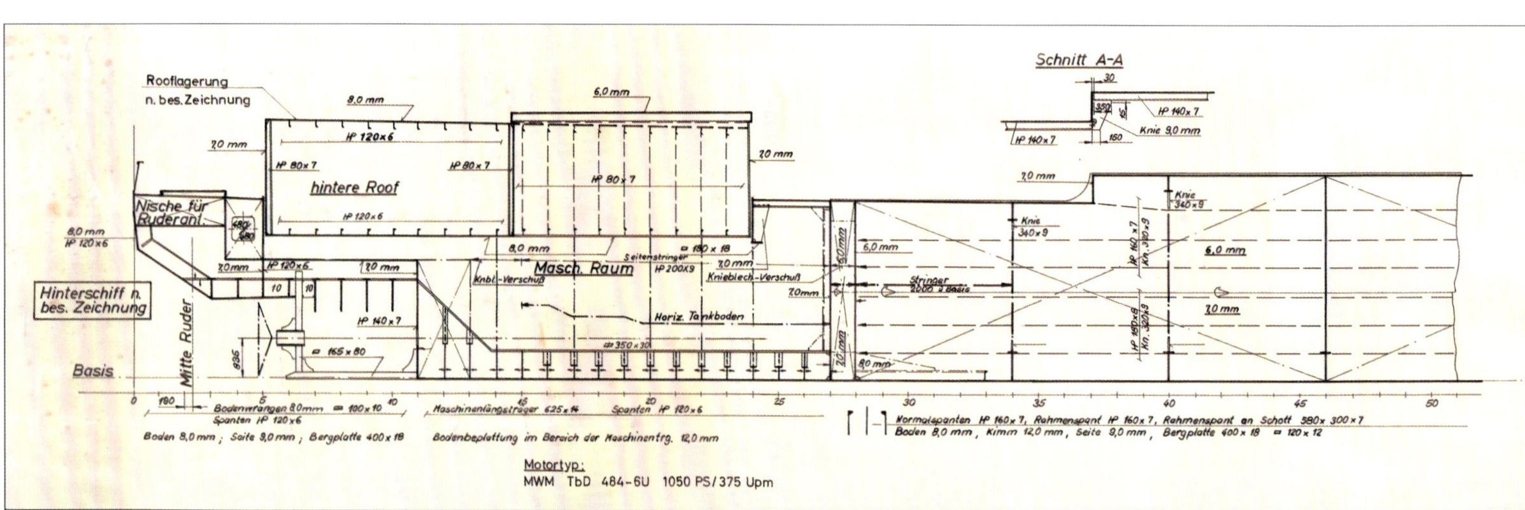

Inhalt

Christian Pape/Arminiuswerft/Arminius Werke – eine Werftgeschichte aus Bodenwerder/Weser

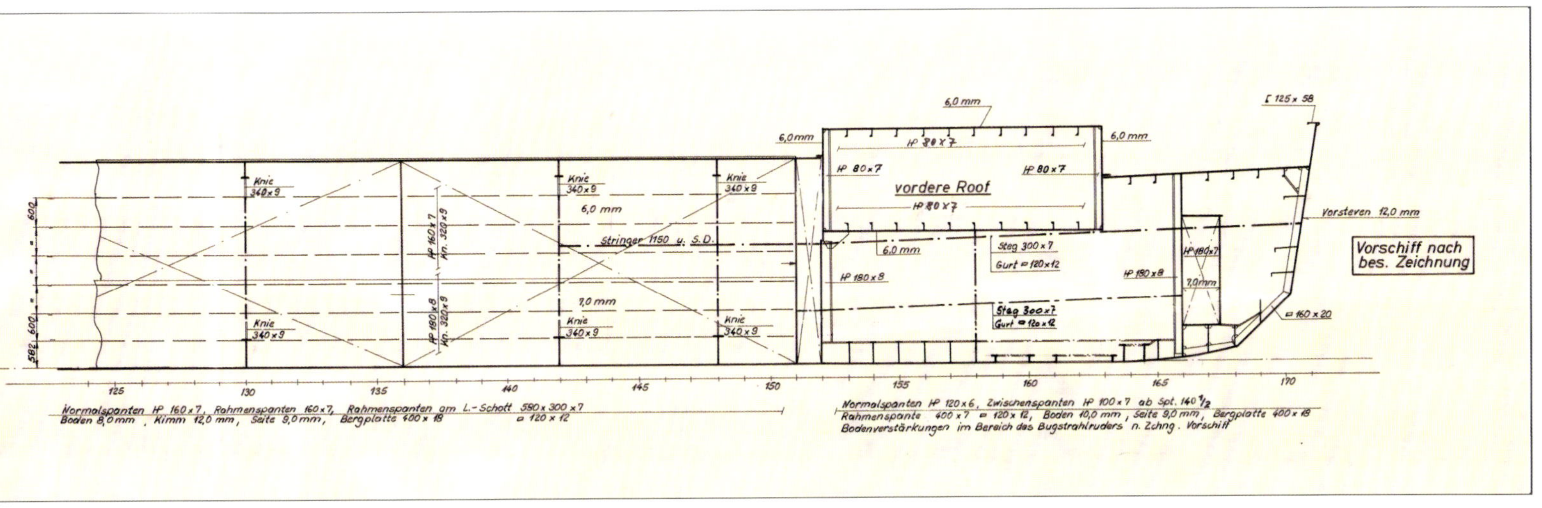

Abb 1: Eisenlängsschnitt eines von der *Arminiuswerft* entwickelten Tankschifftyps für die mitteleuropäischen Binnenwasserstraßen

Abb. 2: Die *Arminiuswerft* an der Oberweser im Sommer 1969 mit den zwei Hellinganlagen, Fertigungswerkstätten und dem markanten Bürogebäude [-Westdeutsche Luftwerbung Archiv Nr. 9603 – freigegeben Reg.-Präs. D'dorf. N.03/79/8849-]

Einleitung

Die Weser, entstanden durch den Zusammenfluss von Werra und Fulda bei der Stadt Hannoversch Münden, wurde wie andere Flüsse Mitteleuropas bereits im Mittelalter als günstiger Transportweg genutzt. Dazu spielte die Schifffahrt in unterschiedlichster Form eine bedeutende Rolle. Es gab kleine lokale als auch „zwischenstaatliche" Transporte von Gütern aller Art. Die Entwicklung und der Bau der Schiffe der Frühzeit im Weserraum kann durchaus mit den Aktivitäten an anderen Flüssen dieser Größenordnung verglichen werden und waren somit über Jahrhunderte hinweg kaum Veränderungen unterlegen. Erst die im Anfang des 19. Jahrhunderts stattgefundenen großen politischen Veränderungen verbunden mit der späteren Einführung maschinengetriebener Schiffe führten zum Umdenken – eine ständig fortschreitende „Revolution". Dieses betraf sowohl die Transportwege und die zu transportierenden Güter als auch den Bau der Schiffe. Die Weserschifffahrtsakte von 1823 hatte die Möglichkeiten zur Regulierung der Weser zwischen Hannoversch Münden und Bremen ermöglicht. Nach Abschluss der Arbeiten 1893 konnten größere Schiffe mit zunehmender Tragfähigkeit verwendet werden. Diese wurden nun nicht mehr in handwerklicher Einzelarbeit an vielen Plätzen entlang des Flusses erstellt, sondern bedurften spezieller technisch dafür eingerichteter Bauplätze – den Schiffswerften.

Die Stadt Bodenwerder, etwa in der Mitte des Laufes der Oberweser gelegen, hatte sich offensichtlich schon sehr früh zu einem Schwerpunkt der Oberweser-Schifffahrt entwickelt. Sie war nicht nur ein wichtiger Handelsplatz sondern auch Wohnsitz vieler Schifffahrttreibender. Folgerichtig entstanden an diesem Platz auch mit Beginn des 20. Jahrhunderts Schiffswerften zum Bau großer „moderner" Schiffe mit unterschiedlicher technischer Ausrüstung zum Transport der nun anders gearteten Güter in großen Mengen. Der Bau der kleinen hölzernen Fahrzeuge war nur noch eine Übergangslösung. Ebenso liefen die Reparaturarbeiten an diesen Schiffen aus. Das neue Baumaterial war nun „Eisen".[1]

Als Folge der neuen Situation entstanden in Bodenwerder um die Jahrhundertwende gleich zwei Schiffswerften. 1889 errichtete *August Balke* am linken Weserufer am Rande der Stadt Bodenwerder einen größeren Betrieb, die bis 1983 tätige *Schiffswerft Oberweser*. Diesem folgte 1902 *Christian Pape* mit der Anlegung einer Schiffswerft am rechten Weserufer gegenüber der Stadt, die unter dem späteren Namen *Arminiuswerft* – danach *Arminius Werke* – bis 1996 aktiv war. Die geschichtliche Entwicklung dieser Schiffswerft soll im Anschluss näher beschrieben werden.

Von *Christian Pape* zur *Arminiuswerft*

Bereits gegen Ende des 19. Jahrhunderts befand sich direkt am Weserufer im Bereich des Ortsteiles Kemnade eine Zimmerei zur Weiterverarbeitung von Floßholz aus den oberen Regionen der Weser. Diese gehörte dem Zimmerermeister *Christian Pape*, welcher offensichtlich auch gute Erfahrungen in der Reparatur der hölzernen Weserschiffe hatte. Die zu reparierenden Kähne wurden mittels „Erdwinden" unter schwierigen Umständen neben der Fährstelle an Land gezogen. Als derartige Aufträge einen immer größeren Umfang annahmen, gelang es ihm 1902, ein günstiger gelegenes Grundstück eines ehemaligen Ackerlandes von dem Kaufmann *Wilhelm B*… etwa 1½ km oberhalb von Kemnade am Rühler Weserufer zu erwerben, den späteren Standort der *Arminiuswerft*.

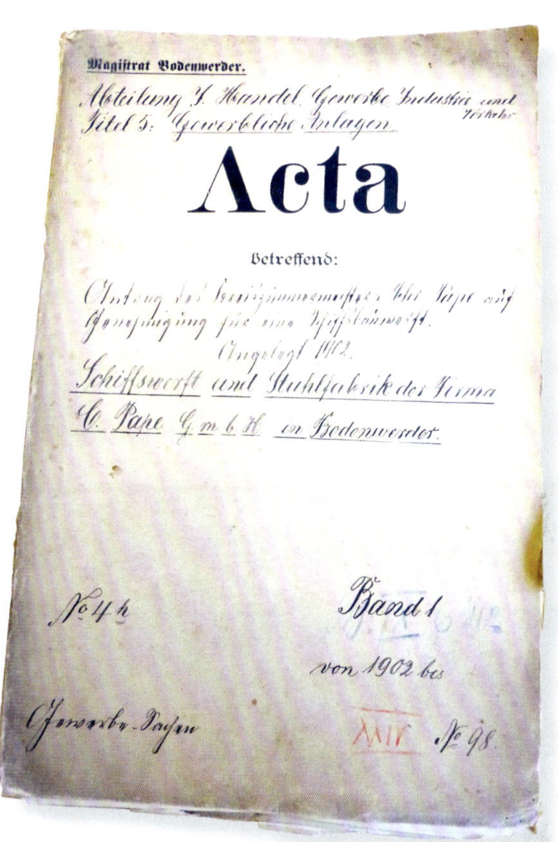
Magistrat Bodenwerder.

Abteilung I. Handel, Gewerbe, Industrie und Verkehr

Titel 5: Gewerbliche Anlagen

Acta

betreffend:

Schiffswerft und Stuhlfabrik der Firma C. Pape G.m.b.H. in Bodenwerder

No 4 h

Band I

von 1902 bis

Gewerbe-Sachen

XXIV No 98

Abb. 3: „Acta" des Magistrats von Bodenwerder, beginnend 1902 zur *„Schiffswerft und Stuhlfabrik der Firma C. Pape GmbH in Bodenwerder"*. Damit wird der Beginn des Werftstandortes amtlich!

Das Gelände war reichlich bemessen, sodass *Christian Pape* zunächst dort eine große Fabrikanlage für die Herstellung von Stühlen errichtete. Dazu gehörten Schuppen und ähnliche Gebäude für die Lagerung geeigneter Hölzer und der fertigen Stühle. Mittelpunkt war ein großer „Maschinensaal" mit Kreissägen und Bearbeitungsmaschinen sowie ein Gatter zum Zersägen der angelieferten Baumstämme. Als Kraftzentrale diente eine Dampfmaschine mit einem Dampfkessel aus dem Jahre 1889. Sie wurden „gebraucht" in Hannover erworben, abmontiert und in Bodenwerder wieder aufgestellt.

Der Platz für die parallel geplante Schiffswerft lag zwischen dem Weserufer und dem Maschinengebäude. Er nahm knapp 1/3 der Gesamtfläche des neu erworbenen Grundstücks ein. Am Weserufer entstand eine ca. 80 m lange „Helling“ mit oberhalb liegendem „Arbeitsschuppen für die Schiffswerft“, angrenzend an die festen Bauten der Kraftzentrale.[2]

Die notwendigen Erd- und Baggerarbeiten am Weserufer müssen bereits Anfang 1902 begonnen worden sein. Die erforderliche Strompolizei-Erlaubnis war umgehend am 13.3./16.5.1902 erfolgt. Die Slipwagen und Winden sind noch im gleichen Jahr aus Holzminden von der Firma *Pristorius* angeliefert worden.

Offensichtlich drängte *Christian Pape* auf eine zügige Fertigstellung der gesamten Anlage, sodass Baumaßnahmen und ein umfangreicher Schriftverkehr mit den Behörden zwecks Genehmigung parallel verliefen. Die notwendige amtliche Bekanntmachung *„zur Errichtung einer Schiffsbauwerft für eiserne Schiffe“* erschien daher erst am 27. Dezember 1902 in der Deister- und Weserzeitung mit einer möglichen Einspruchsfrist bis zum 12. Januar 1903.[3]

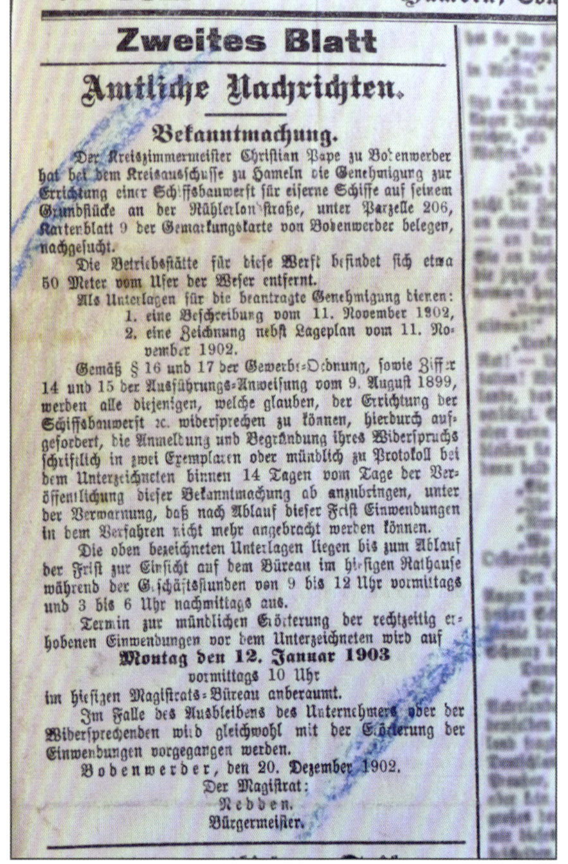
Hameln,

Zweites Blatt

Amtliche Nachrichten.

Bekanntmachung.

Der Kreiszimmermeister Christian Pape zu Bodenwerder hat bei dem Kreisausschusse zu Hameln die Genehmigung zur Errichtung einer Schiffsbauwerft für eiserne Schiffe auf seinem Grundstücke an der Mühlenlohstraße, unter Parzelle 206, Kartenblatt 9 der Gemarkungskarte von Bodenwerder belegen, nachgesucht.

Die Betriebsstätte für diese Werft befindet sich etwa 50 Meter vom Ufer der Weser entfernt.

Als Unterlagen für die beantragte Genehmigung dienen:
1. eine Beschreibung vom 11. November 1902,
2. eine Zeichnung nebst Lageplan vom 11. November 1902.

Gemäß § 16 und 17 der Gewerbe-Ordnung, sowie Ziffer 14 und 15 der Ausführungs-Anweisung vom 9. August 1899, werden alle diejenigen, welche glauben, der Errichtung der Schiffsbauwerft rc. widersprechen zu können, hierdurch aufgefordert, die Anmeldung und Begründung ihres Widerspruchs schriftlich in zwei Exemplaren oder mündlich zu Protokoll bei dem Unterzeichneten binnen 14 Tagen vom Tage der Veröffentlichung dieser Bekanntmachung ab anzubringen, unter der Verwarnung, daß nach Ablauf dieser Frist Einwendungen in dem Verfahren nicht mehr angebracht werden können.

Die oben bezeichneten Unterlagen liegen bis zum Ablauf der Frist zur Einsicht auf dem Büreau im hiesigen Rathause während der Geschäftsstunden von 9 bis 12 Uhr vormittags und 3 bis 6 Uhr nachmittags aus.

Termin zur mündlichen Erörterung der rechtzeitig erhobenen Einwendungen vor dem Unterzeichneten wird auf

Montag den 12. Januar 1903

vormittags 10 Uhr

im hiesigen Magistrats-Büreau anberaumt.

Im Falle des Ausbleibens des Unternehmers oder der Widersprechenden wird gleichwohl mit der Erörterung der Einwendungen vorgegangen werden.

Bodenwerder, den 20. Dezember 1902.

Der Magistrat:
Nebben.
Bürgermeister.

Abb. 4: Bekanntmachung des Magistrats in der *Dewezet* vom 27.12.1902 zur Werftgründung

Die Arbeiten zur Neuanlage verliefen wahrscheinlich recht zügig, sodass 1903 der erste Aufzug eines Schiffes vorgenommen werden konnte. Es handelte sich um den Personendampfer FÜRST BISMARCK. Als zweites Schiff war der im Jahre 1900 in Dresden an der Elbe neu erbaute Raddampfer KAISER WILHELM [4] an der Reihe, welcher aber gegenüber den leichten hölzernen Kähnen ein weitaus größeres Gewicht hatte. Beim Aufslipen erwiesen sich die Wagen als zu schwach und zerbrachen. Sie mussten zunächst durch erheblich stärkere ersetzt werden. Das war der erste größere finanzielle Verlust. Danach war die Slipanlage für die noch größeren und schwereren Dampfer der *Mindener Schleppschiffahrts-Gesellschaft* zur „Auflandnahme“ geeignet. Auch vom Neubau zweier Schleppkähne für diese Reederei wird berichtet, bei welchen der neue Werkstoff „Eisen“ zur Anwendung kam. Dieses erforderte ein völliges Umdenken der Zimmerer. Wegen der besonders kräftigen Ausführung der Schiffbauarbeiten an den beiden Neubauten sollen sie die Namen PLUTO und PANTHER erhalten haben.[5] Durch diesen im Endergebnis durchaus positiven Anfang hatte der Werftbetrieb von *Christian Pape* das besondere Interesse sowohl der Mindener Gesellschaft als auch der in Hameln ansässigen *Wesermühlen AG* gefunden. Beide ebenfalls auf der oberen Weser mit Schiffen tätigen Gesellschaften sahen im Standort Bodenwerder einen idealen Platz für Reparatur und eventuellem Neubau ihrer Schiffe. Trotzdem verblieb zunächst die wichtigste Betätigung des Betriebes von *Christian Pape* im Bereich der Herstellung von Stühlen und der damals üblichen Holzverarbeitung. Dieses zeigt sich deutlich in der Dominanz der Fertigungsanlagen. Der Schiffbaubereich spielte vermutlich zunächst nur eine untergeordnete Rolle. Die im Katasterblatt der königlichen Gewerbeinspektion in Linden aufgelisteten Mitarbeiter für den Sommer 1903 mit 15 und 1904 mit 41 sind wohl größtenteils der Stuhlfabrikation zuzuordnen.[6]

Die Schifffahrt auf der Weser oberhalb Mindens hatte gegenüber den anderen großen Flüssen Deutschlands wie Elbe und Oder keine überregionale Bedeutung. Die

C. Pape, G. m. b. H., Bodenwerder-Weser
Wesertaler Stuhlfabrik

Engros

Kontor: Bodenwerder-Weser
Bank-Konto: Kreditbank A.-G. Hameln
Fernruf Nr. 11
Telegramm-Adresse: Pape Bodenwerder
Filiale: Münster i. W. :: Lager: Bochum

Export

Vertreten:
Prov. Hannover, Herzogtum Braunschweig
Rheinland u. Westfalen, Königreich Bayern
Prov. Sachsen, Ostfriesland, Großherzogt.
Oldenburg, Hamburg und Schleswig-Hol-
stein, Berlin u. Umgegend, Niederlande

Fabrikation aller Art echter und imitierter Stühle :: Spezialität: Lederstühle und Sessel

Abb. 5: Briefkopf der Firma *C. Pape GmbH* mit deutlichem Hinweis auf die Stuhlfertigung; die Schiffswerft bleibt unerwähnt!

mäandernde Verschachtelung des Flusslaufes und die ständig wechselnden Wasserstände setzten die Grenzen einer Nutzung als zukunftsträchtigen Transportweg. Während der Talverkehr der Oberweser hauptsächlich aus dem doch umfangreichen Transport von Kali, Bruch- und Mauersteinen, Zement, Gips und Ton bestand, kamen im Bergverkehr keine nennenswerten Güter zur Verfrachtung. Anders sah es dagegen im Bereich zwischen Minden und Bremen aus. Hier hatte die *Bremer Schleppschiffahrts-Gesellschaft*, teilweise in Konkurrenz mit der *Mindener Schleppschiffahrts-Gesellschaft,* bereits einen lukrativen Verkehr mit der damals aufgekommenen Schleppschifffahrt entwickelt.[7] Die Stadt Minden, um 800 n. Chr. von *Karl den Großen* gegründet, hatte sich zu einem gut ausgerüsteten Hafenplatz etabliert. Dort gab es Kaimauern mit Lagerfazilitäten und Krananlagen. Eine gegen Ende des 19. Jahrhunderts in großem Umfang beginnende rasante technische Veränderung der Transportflotten mit immer größeren Schiffsabmessungen begrenzte sich somit auf den Verlauf der Mittelweser. Die obere Weser nahm daran kaum teil. Dieses hatte auch Einfluss auf den Schiffbau in Bodenwerder, zumal sich dort auch noch die Werft von *August Balke* befand. Für den Betrieb von *Christian Pape* gab es zunächst keine Veranlassung zur weiteren Ausgestaltung der Hellinganlage. Wenn 1904 in den Akten berichtet wird, dass *Christian Pape* „Magazin und Zimmerei“ neu erbauen ließ, so wird dieses mehr der Holzverarbeitung zuzuordnen sein und weniger dem Schiffbau. Es wird von der Herstellung von *Stühlen und hölzernen Karren* als Schwerpunkt berichtet. Dieses schlägt sich auch in der ergänzenden Firmenbezeichnung *Wesertaler Stuhlfabrik* deutlich nieder. Neben weit überregionalen Vertretungen wird auch eine *Filiale: Münster i. W.* genannt. Hier sollen immerhin 3 Meister und 70 Arbeiter tätig gewesen sein. *Christian Papes* Aktivitäten in Münster könnten auch eine Verbindung zur *Münsterischen Lagerhaus-Aktien-Gesellschaft* entwickelt haben. Dieses führte 1918 zum Verkauf der Anlagen in Bodenwerder an die *MSLAG* in Münster.[8]

Der Verkehr oberhalb Mindens war unbedeutend und wurde hauptsächlich von Privatschiffern bedient. Letztere nutzten ihre Kähne kaum verändert über Jahrzehnte. Sie waren gegenüber den Fahrzeugen auf den anderen Wasserstraßen nur einfach gebaut und nicht sehr groß. Nach einer Aussage bei Karl Löbe *„… gab es auf der Weser im Jahre 1904 nur 130 größere Schleppkähne mit einer Tragfähigkeit zwischen 230 und 450 Tonnen…“* In ihrer Bauart waren sie dem oberen We-

Beglaubigte Abschrift

aus dem

Handelsregister

Abteilung B, Nr. 5.

1. Nummer der Eintragung.	2. Firma und Sitz.	3. Gegenstand des Unternehmens.	4. Grund- oder Stamm-kapital.	5. Vorstand; persönlich haftende Gesellschafter; Geschäftsführer; Liquidatoren.	6. Proku[ra]

Nummer der Firma:

7. Gesellschaftsvertrag oder Satzung; Vertretungsbefugnis.	8. Auflösung; Konkurs; Fortsetzung; Nichtigkeit; Erlöschen der Firma.	9. Geschäftsnummer; Tag der Eintragung; Unterschrift.	10. Bemerkungen.

3. Gegenstand des Unternehmens.	4. Grund- oder Stamm-kapital.	5. Vorstand; persönlich haftende Gesellschafter; Geschäftsführer; Liquidatoren.	6. Prok[ura]

Abb. 6: Kopie aus dem Handelsregister des „Königlichen Amtsgerichts Polle" mit den entsprechenden Eintragungen aus dem Jahre 1912

serfluss angepasst und standen somit nicht im Wettbewerb zu anderen Wasserstraßen. Ein Neubau der vielfach hölzernen Schiffe stand wohl nur selten zur Diskussion.

Christian Pape jedoch hatte die zukünftige Entwicklung mit großen eisernen Schleppkähnen, welche auch überregional einsetzbar waren, rechtzeitig erkannt. Mit den beiden Neubauten, PANTHER und PLUTO, 1903 waren erfolgreiche langjährige Geschäftsbeziehungen zur *Mindener Schleppschiffahrts Gesellschaft* entstanden, sodass zwischen 1905 und 1908 jährlich jeweils zwei „große" eiserne Kähne von ca. 60 m Länge und über 8 m Breite mit einer Ladefähigkeit von mehr als 600 t gebaut werden konnten.[9] Größere Abmessungen ließ die Schleuse in Hameln nicht zu. Der Werftbetrieb in Bodenwerder wird sich dadurch von Anbeginn zu einem für damalige Zeiten „Großbetrieb" entwickelt haben, denn zusätzlich mussten sicherlich auch Umbauten und Reparaturen ausgeführt werden. Dieses führte in mehreren Schritten zum Ausbau der Werftanlagen.

Ab 1909 gab es zunächst keine Neubauten für die Mindener Gesellschaft mehr, aber der Kundenkreis der Werft hatte sich geändert. So entstanden zwischen 1909 und 1911 eine größere Anzahl fast gleich großer Schleppkähne für einzelne Schiffseigner. Hintergrund war ab 1910 offensichtlich die Opposition der Privatschiffer der Oberweser gegen die beiden großen Reedereien des Weserraums. Sie wollten eine für sie günstigere Verteilung des Frachtaufkommens und einen Einblick in die Preisgestaltung erreichen. Nach vielem „hin und her" entstand dadurch 1911 die *OPV – Oberweser Privatschiffer-Vereinigung, Transport- und Handelsgesellschaft mbH* – als ernst zunehmende Konkurrenz.[10] Zu den Mitgliedern zählten unter anderem auch Schiffer aus Bodenwerder, Hameln und Heinsen.

Eine erfolgversprechende Entwicklung des Werftbetriebs in Bodenwerder parallel zur Stuhlfertigung mit umfangreichen Neubauten führte 1912 zur Umwandlung in eine neue erweiterte Betriebsart – die **C. Pape GmbH**, **Bodenwerder-Weser**. Diese wurde in das Handelsregister des Amtsgerichts in Polle unter der Abteilung B Nr. 5 am 31. Juli 1912 mit einem Stammkapital von 250.000,-- RM eingetragen. Sie bestand aus elf Gesellschafter, an deren erster Stelle *Christian Pape* aus Bodenwerder mit 85 000 RM stand. Weitere acht kamen aus Hameln sowie zwei aus dem direkten Umland. „... *Gegenstand des Unternehmens ist die Herstellung von Schiffen sowie die Vornahme von Reparaturen an solchen, die Herstellung und der Vertrieb von Holzwaren ...* " Die Geschäftsführung oblag *Christian Pape,* jetzt als „Schiffsbaumeister" bezeichnet, zusammen mit *Carl Reese*, Fabrikant in Hameln. Drei Monate später kam der Kaufmann *Karl Meyer* aus Bodenwerder noch hinzu.

Wie im Auszug aus dem Verzeichnis der Gewerbeanmeldung in der Provinz Hannover von 1912 notiert beschäftigte die Firma *C. Pape GmbH* als *Schiffswerft und Stuhlfabrik* 70 bis 80 Arbeiter, drei Meister, einen Techniker und einen Lehrling, deren Zuordnung zur Werft oder der Holzverarbeitung nicht aufgeführt ist. Es war eine Werft weit im Binnenland entstanden, welche mit dem Neubau von Frachtkähnen voll ausgelastet war.[11]

Christian Pape zog sich, wohl aus Altersgründen, aus der aktiven Geschäftsführung Ende 1912 zurück. Er übergab einen „Großbetrieb" mit einem ansehnlichen Gebäude- und Maschinenpark für beide Fertigungsbereiche, aufgelistet für 1912 mit vier Großsägen und 15 Maschinen zur Bearbeitung von Holz und Eisen.

Die weitere Entwicklung in den Jahren bis zum Ausbruch des ersten Weltkrieges schien für die Werft durchaus produktiv verlaufen zu sein. Jährlich konnten zwei Neubauten von Schleppkähnen abgeliefert werden. Aber Bodenwerder lag weiterhin abseits des sich rasant entwickelnden Verkehrsgeschehens. Minden wurde durch die Fertigstellung des Mittellandkanals 1915 bis zur Weser und 1916 bis Hannover zum neuen Verkehrsmittelpunkt. Auch die sich bis 1913 kräftig entwickelnde *OPV-Oberweser Privatschiffer-Vereinigung, Transport- und Handelsgesellschaft mbH* sah ihr Fahrtgebiet primär auf der Strecke Minden bis Bremen. Nach Fertigstellung des Kanals kam folgerichtig

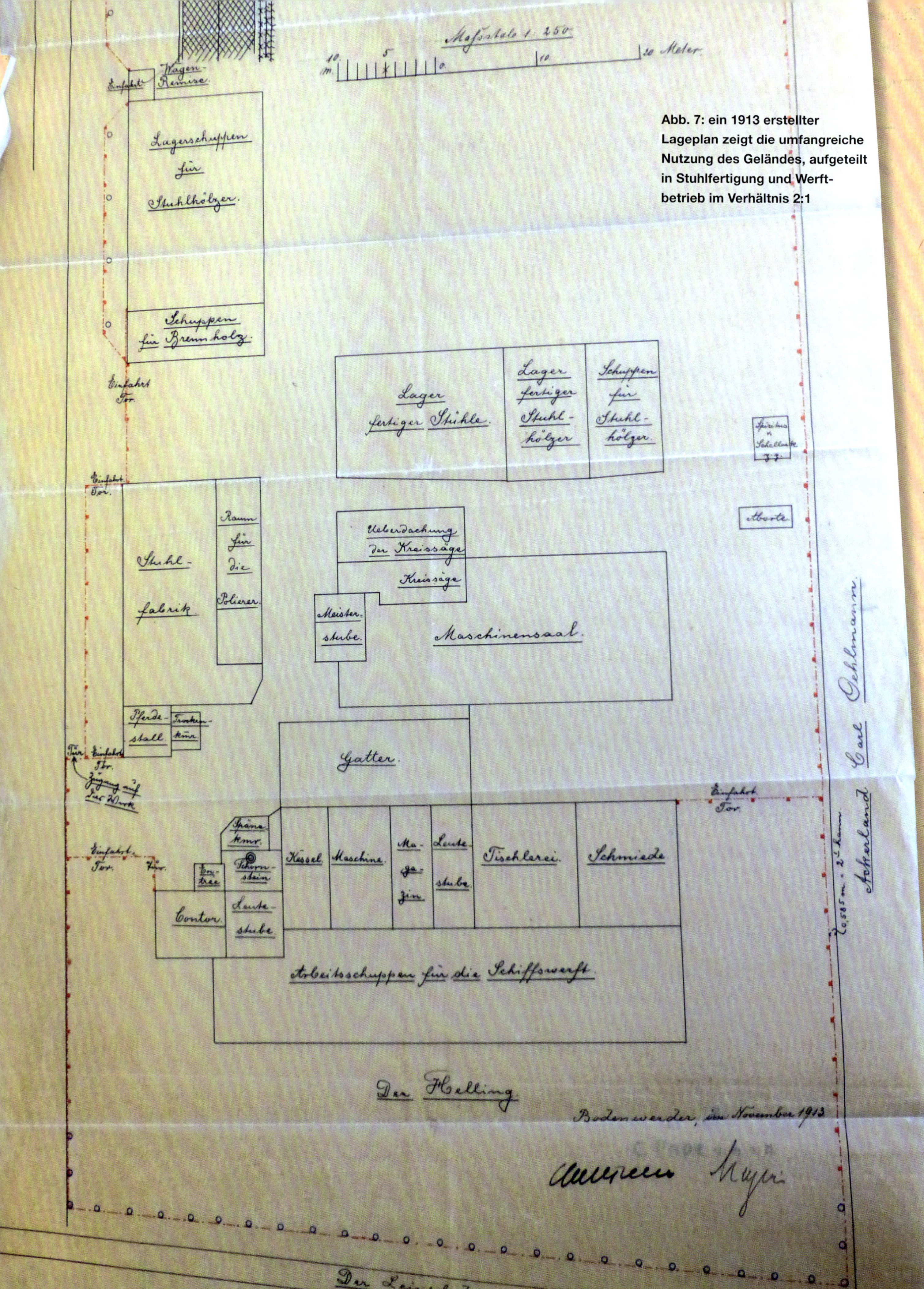

Abb. 7: ein 1913 erstellter Lageplan zeigt die umfangreiche Nutzung des Geländes, aufgeteilt in Stuhlfertigung und Werftbetrieb im Verhältnis 2:1

die Erweiterung der Schifffahrt in Richtung Westen zu den Zentren des Ruhrgebietes hinzu. Für die Strecke auf der oberen Weser bis nach Münden und sogar bis Kassel wurden 1911 „Eilfrachtdienste“ zwar angeboten, brachten aber im Endergebnis keinen Erfolg.[12] Alle Schifffahrtsgesellschaften des Wesergebietes ließen ihre Neubauten, seien es große eiserne Frachtkähne als auch Dampfschlepper und Eilfrachtdampfer, an anderen Stromgebieten erbauen oder kauften gebrauchte Fahrzeuge dort auf. Insbesondere zwei große Schiffswerften an der Elbe hatten sich auf den Bau dieser leistungsstarken Schiffe spezialisiert.[13]

Für den Werftbetrieb *C. Pape GmbH* sah demnach die zukünftige Entwicklung schwierig aus. Außer den bereits genannten Schleppkähnen wird es mit Sicherheit die eine oder andere Reparatur gegeben haben. Die Anlagen waren dafür vorhanden. Kriegsbedingt bildete jedoch neben dem Neubau von 4 Lastpontons die Anfertigung von Möbeln die Grundauslastung des Betriebes.

Der Neubau einer Schiffbauhalle 1916 mitten im Krieg kann verschiedene Ursachen gehabt haben; möglicherweise eine Vorwegnahme der Ereignisse nach dem Krieg. Es war zu vermuten, dass nach Kriegsende 1918 sich ein erheblicher Bedarf an Transportmöglichkeiten auf dem Wasser mit neuen größeren Fahrzeugen ergeben müsste. Die späteren strengen Auflagen aus dem Versailler Vertrag waren weder angedacht noch bekannt.

Für die Schiffswerft *C. Pape GmbH* erfolgte 1918 ein wichtiger Schritt *„...der käufliche Erwerb der sämtlichen Geschäftsanteile der Schiffswerft C. Pape G.m.b.H. in Bodenwerder...“* durch die Münsterische Schiffahrts- und Lagerhaus-Aktien-Gesellschaft. Damit sollte *„...in erster Linie die vorteilhafte Instandhaltung des eigenen Schiffsparks sichergestellt werden...“*. Dieser Grundsatz wurde daraufhin über Jahrzehnte verfolgt. Die neuen Eigentümer bezeichneten die *„...eigene Schiffswerft unter der Firma: C. PAPE G.m.b.H., Bodenwerder a. d. Weser – Drahtanschrift „Papegesellschaft“...“*.[14] *Christian Pape* war damit endgültig ausgeschieden.

Abb. 8: Postkarte aus Bodenwerder zwischen 1916 und 1922: „die Schiffswerft C. Pape GmbH“ – der Ausbau der Werftanlagen ist bereits weit fortgeschritten: die neue Schiffbauhalle entlang der Hellinganlage, das Kesselhaus und weitere Fabrikgebäude sind fertig (es fehlt das große Bürogebäude, erbaut 1922)

Abb. 9: Briefkopf / Rechnung der Schiffswerft *C. Pape, G.m.b.H., Bodenwerder*, 1912

C. PAPE, G.m.b.H., BODENWERDER

Fernsprech-Anschluß: Bodenwerder Nr. 11
Bankkonto: Kreditbank A.-G. Hameln
Städtische Sparkasse Bodenwerder
Reichsbank-Giro-Konto Hameln
Postscheckkonto: Hannover 6782

BODENWERDER, den .... 19....

Rechnung

für ....

Heinrich Witte, Papierwarenfabrik, Hameln

– Wir sandten Ihnen heute für Ihre werte Rechnung und Gefahr: –

Die Münsterische Schiffahrts- und Lagerhaus-Aktien-Gesellschaft

(zitiert aus *Soldan* 1925 und *WTAG* 1897-1957)

„... im Jahre 1899 durch die Inbetriebnahme des Dortmund-Ems-Kanales die von dem deutschen Wirtschaftsleben dringend benötigte Wasserstraßenverbindung ... mit dem neu emporblühenden preußischen Nordseehafen Emden hergestellt war, mußte klar sein, daß [Münster]*...eine wichtige Rolle zufallen würde.*

Aus der richtigen Erkenntnis dieser Tatsache wurde daher ***am 28. Februar 1900 ... die Münsterische Lagerhaus-Aktien-Gesellschaft gegründet****.*

Für die Bewältigung ihrer Aufgaben errichtete sie am Hafen Münster zwei geräumige Speicher mit ... einem Gesamtfassungsvermögen von etwa 7.000 t. Da sich bald...ein erheblicher Mangel an Schiffsraum herausstellte, schloß die Gesellschaft einen Vertrag mit der Schleppschiffahrtsgesellschaft „Unterweser“, Bremen.... Die Kriegsjahre bedeuteten für die Entwicklung der Gesellschaft einen ganz besonderen Markstein. In diesem Zeitpunkt war es von größtem Wert, daß im Jahre 1916 der Ems-Hannover-Kanal eröffnet wurde....[Die MLAG] *war während der Kriegsjahre diejenige Gesellschaft, die den Hauptumschlag in den hannoverschen Häfen ausführte. Als Rückfracht kamen ...außer Ilseder-Erzen und Rohzucker erhebliche Mengen von Kali und Salz für Belgien und Holland in Betracht.*

Durch den ... 1918 abgeschlossenen Interessengemeinschaftsvertrag mit dem Rheinsee-Konzernen (Rhein- und See-Schiffahrts-Gesellschaft, Köln, Mannheimer Lagerhaus-Gesellschaft, Mannheim, Rhein- und See-Speditions-Gesellschaft, Köln, Niederrheinische Dampfschleppschiffahrts-Gesellschaft, Düsseldorf) gewann die Firma, die seit dem Jahre 1916 Münsterische Schiffahrts- und Lagerhaus-Aktien-Gesellschaft (MSLAG) hieß, ... einen weiteren starken Rückhalt. Das Schwergewicht ...liegt ...in der Beförderung und dem Umschlage aller Hauptmassengüter, wie Kohle, Erz, Kali, Rohzucker, Getreide und Zement, die auf den westdeutschen Kanälen, dem Rhein und der Weser verfrachtet werden.

Nach der Stabilisierung der Währung 1924 ist wesentlich, daß der „Rheinsee-Konzern“ seine Mehrheitsbeteiligung an der MSLAG an die Westfälische Transport-Aktien-Gesellschaft (WTAG) veräußert... [Dazu hatte die Hauptversammlung der *WTAG* eine Erhöhung des Aktienkapitals von 2 auf 6 Mio. Mark genehmigt]*.... Am 22.12.1926 wird der Vertrag geschlossen, durch den die WTAG fast das gesamte Aktienkapital der „Münsterischen“ erwirbt. ... Für beide Gesellschaften werden sowohl der Vorstand als auch der Aufsichtsrat in Personalunion gebildet.* [Die *MSLAG* bleibt im Firmenverband eigenständig mit der Hauptverwaltung in Münster und etablierte Dependancen im Raum Hannover-Hildesheim, Berlin, Emden, Hamm und Groningen]. [1957]*... verfügte die WTAG / MSLAG einschließlich der Tochtergesellschaften über 257 eigene Fahrzeuge mit rund 240.000 t Tragfähigkeit ... diese eigene Flotte wird durch eine große Zahl Partikulierschiffer ... ergänzt.“*

MSLAG

ZWEIGNIEDERLASSUNGEN:

BREMEN	Fernspr. Roland 4762	HAMM i. WESTF.	Fernspr. 1044-1045
DORTMUND	„ 5295	HANNOVER	„ Nord 3384-3387
DUISBURG-RUHRORT	„ Nord 8340-8343	HAREN a. d. Ems	„ 6
EMDEN	„ 62-63	Meldestelle Schleuse VII	„ Herne 977
GRONINGEN (Holland)	„ 3301	Meldestelle Hafen Wanne	„ Gelsenkirchen 376

Eigene Schiffswerft unter der Firma:
G. PAPE G. m. b. H., BODENWERDER a. d. WESER
Drahtanschrift: „Papegesellschaft“ — Fernsprecher: Nr. 11

Eigene Krananlagen in Duisburg-Ruhrort, Dortmund, Groningen, Haren, Meppen
Erzverladebrücke in Dortmund
Geräumige Getreidespeicher und Lagerhäuser mit Elevatoren in Münster und Hamm
Eigene große Kanalflotte

Verwaltungsgebäude in Münster.

Abb. 10: Werbung der *MSLAG* mit deutlichem Hinweis auf die Schiffswerft in Bodenwerder

Die Gründe für die Übernahme der Werft in Bodenwerder durch die *MSLAG* könnten in der turbulenten finanziellen Situation am Ende des Weltkrieges zu finden sein. Die wirtschaftliche Lage in der Binnenschifffahrt, und damit auch der Schiffswerften, in Deutschland war sehr angespannt. Teilweise stand die Wirtschaft komplett still, sodass die Werft wohl auch „günstig zu erwerben“ war, denn sie lag in Bodenwerder bei Weser-km 110,3 weit abseits der sich abzeichnenden Verkehrswege bei Minden. Ein erheblicher Standortnachteil war ganz offensichtlich. Darüberhinaus waren die Wasserverhältnisse auf dieser Strecke kaum für eine Großschifffahrt geeignet. Das Jahr 1911 zum Beispiel wird als ein „besonders trockenes“ Jahr bezeichnet, in welchem die Wassertiefe oberhalb von Hameln mit 0,47 m, an einer Stelle nur mit 0,30m, angegeben wird. Bei derartigen Wasserständen traten die typischen „Hungersteine“ in Würgassen am rechten Weserufer heraus und verkündeten die Notlage der Schifffahrt besonders deutlich.[15] Es gab zwar bereits seit der Jahrhundertwende zahlreiche Planungen einer „Stau-Kanalisierung“ der Strecke bis nach Münden für das 1.000 t tragende Schiff, welche jedoch nicht realisiert wurden. Lediglich mit der Inbetriebnahme der Edertalsperre 1914 konnte Zuschusswasser in Wellen geliefert werden, um damit Tauchtiefen im Bereich Bodenwerders von 1,10 bis 1,25 m zeitweilig zu erreichen. Ebenfalls behinderte die alte Schleuse in Hameln mit einer Länge von nur 65 m den Zugang des sich langsam entwickelnden Dortmund-Ems-Kanal Frachtschiffes zur Werft. Die Werften im Raum Minden waren daher stets im Vorteil.

Trotz aller Widrigkeiten setzten die neuen Inhaber, die den Verlust ihrer gesamten Flotte an rheingängigen Kähnen mit einer Tragfähigkeit von 6.500 t zu verzeichnen hatten, auf eine zukünftige wirtschaftliche Expansion. Um für diese gewappnet zu sein, investierten sie in den Ausbau der Werftanlagen. 1920 entstand die Schmiede, 1921 die Schlosserei und als besonderer Höhepunkt 1922 der Bau des repräsentativen Bürogebäudes. Letzteres ist noch heute (2024) kaum verändert vorhanden. Ebenso muss in die Hellinganlage umfangreich investiert worden sein. Wie ein Anfang 1925 entstandenes Foto belegt, befand sich die alte wohl noch von *Christian Pape* 1902 erstellte Helling mit mechanischer Slipanlage und neun Wagen auf Schienen sowie daneben sechs jeweils aufzubauende Slipbalken rechts am Weserufer. Oberhalb dieser Anlage standen links ein größeres Kesselhaus mit einem hohen Schornstein sowie rechts die erwähnten Werkstattgebäude. Dazwischen sorgten höhere Schutzwände für einigermaßen geschützte Schiffbauarbeitsplätze. Am nördlichen Grenzbereich zum Sägewerk Möller standen darüber hinaus 4 Gebäude der Stuhlbauerei.[16]

Das Überleben der Werft in der Nachkriegszeit konnte zunächst nur durch die Reparaturmaßnahmen der vorhandenen Binnenschiffsflotte ermöglicht werden. Diese war aufgrund der Kriegsverhältnisse in einem sehr schlechten technischen Zustand und bedurfte umgehend eines Werftaufenthalts. Für die im Kanalgebiet operierende Flotte jedoch gab es offensichtlich Probleme aufgrund der Überlastung der wenigen dort vorhandenen Werften. Sie konnten wegen Material- und Personalmangel nur eingeschränkt tätig werden. Daher hatten die beiden großen Reedereien, die *MSLAG* und die *WTAG,* zur Selbsthilfe gegriffen und jeweils eine Werft gekauft – die *MSLAG* 1918 die Werft in Bodenwerder und die *WTAG* 1924 die *Cassens-Werft* in Emden.[17] Über den Umfang von Reparaturaufträgen sind zwar bisher keine detaillierten Unterlagen überliefert, sie dürften aber in den ersten Nachkriegsjahren den Hauptteil des Werftgeschehens ausgemacht haben.

Die neuen Betriebseinrichtungen waren bereits auf die endgültige Verwendung des neuen Baumaterials „Eisen“ im Schiffbau ausgerichtet. Daher konnte 1922/1923 mit dem Neubau eines eisernen Küstenfrachtschiffes begonnen werden. Dieses war in der wirtschaftlich schwierigen Zeit ein sehr gewagtes Experiment und gleichzeitig der Versuch zur Beschäftigung der in der allgemeinen Not der Bevölkerung erwerbslos gewordenen Fachkräfte. Es handelte sich um den kleinen Frachtdampfer AUGUST BLUME für die Rendsburger Reederei und Kohlenhandelsfirma *August Blume*. Das komplett aus „Eisen“ gebaute Schiff hatte eine Länge von 50,46 m, eine Breite von 8,51 m und eine Seitenhöhe von 4,78 m und erhielt beim Germanischen Lloyd die Klassifikation + 100A4 K[E].[18] Kessel und Dampfmaschine sind von der *Union-Gießerei* in Königsberg bzw. der Firma *F. Schichau* in Elbing zugekauft worden.

Abb. 11: Der neue Frachtdampfer AUGUST BLUME mit Holz beladen in Schweden

Der über zwei Jahre in der beschäftigungsarmen Nachkriegszeit verlaufende Bau des Dampfers kann wohl als gelungenen ersten Neubau eines Seeschiffes dieser Werft gesehen werden. Das im November 1922 zu Wasser gelassene Schiff ist im März des Folgejahres an die Reederei abgeliefert worden. Neben dem eigentlichen Schiffbau war hiermit auch eine besondere Logistik zur Überführung des neuen großen Schiffes nach Bremen erforderlich. Ohne eine Fremdhilfe im Seehafen wäre eine Komplettierung wohl nicht möglich gewesen – ein Problem, welches die Werft in Bodenwerder auch in späteren Jahren beim Bau größerer Seeschiffe immer wieder vor kostenintensivem Aufwand stellte. Wegen der geringen Brückendurchfahrtshöhen mussten Aufbau, Schornstein und das Ladegeschirr für die Überführung vorübergehend abgebaut werden.

Nach der Fertigstellung dieses ersten Schiffes nach dem Weltkrieg gab es kleine Anzeichen einer Verbesserung der wirtschaftlichen Situation in Deutschland. Sie erhielt durch die Einführung der Rentenmark 1923 besondere Bedeutung. Die Wiederherstellung der „Geldordnung“ des Deutschen Reichs versprach gute Wachstumsmöglichkeiten – auch im Schiffbau. Die Stagnation Anfang der 1920er Jahre ging zu Ende, die Wirtschaft erholte sich allmählich. Diese Entwicklung bestätigte die mutige Entscheidung der Gesellschafter der Werft *C. Pape GmbH*. Sie hatten exakt zum richtigen Zeitpunkt in die Betriebsanlagen investiert, so dass nun sofort mit dem Neubau von Schiffen begonnen werden konnte. Für das Jahr 1924 sind drei große, für 1925 fünf Neubauten verzeichnet. Es handelte sich um Schleppkähne von jeweils ca. 900 t Tragfähigkeit in den neu standardisierten Abmessungen des Dortmund-Ems-Kanal-Kahns mit einer wegen der Schleuse in Hameln etwas verkürzten Länge von 66,50 m und einer Breite von 8,20 m. Sie waren bestimmt für Kunden, welche mit der *MSLAG/WTAG* zusammenarbeiteten.[19] 1926 erfolgte der Neubau eines weiteren Schleppkahns, dieses Mal direkt für die *WTAG* mit dem

Steamers — Aug

No. Flag Sign.-L. Descript. Rig 1	Name of the Ship Master (year when ship taken over) Owner Port of Registry 2	Character dated from .... Place and Date of last Surveys 3	Reg.-To. Gross Net Under Deck Anchors & Chains 4	Date of Launch — and of first official Registration Port of Construction, Builder, Building Materials, &c. 5	Regist. Length Breadth Depth Moulded Depth 6	Deck-Erections Number of Decks &c. 7	Character Place and Date of last Surveys (Propeller Shaft Survey) Character and Date of Refrig. Appliances 8	Engine Building Year, Place System, Power (HPi) Dimensions — Special Arrangements Electr. Instal. Kw/V. 9	Boiler where built, Maker Number, System Work. Press./Heat. Surf. Date of last official Test Donkey Boiler Work. Press./Heat.Surf. 10
169 D. 1M	**August Blume** Brumm 23 A. Blume Rendsburg	✠100A4K[E] 3. 23. Kiel B 3.23.	681 367 576 ⚓ a 1;17	11.22.–3.23. Bodenwerder, C. Pape G. m. b. H. Fl. 3I 2Pt zem.	50,46 8,51 4,54 4,78	P 17,60 vBa 6,93 1	✠MC Kiel 3. 23.	92. Elbing, F. Schichau umgb. 23. Altona, Ottensener Maschf. G. m. b. H. III 550 422 x 695 x 1050 500	22. Königsberg, Union-Gießerei A.-G. 1 12,0/170,7

Abb. 12: Auszug aus dem internationalen Register des *Germanischen Lloyd* von 1924

bezeichnenden Namen W.T.A.G. 115 sowie anschließend ein Schleppkahn für die ebenfalls der *WTAG* zugehörigen *Schleppschiffahrts Gesellschaft - Dortmund-Ems-Kanal* mit der Bezeichnung S.G.D.E. 2 und 1927 der etwas kleinere Schleppkahn BREMEN 23 für die *Bremer Schleppschiffahrts-Gesellschaft*. Das Fahrtgebiet dieser Kähne lag entsprechend der Zielsetzung der Eigentümer eindeutig im Bereich des Dortmund-Ems-Kanals zum Transport von Exportkohle nach Emden sowie in der Gegenrichtung von Importerz zum Ruhrgebiet. Einer Statistik für das Jahr 1926 zufolge erreichten den Dortmunder Hafen ca. 1,5 Mio t Eisenerz aus Emden. Auf dieser Relation hatte die *WTAG* und damit auch die *MSLAG* einen monopolistischen Einfluss. Der größte Teil der Flotte gehörte dieser Reedereikonstellation mit verschiedenen Untergruppierungen. Daher waren sie auch von Schwankungen unterschiedlicher Ursachen bedroht. Die *MSLAG* sprach im Jahresbericht 1926 von „*... erheblichen Störungen durch Nachlassen der Erztransporte ab Emden, verursacht durch einen achtmonatlichen Streik der englischen Bergleute. Dieses führte in Folge zu zahlreichen Leerfahrten in Richtung Dortmund...*“.[20] Die eigentliche Weserschifffahrt spielte, auch gegenüber anderen Flüssen wie Elbe und Rhein, nur eine untergeordnete Rolle. Auf der Elbe waren 1928 fast fünfmal soviele Schiffe im Einsatz als auf der Weser, wobei die Anzahl der „Schiffe ohne eigene Triebkraft“ um ein vielfaches dominierte.[21] Bei genauer wirtschaftlicher Untersuchung hatte die Weserschifffahrt nach Eröffnung der Kanalverbindung in der Querachse Hannover – Ruhrgebiet nur eine Chance einer Expansion auf der Strecke Minden – Bremen. Die Forderungen nach einem Ausbau durch Kanalisierung mehrten sich laufend. Nach heftigen Diskussionen in den 1930er Jahren konnten nur punktuelle Bauwerke – teilweise als „Arbeitsbeschaffungsmaßnahmen“ erstellt werden. Ein erfolgreicher Abschluss des Ausbaus der Mittelweser gelang aber erst 1960. Die obere Weser hatte dagegen wegen des andauernden Wassermangels und damit verbundenen geringen Tauchtiefen kaum eine Chance.

Mit dem Neubau der vorgenannten Kähne war offensichtlich die Werft noch nicht ausgelastet. Somit finden sich in der Bauliste in den Jahren 1927 und 1929 eine große Anzahl von Bauprähmen für die Wasserbauämter Minden, Hameln und Hoya.

Abb. 13: Das Kasko eines kleinen Motorschiffes der Neubauserie Nr. 119-121 liegt nach dem Stapellauf am Weserufer

Das Jahr 1928 setzte im Neubaugeschehen der Werft neue Akzente: der Bau von drei kleinen Motorgüterschiffen mit einer Tragfähigkeit von jeweils 300 t für die der *WTAG* gehörenden *NV Nederrijnische Scheepvaart-Maatschappij* – Rotterdam. Dem folgten ein Jahr später zwei weitere Schiffe dieses Typs – DORTMUND direkt für die *WTAG* in Dortmund – und HAMELN für *Heinrich Meyer* in Hameln. Es waren die ersten in Bodenwerder neu gebauten Motorgüterschiffe! Mit diesem Schiffstyp entsprach die Werft der seit einigen Jahren auf den Werften anderer Stromgebiete bereits vorherrschenden Entwicklung zum Neubau selbstfahrender Schiffe. Sie wurden im Zusammenhang mit der Schiffsschraube und dem für Flussschiffe unbedingt erforderlichen Schraubentunnel durch einen Dieselmotor angetrieben. Diese kleinen Schiffe sind vermutlich zunächst im Nahbereich eingesetzt worden. Dieses zeigte sich besonders auf den holländischen Kanälen. Durch den Anfall vieler kleinerer Ladungen, welche auf nicht allzu große Entfernungen zu transportieren waren, hatten derartige Schiffe eine große Bewegungsfreiheit und günstige Frachtkosten. Die Entwicklung größerer Fahrzeuge auch für den Fernverkehr war nur eine logische Folge. So baute die Werft 1930 gleich zwei fast 700 t tragende Schiffe, notiert in der Bauliste als „Weser-Motorschiff", für die *Mindener Schiffahrts-AG* zum Verkehr auf der Weser oberhalb Bremens sowie über den Mittellandkanal weiter zum Rhein. Sie erhielten die bezeichnenden Namen MOTOR MINDEN 5 und 7. Während die Hauptabmessungen in etwa dem Typ des „Dortmund-Ems-Kanal Schiffes" entsprachen, wurde bei der Antriebsanlage entsprechend den Vorschriften für die Kanalfahrt eine besondere Konstruktion gewählt. Das Schiff erhielt zwei Hauptmaschinen, welche auf zwei Propeller wirkten. Damit sollte einerseits die Verwirbelung der Kanalsohle reduziert werden und andererseits das Schiff auch wegen der geringen Wassertiefen die obere Weser noch befahren können. [22]

Mit diesem Neubau war der auf nahezu allen Wasserstraßen Deutschlands angezeigte Strukturwandel im Binnenschiffstransport gekennzeichnet. Es ergab sich durch den kompressorlosen Dieselmotor gegenüber der Dampfmaschine eine wirtschaftlichere Betriebsweise durch Einsparung von Raum, Gewicht und Bedienungspersonal sowie teuren Wartungsarbeiten an den Kesselanlagen. Dieselmotoren sind stets betriebsbereit und ermöglichen durch ihr geringeres Gewicht auch eine Neuaufteilung des gesamten Schiffes mit im Heck angeordneter Maschinen- und Wohneinrichtung und langem Laderaum für Massenguttransporte. Dieses förderte die bereits vor dem Kriege begonnene Typisierung der Binnenschiffe im Zusammenhang mit der Planung eines einheitlichen europäischen Wasserstraßensystems.[23] Es führte zur Loslösung der typischen Stromgebietsflotten hin zu einem universell einsetzbaren Schiffstyp – auch für die herkömmlichen Weserschiffe.

Abb. 14: Ausschnitt aus der Zeichnung für das Fundament für einen der Hauptmotoren im Bereich des Schwungrades

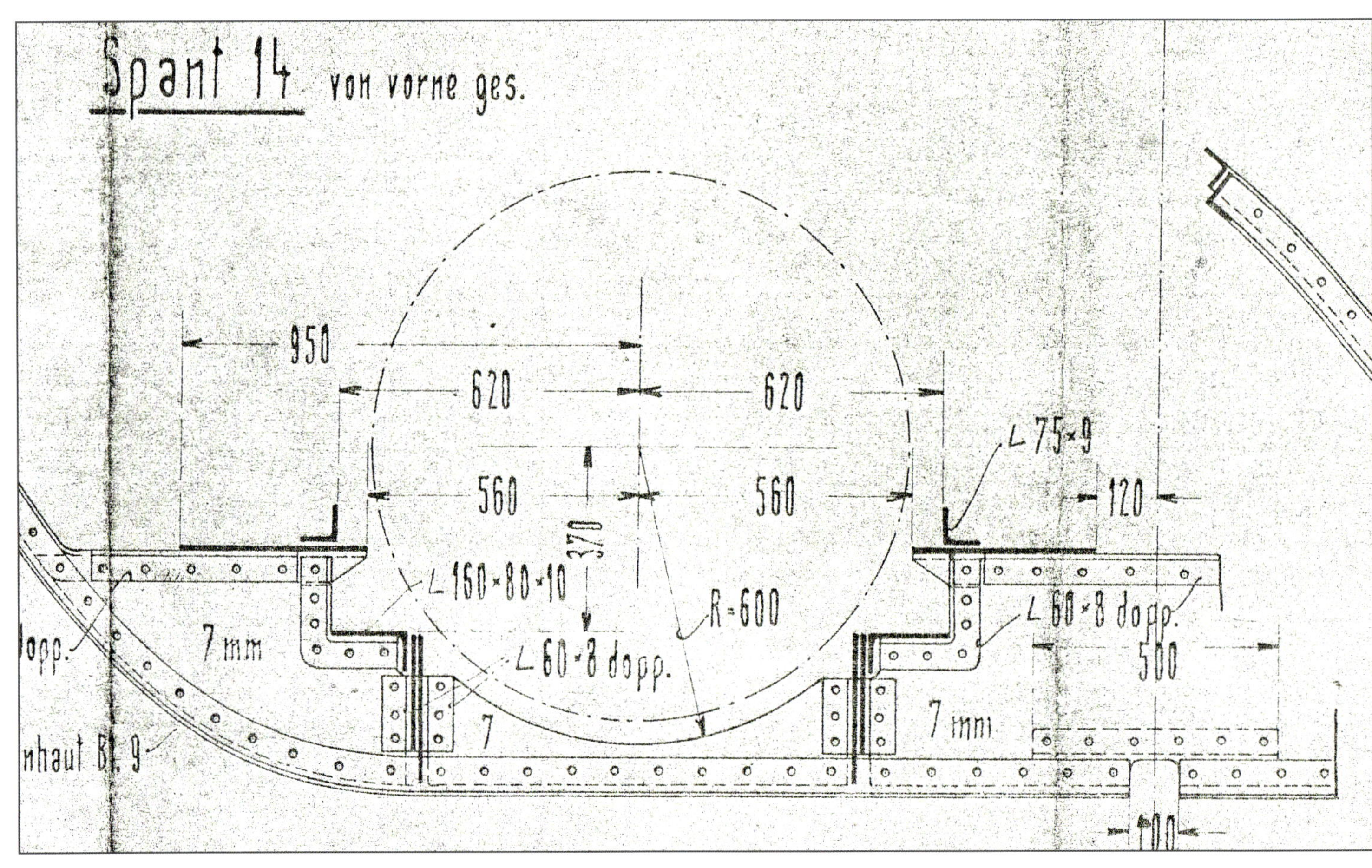

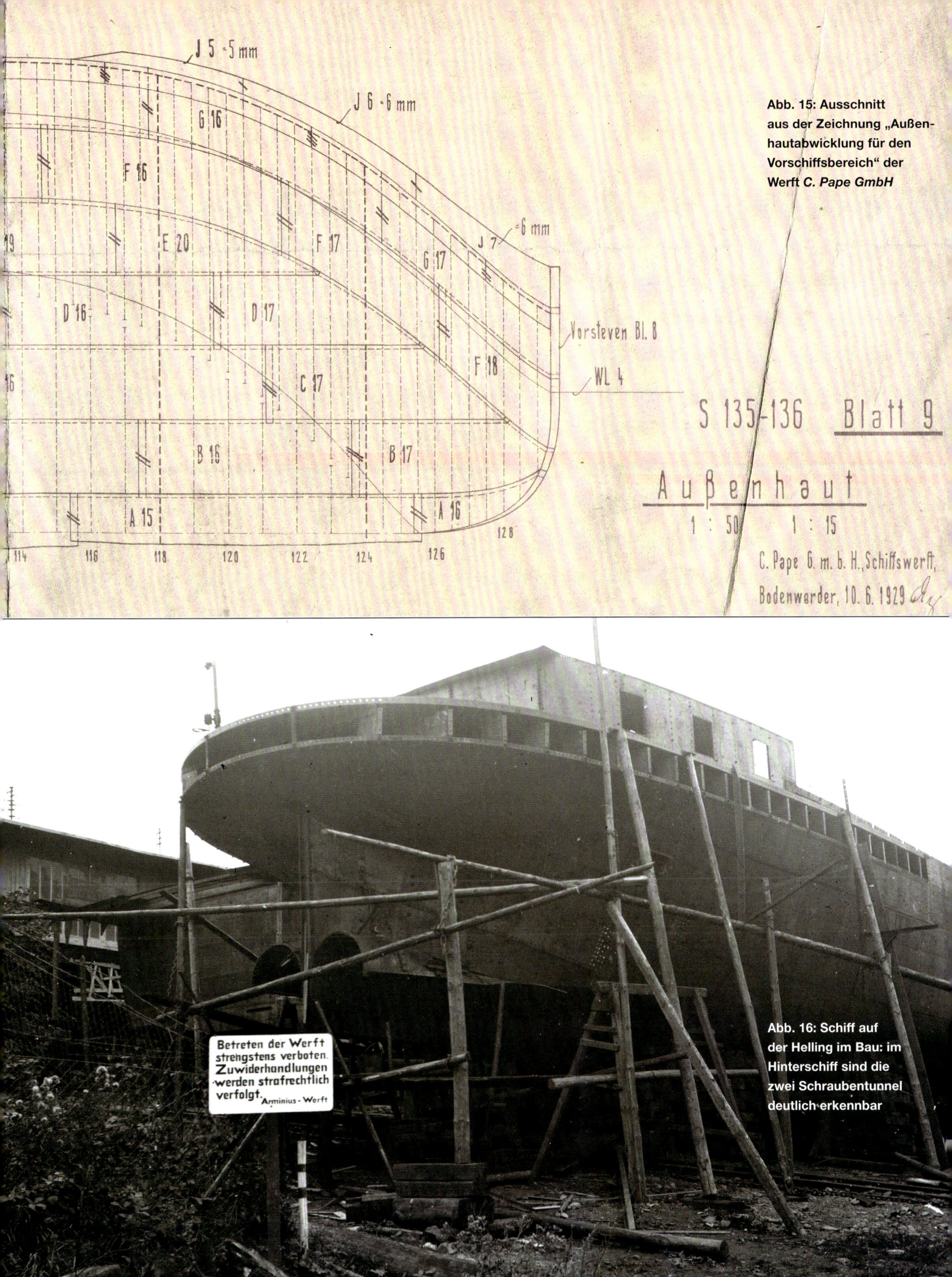

Abb. 15: Ausschnitt aus der Zeichnung „Außenhautabwicklung für den Vorschiffsbereich" der Werft *C. Pape GmbH*

Abb. 16: Schiff auf der Helling im Bau: im Hinterschiff sind die zwei Schraubentunnel deutlich erkennbar

Ein neuer Name: ARMINIUSWERFT

Das Jahr 1929 war gekennzeichnet durch die Zunahme von kaum beherrschbaren Einflüssen auf die Wirtschaft und die Währung des Deutschen Reichs. Die Finanzierung der Kriegsverpflichtungen aufgrund des Versailler Vertrags bedrohte die wirtschaftliche Entwicklung ständig. Alles gipfelte am 24. Oktober 1929 im „New Yorker Börsenkrach", in welchem die Kurse ins Bodenlose stürzten und an den Geld- und Kapitalmärkten zur Panik führten. Die Weltwirtschaftskrise nahm ihren Lauf und brachte bis 1931 zahlreiche Banken im In- und Ausland zum Zusammenbruch.

Mitten in dieser schwierigen Phase erfolgte für die Schiffswerft in Bodenwerder im September 1930 ein bedeutender Wandel: die Änderung des Namens in

Der Name ARMINIUS in der mitteleuropäischen Geschichte

(in Teilen zitiert aus einem Bericht von Matthias Schulz in: *Der SPIEGEL*, 2008, Nr. 51, Seiten 127 – 137)

Der Name ARMINIUS, mit der geschichtlichen Entwicklung Mitteleuropas im ersten Jahrhundert n.Chr. eng verbunden, hatte darüberhinaus für den Weserraum eine zusätzliche lokale Bedeutung. Begleitet von einem tiefgreifenden Mentalitätswechsel nach dem I. Weltkrieg wurde er zum Mythos für ein deutsch nationales Denken.

Gaius Julius ARMINIUS war der römische Name des „germanischen" Cheruskerfürsten Segimir, welcher um Christi Geburt in den Dienst des römischen Heeres getreten war. Er übernahm um 5 n.Chr. als erste große Aufgabe die Führung von Hilfstruppen des Feldherrn Tiberius und erlangte dadurch wichtige Erkenntnisse der römischen Militärtaktik. Drei Jahre später kehrten die cheruskischen Hilfstruppen, und mit ihnen der Feldherr ARMINIUS, in ihre heimatlichen Gebiete des Weserraums zurück. Der Feldherr wurde nun zum Anführer der Germanen und somit zum ernsten Feind Roms. Er entwickelte einen Kriegsplan gegen die Römer, ordnete die an beiden Seiten der Weser ansässigen ca. 200.000 Cherusker und griff gegen Ende des Jahres 9 n.Chr. die Invasionsarmeen der Römer unter ihrem Feldherr Varus an. Es kam zur geschichtsträchtigen „Varusschlacht" im Teutoburger Wald, bei der die römische Armee vernichtend geschlagen worden ist und sich zum Rhein zurückzog. Drei römische Legionen waren zerschlagen, 22.000 Menschen starben. Hieraus entstand der überlieferte Ausspruch des römischen Kaisers Augustus „...Varus, gib mir meine Legionen zurück..." Die militärischen Spannungen zogen sich noch weitere Jahre hin, bis die Armee des Heerführers ARMINIUS an der Weser die römischen Truppen endgültig besiegte.

ARMINIUS selbst wurde zwei Jahre später im Alter von 37 Jahren hinterrücks ermordet. Sein Name, abgeleitet von einem blau leuchtenden Mineral der Lateiner, „Armenium", steht bis heute für germanische Tapferkeit gegenüber einer wankenden Weltmacht, die in mindestens 13 Schlachten ihre Provinz „Germania Magna" verlor. Martin Luther prägte Jahrhunderte später für ihn den heute allseits bekannten Namen „Hermann der Cherusker". Er wurde zum „Wendepunkt der Völkergeschichte" und zur Symbolfigur für nationale Freiheit. Das „Hermann-Denkmal" im Teutoburger Wald bei Detmold erinnert noch heute an diesen „ersten Deutschen" und „Wesergermanen", wie er zeitweise auch genannt wird.

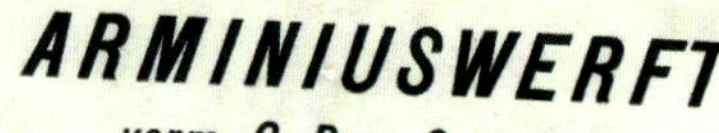

ARMINIUSWERFT
vorm. C. Pape G. m. b. H.
Neubau und Reparatur von Schiffen

...nwerder 281
Arminiuswerft
...odenwerder-Linse

Postscheckkonto: Hannover 6782
Reichsbank-Giro-Konto Hameln
Städt. Sparkasse Bodenwerder

Bürgermeister
...tspolizeibehörde
Bodenwerder

ARMINIUSWERFT vormals C. Pape GmbH, verbunden mit einer Herabsetzung des Kapitals auf 150.000 Reichsmark.[24] Als Gegenstand des Unternehmens wurde festgelegt: *„... Die Herstellung von Schiffen sowie die Vornahme von Reparaturen an solchen, die Herstellung und der Vertrieb von Holzwaren, die Ausbeutung von Steinbrüchen, insbesondere auch der Forstbetrieb des zu Bodenwerder unter der Fa. C. Pape bestehenden Fabrikgeschäftes ... "*

Einziger Gesellschafter war weiterhin die *Münsterische Schiffahrts- und Lagerhaus – Aktien-Gesellschaft (MSLAG)* mit dem starken Hintergrund der *Westfälische Transport-Aktien-Gesellschaft (WTAG)* in Dortmund. Die neue Namensgebung entsprach dem damaligen Zeitgeist eines „deutsch-nationalen Denkens" in vielen Unternehmen und fand ihren Niederschlag in der Werbung und deren Darstellung.

Bei Betrachtung der Bauliste der Werft für die Jahre 1930/31 sah die Anzahl der abgelieferten Neubauten noch recht gut aus. Es wurden zwei große Motorgüterschiffe, acht Schleppkähne sowie sechs andere Fahrzeuge abgeliefert. Dazu stellte der *Zentralverein für deutsche Binnenschiffahrt e.V.* im Dezember 1932 fest, *„... der deutsche Schiffbau ist an den Neubauten der letzten Jahre (1928-1931) mit durchschnittlich 66% der Tonnage beteiligt. Der Rest entfällt fast ausschließlich (mit 32%) auf die Niederlande ... "* Dieses darf aber nicht darüber hinweg täuschen, dass die Konjunktur rückläufig war und die Zahl der Arbeitslosen ständig anstieg. Die Reichsregierung in Berlin hatte ihrerseits entsprechende „Anpassungsverordnungen" erlassen, welche die Schifffahrt und damit die Auftragslage der Werften erheblich einschränkten. So finden sich für das Jahr 1932 nur zwei kleinere Aufträge durch das Wasserbauamt Münster in der Liste. Auch über eine kurzfristige Stilllegung der Werft ab dem 1. Juli 1932 wird berichtet. Zuvor war das Sägewerk mit dem Dampfkessel „für dauernd" stillgelegt worden.[25]

Vorher hatte die *Arminiuswerft* zusammen mit der *WTAG* Ende 1931 noch ein für die Kanalschifffahrt interessantes Umbauprojekt ausgeführt. Zwecks Einspa-

Wohnschiffe für das Wasserbauamt Minden: Abb. 17: Neubau 157 Schwimmkörper im Bau

Abb.18: Neubau 157 das Haus in Holzkonstruktion im Bau

Abb. 19: Neubau 152 fertig zum Stapellauf

Abb. 20: die beiden Neubauten parallel im Bau auf Helling I

rung der auf den westdeutschen Kanälen anfallenden Kosten für die erforderliche Schleppkraft wurde in einen vorhandenen Schleppkahn ein Motorantrieb eingebaut. Damit sollte das Schiff unabhängig vom Monopol-Schleppdampfer gemacht werden. Abgesehen von den konstruktiven Veränderungen im Hinterschiff waren keine kostenintensiven Änderungen am vorhandenen Schiffskörper erforderlich. Die Hauptparameter des ehemaligen Schleppkahns blieben erhalten. Als Antrieb diente ein 165 PS leistender 6-Zylinder DEUTZ-Dieselmotor der Type RA6M124a. Aufgrund heute kaum noch nachvollziehbarer Regelwerke der Kanalverwaltung für den Betrieb mit selbstfahrenden Frachtschiffen bezüglich der Anordnung der Schiffsschraube erhielt dieser Schiffsumbau drei (?) nebeneinander liegende Schiffsschrauben von je 65 cm Durchmesser. Sie wurden über ein entsprechendes Getriebe vom Hauptmotor angetrieben.[26] Die Ergebnisse mit dem neuartigen Schiffsumbau der *Arminiuswerft* sollen im Verkehr auf den westdeutschen Kanälen durchaus positiv gewesen sein.

Ende des Jahres 1932 greift die *WTAG* als „übergeordnete“ Inhaberin der Werft in Bodenwerder mit dem Neubau des 990 t tragenden Motorgüterschiffes EMDEN ein. Dieses war der Start einer Serie zum Bau größerer Selbstfahrer des Typs Dortmund-Ems-Kanal mit 67 m Länge und 8,20 m Breite. Damit war zunächst die Grundbeschäftigung auf der Werft sicher gestellt. Dem folgten ab 1934 weitere Schiffe gleichen Typs – ERNST SCHILLING und WILHELM HÖFER – beide benannt nach Persönlichkeiten des Vorstandes der *WTAG* sowie bis 1938 noch neun Nachbauten.

Der politische Umsturz 1933 brachte Belebungsanzeichen zur Festigung des Binnenmarktes. Die Binnenschifffahrt fand wieder mehr Beschäftigung. Die für eine längere Zeit zurück gestellten Instandsetzungs- und Erweiterungsarbeiten an der Flotte konnten nun kurzfristig in Auftrag gegeben werden. Zur Förderung derartiger Maßnahmen hatte das Reichsverkehrsministerium in Berlin durch einen besonderen Erlass vom 28. Mai 1934 eine befristete Förderung in Höhe von 4 Mio RM geschaffen. Damit sollten Binnenschiffe schnellstmöglich dem Markt wieder zur Verfügung stehen. Im Endergebnis verteilte sich die Förderung je zur Hälfte auf die Reedereien und die Kleinschifffahrt. Parallel dazu war ebenfalls ein Einfluss zur Wiederbeschäftigung der vielen Arbeitslosen – auch auf den Werften – bezweckt. Die Gesamtzahl der Werftarbeiter bei 270 befragten Werften konnte sich innerhalb eines Jahres verdoppelt. [27] Hiervon profitierte die *Arminiuswerft* nur teilweise.

Unter der Federführung von *WTAG* und *MSLAG* entstanden für die Kanalschifffahrt erfolgreiche eigene Regelwerke. Sie stellten eine gute Auslastung der Flotten sicher. Für die Werft in Bodenwerder bedeutete dieses einen enormen Anstieg der Neubautätigkeit, nahezu ausschließlich für den Flottenbestand der Werftinhaber, der *MSLAG* und der *WTAG*. In der Neubauliste finden sich für den Zeitraum von 1935 bis 1939 insgesamt 14 Motorgüterschiffe und acht Schleppkähne. Während die Motorgüterschiffe vorrangig Abmessungen des Typs „Gustav Koenigs“ aufwiesen, hatten die Schleppkähne entsprechend der „Schiffahrts Polizei Verordnung vom 23. Juli 1938“ [28] Längen von 80 und 85 m und Breiten von 9,50 m. Dadurch stieg deren Tragfähigkeit auf fast 1.500 t. Die Entwicklung muss im Zusammenhang mit dem ständigen Ausbau des Dortmund-Ems-Kanals, dem Hauptfahrtgebiet der *WTAG*, und der Entwicklung auf dem Rhein gesehen werden. Dieser Kanal, auf dem hauptsächlich aus dem Ausland ankommendes Erz von Emden ins westfälische Industriegebiet und umgekehrt Kohlen als Exportgut nach Emden in ausgeglichener Menge transportiert wurden, galt als die *„am besten*

Abb. 21 – 23: Schleppkähne für die *WTAG* im Bau

ausgelastete" Wasserstraße. Im Rahmen von „Arbeitsbeschaffungsmaßnahmen" der Reichsregierung ab Mai 1933 erfolgte daher ein schrittweiser Ausbau für Schiffsgrößen bis 1500t Ladefähigkeit. Die große Anzahl von Schleppkahnneubauten hatte folgerichtig ihre Ursache auch im Regelwerk zur Kanalschifffahrt. Auf allen Kanälen herrschte das Schleppmonopol vorrangig vor. Das bedeutete, dass das Regelfrachtschiff ein Schleppkahn war, welcher von den „Monopolschleppern" der jeweiligen Schleppämter fortbewegt wurde. Andere Schlepparten waren nicht zulässig, Selbstfahrer wurden als zweitrangig betrachtet und mussten warten.

Der Weiterbau des Mittellandkanals in Richtung Osten mit der Inbetriebnahme des Hebewerkes in Magdeburg-Rothensee am 30. Oktober 1938 gab einen weiteren Anlass zur Flottenerweiterung. Mit den im Jahre 1938 auf der *Arminiuswerft* gebauten Motorschiffen vom Typ „Groß-Saale-Maß" stieg die *WTAG* zusätzlich auch in den Verkehr zur Elbe und nach Berlin ein.

Die *Arminiuswerft* in Bodenwerder hatte mit ihren finanzstarken Inhabern nicht nur das bei der Übernahme 1918 erklärte Ziel *„die Reparatur und den Neubau unserer großen Flotte"* zu erfüllen sondern konnte sich darüberhinaus auf einen zielgerechten Ausbau der Werftanlagen mit beachtlichem Rückhalt stützen. Noch ein Vorteil stellte sich ein: der seit 1928 immer wieder diskutierte Neu-/Umbau der viel zu kleinen Schleuse in Hameln wurde realisiert. Die 1933 eröffnete neue „Schleppzug-Schleuse" hatte Kammermaße von 225m

Abb. 24: Hinterschiff eines typischen Elbeschleppkahns mit dem „Hackebeilruder" zum Umbau auf der Slipanlage in Bodenwerder

Abb. 25: auf Helling I der *Arminiuswerft* liegen nebeneinander 2 Neubauten für die *WTAG* und 2 Elbkähne, wobei bei dem linken Schiff mittschiffs deutlich die Verlängerung erkennbar ist – darüberhinaus ist auf dem flachen Gelände von Helling II noch die Kettenzuganlage zum Vorschiff erkennbar, mit derer das Schiff auseinander gezogen worden ist

Abb. 26: Schiffbauarbeiten im Verlängerungsbereich

Abb. 27: Stapellauf Neubau 169 – M.S. HANNOVER: viel Prominenz zusammen mit den Werftarbeitern bei der Schiffstaufe, 1936

Abb. 28: Generalüberholung nach 16 Betriebsjahren auf der *Arminiuswerft* 1952 – maßgebliche Herren der *WTAG* aus Dortmund informieren sich über den Schiffbau in Bodenwerder

Länge und 12,50 m Breite. Leider fügten die Erbauer – aus welchen Gründen auch immer – eine gekrümmte Längsachse mit einem Radius von 1.500 m ein. Dieses sollte später beim Neubau sehr großer Schiffe in Bodenwerder zum Nachteil geraten. Trotz alledem war der Neubau der Schleuse in Hameln ein gewaltiger Vorteil für die oberhalb der Schleuse in Bodenwerder gelegenen Werften. Nun konnten auch die zwischenzeitlich immer größer gewordenen Schiffstypen nicht nur dort gebaut und zum Kanalsystem bei Minden überführt werden, sondern derartige Schiffe konnten auch in der Gegenrichtung zur Reparatur oder zum Umbau zur Werft fahren! Sogar große Elbkähne mit dem typischen „Hackebeilruder" kamen nach Bodenwerder, um für die Kanalfahrt umgerüstet zu werden. Dieses betraf speziell eine Verlängerung des Schiffes auf die nunmehr zulässigen Kanalmaße von 80 bzw. 85 m.

Die zweite Hälfte der 1930er Jahre war geprägt durch eine gute Verkehrsauslastung auf den Binnenwasserstraßen Deutschlands. Damit verbunden stieg auch der Bedarf an leistungsfähigen Schiffen mit ständig größeren Tragfähigkeiten, gefördert durch die weitere Entwicklung des Dieselmotors. Auch die *WTAG* hatte ein umfangreiches Schiffbauprogramm mit einer Kapazitätserweiterung auf insgesamt 320 000 t beschlossen.[29] Gebaut werden sollten die neuen Schiffe im Wesentlichen auf der „eigenen" *Arminiuswerft* in Bodenwerder, die in ihrer Kapazität damit sehr gut ausgelastet war. Werft und Reederei zeigten sich bei diesem Programm durchaus offen für epochemachende Neuentwicklungen, insbesondere beim Bau der überregional einsetzbaren Motorgüterschiffe des Typs „Gustav Koenigs" mit Tragfähigkeiten von knapp 1.000 Tonnen. Beispielsweise beim 1936 erfolgten Neubau Nr. 169 – M.S. HANNOVER – für die *WTAG* in Dortmund entstand erstmalig ein „mit Anthrazit-Gas betriebenes Fluß- und Kanal-Frachtschiff". Bei der Antriebsanlage handelte es sich um einen separaten „Gaserzeuger", in welchem Kohle verfeuert und zu einem zündfähigen Gas umgewandelt wird. Hiermit kann mittels kleinerer Veränderungen der Dieselmotor problemlos betrieben werden. Es wird kein Dieselöl benötigt.[30] Dieses Verfahren ist etwa ab 1941 umfangreich in der Binnenflotte – hauptsächlich durch Umrüstungen – angewandt worden, da kriegsbedingt erhebliche Probleme in der Beschaffung von Roh-/Dieselöl bestanden. 1952 erhielt das Schiff anlässlich einer Generalüberholung in Bodenwerder einen neuen 500 PS starken DEUTZ-Motor. Damit war das Schiff im Kanalgebiet noch bis in die 1960er Jahre erfolgreich in Fahrt.

Werfterweiterung 1938

Das Neubauprogramm der *WTAG*-Flotte, welches die *Arminiuswerft* in Bodenwerder zu bewältigen hatte, nahm ab 1935 einen beachtlichen Umfang an. Gleichzeitig waren viele Reparaturen und auch Umbauten der bestehenden Flotte kurzfristig zu bewältigen. Die seit vielen Jahren kaum veränderten Werfteinrichtungen waren für ein derart großes Auftragsprogramm der Muttergesellschaft reichlich überfordert. Aufträge von anderen Kunden konnten – zumindest im Neubaubereich – nur selten angenommen werden. Die Entwicklung der Binnenschifffahrt, speziell im Fahrtgebiet der *WTAG* und deren angeschlossenen Unternehmen, ließ eine weitere Steigerung der Transportleistungen erwarten.

Diese positiven Voraussetzungen fanden ihren Niederschlag in einem enormen *„... Erweiterungsprojekt der Helling-Anlage, einer neuen Kran-Anlage, Modernisierung der bestehenden Wagen-Helling...den Neubau einer Schiffbauhalle und einer Schweißerei..."* Die erforderlichen Kosten wurden in einer im Original überlieferten Kosten-Übersicht mit RM 409.300,84 ermittelt.[31] Zur Abmilderung des Standortnachteils gegenüber dem knapp 100 km entfernten Schifffahrtsknotenpunkt Minden wurde sogar ein eigenes *„...Schleppboot zum Schleppen der Reparatur-Schiffe von Minden nach Bodenwerder und zurück mit gebrauchtem 100 PS Motor..."* als Eigenfertigung in die Planungskosten in Höhe von RM 9.500 vorgesehen.[32]

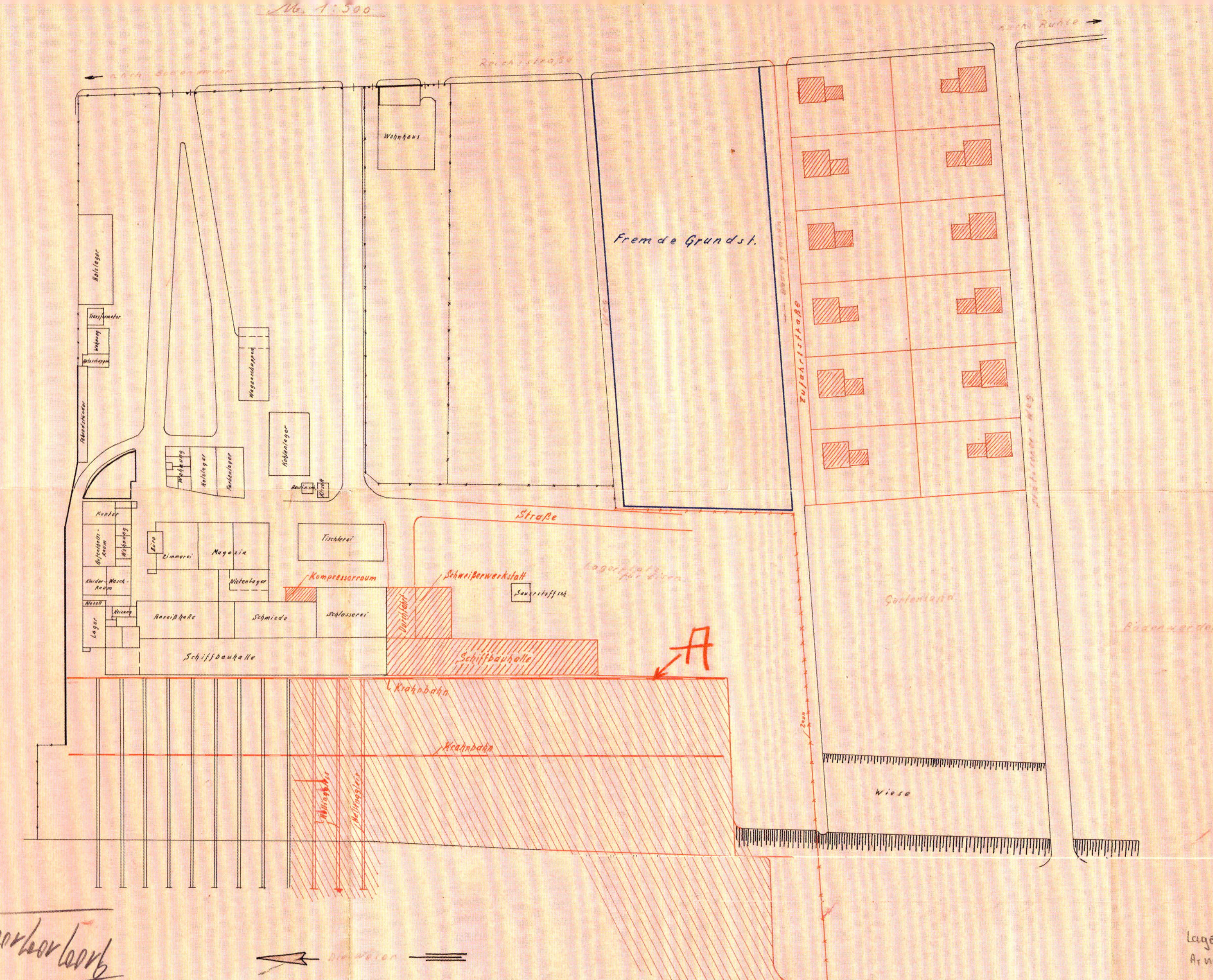

Abb. 29: Projektlageplan mit farbigen Eintragungen der geplanten Veränderungen an der Hellinganlage und der Schiffbauhalle

Die 1938 durchgeführten Veränderungen der Werftanlagen bestanden im Wesentlichen aus der Verlängerung der vorhandenen Slipanlage, der Verlängerung der Schiffbauhalle um 60 m und dem Neubau einer großen Portalkrananlage über den gesamten Hellingbereich.

Bereits im September 1937 erfolgte beim Wasserbauamt in Hameln ein *„Antrag auf Genehmigung der Verlängerung der bestehenden Vor- und Bauhelling stromaufwärts um ca. 30 – 40 m“.*[33] Als dringend erforderlichen ersten Schritt wurde darin die Erweiterung um drei weitere Schienen mit Slipwagen eingeplant, damit die 85 m langen „neuen“ Schiffe sowohl gebaut als auch repariert werden könnten. Nach Fertigstellung war dann für vier große Schiffe in den Abmessungen 85 x 9,50 m gleichzeitig auf der Anlage nebeneinander auf Land Platz. Im Zuge der Baumaßnahmen sollte zusätzlich der bereits von *Christian Pape* genutzte nach Oberstrom anschließende Hellingplatz für Neubauten um ca. 40 m verlängert und für eine spätere Montage der zweiten Slipanlage vorbereitet werden.[34] Dazu

Abb. 30 – 33: umfangreiche Erdarbeiten für die Verlängerung der Helling

waren trotz der teilweise flachen Uferbereiche umfangreiche Erdarbeiten erforderlich. Für den Abtransport der großen Mengen von Erdreich gab es eine von einer kleinen Diesellokomotive gezogene Lorenbahn. Die Aushubarbeiten jedoch mussten von Hand vorgenommen werden!

Gleichzeitig bedurfte die noch aus der Zeit nach dem ersten Weltkrieg stammende „Wagen-Hellinganlage“ auf Helling I einer dringenden Sanierung. Dieses betraf speziell die alten Slipwagen. Ihre bisherige einfache Konstruktion bestand aus 3 hohen nebeneinander zusammen gesetzten großen I-Trägern, an deren oberen und unteren Enden sich auf jeder Seite einfache klobige Rollen befanden. Die Slipwagenträger hatten in keiner Weise eine Anpassung an die recht große Helgenneigung. Somit waren für den Neubau von Schiffen Unmengen von Pallholz zum waagerechten Ausrichten des Schiffsbodens erforderlich. Zum Unterziehen der Slipwagen für den Stapellauf musste „Stück für Stück“ umgepallt werden, sodass sich das Schiff mit

Abb. 34: die alte einfach gebaute Slipanlage der Helling I mit neun Wagen; der Schleppkahn W.T.A.G. 24 liegt bereit zum Aufslipen

einer erheblichen Schräglage auf die Wagen absetzte – eine kräftezehrende Arbeit für die Schiffbauer! Kriegsbedingt mussten die Arbeiten zur Erneuerung dieser Slipwagen jedoch zurückgestellt werden. Sie wurden erst Ende der 1940er Jahre ausgeführt.

Die gesamte Baumaßnahme im Bereich der beiden Hellinge kostete entsprechend der sehr spezifiziert geführten „Kosten-Übersicht" einschließlich aller Nebenarbeiten insgesamt RM 76.869,04.

Die nächste größere Baumaßnahme war die Verlängerung der bestehenden parallel zur Helling verlaufenden Schiffbauhalle um 60 m. Sie wurde mit Beginn des Jahres 1938 sofort begonnen und war bereits im August abgeschlossen. In der beigefügten Baubeschreibung der Antragsvorlage beim Preußischen Gewerbe-Aufsichts-Amt Hannover wird zur Bauart aufgeführt: *„...die Schiffbauhalle schließt sich an die vorhandene Halle passend an, ist nach allen anderen Seiten durch Holzverschalung geschlossen. Sie ist im übrigen in Holz mit Bitumendach ausgeführt. Im Bodenraum ist ein Schnürboden vorgesehen, welcher dazu benutzt werden soll, Schiffszeichnungen auf dem Fußboden in Originalgröße aufzuzeichnen, um von da aus die Holzmodelle für die Bearbeitung der Bleche anfertigen zu* *können. Eine größere Belastung des Schnürbodens kommt nicht in Frage, da hier nur 2 – 3 Gefolgschaftsmitglieder die Schnürarbeit vornehmen. Die Halle steht auf Betonsockel und ist das Ständerwerk mit den Fundamenten durch Eisen gut verankert. In allen Teilen gleicht diese Halle der bereits vor ca. 10 Jahren erbauten…*".[35] In der neuen Halle sollten nicht nur mehrere neue Bearbeitungsmaschinen untergebracht, sondern auch ein größerer Teil der Schiffbauarbeiten „unter Dach" ausgeführt werden, „*…damit wir in Bezug auf die Arbeitsausführung…auch bei schlechtem Wetter unsere Gefolgschaft durchbeschäftigen können…*"

Mit dem angekündigtem Wetterschutz jedoch war kein vollkommender Schutz möglich, denn die gesamte zum Helgen zeigende Längswand war über mehr als der halben Höhe offen. Schiffbauer empfanden eine Arbeit in einer Halle als „Bedrängnis". Sie waren es

Abb. 35: wegen Überlast zusammen gebrochener Slipwagenträger

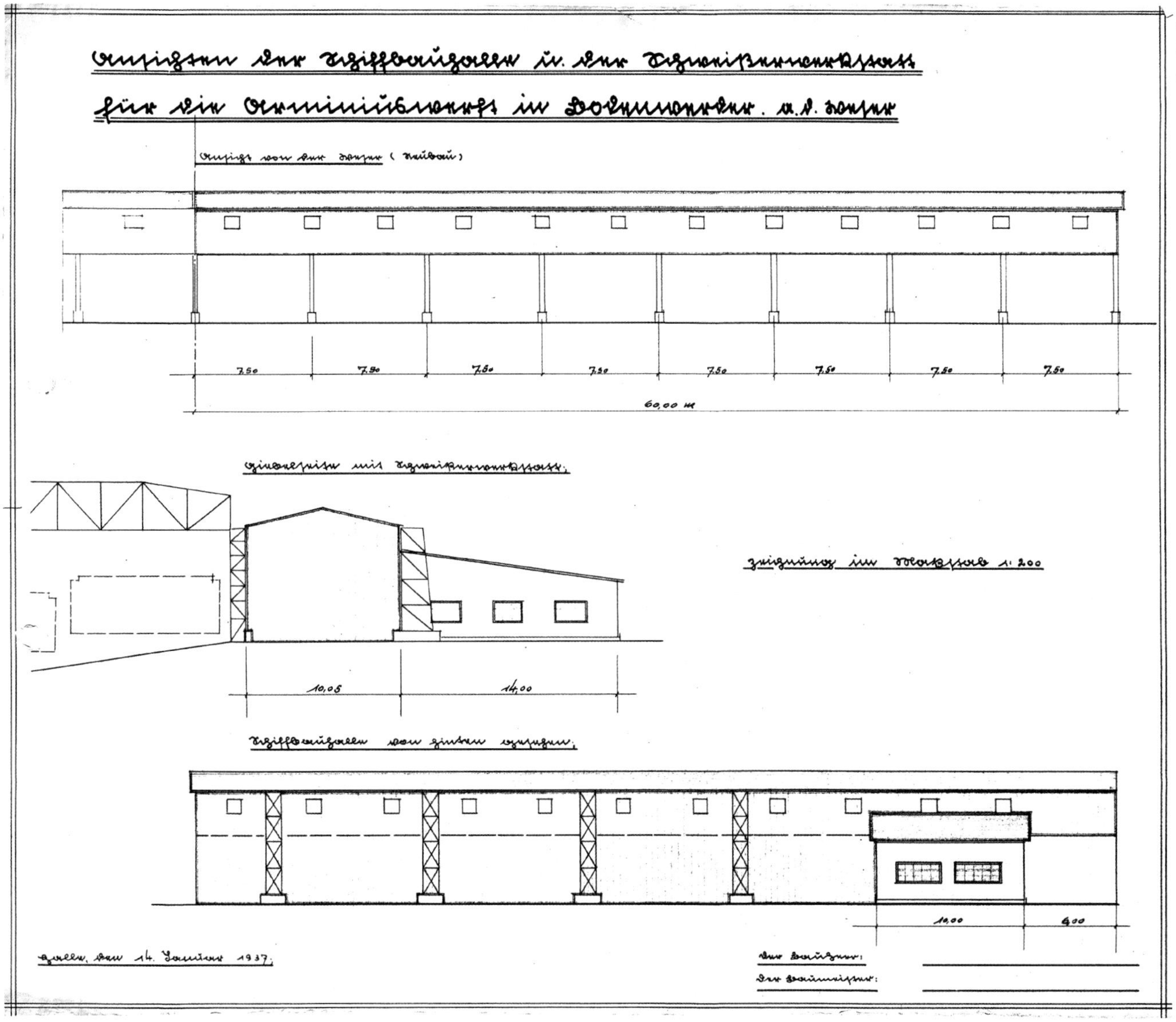

Abb. 36: Zeichnung der neuen Halle

immer gewohnt im Freien unter allen Wetterbedingungen zu arbeiten; auch als in heutiger Zeit die Werften aus Qualitätsgründen den Schiffbau in große geschlossene Hallen verlegten! Für die maschinelle Einrichtung in der Schiffbauhalle sind eine „Blechbiegemaschine" von *J.G. Hitzler* aus Lauenburg sowie eine „Knotenblechschere", eine „Hebellochmaschine" von der *Maschinenfabrik H. Schlüter* aus Neustadt am Rübenberge und eine „Blechwalze" von der Fa. *Weberwerk* aus Siegen neu angeschafft worden. Sie wurden ergänzt durch Bohrmaschinen und weitere Kleingerätschaften.

Zusammen mit der vorhandenen älteren Halle entstand die markante Silhouette zur Weser hin, welche den weithin sichtbaren Namenszug **ARMINIUS – WERFT** lange Zeit trug.

Die Ausführung der Bauarbeiten für die neue Halle erfolgte durch die Firmen: *Hr. Sauerland*, Bodenwerder für Betonarbeiten, *R. Müller*, Halle i.Br. für Maurerarbeiten, *Albert Jacob*, Ottenstein i.Br. für Zimmererarbeiten und *August Waldhoff*, Bodenwerder für Dachdeckerarbeiten.

Im Zusammenhang mit dem Neubau der Schiffbauhalle gab es noch eine Besonderheit, den Anbau einer „Schweißerwerkstatt". Damit wurde einem zunehmenden Trend in der Schiffbaufertigung entsprochen. Die Anwendung der Schweißung sollte die althergebrachte Nietbauweise ersetzen. Entsprechende Versuche, insbesondere unter Aufsicht des Germanischen Lloyd, zeigten sehr positive Ergebnisse. Die dadurch erzielbare Kosteneinsparung zeichnete sich ab, wenn-

Abb. 37: Knotenblechschere

Abb. 38: Blechwalze

Hr. Sauerland, Bodenwerder (Weser)
Baumeister und beeidigter Schätzer
Baugeschäft für Hoch-, Tief-, und Eisenbetonbau
Lager von Baumaterialien
Gegründet 1874

Bankkonto: Giro-Konto 082 b. d. Stadtsparkasse Bodenwerder
Fernruf: 246

Bodenwerder, den 5. Febr.1938
Bahnstation: Bodenwerder-Kemnade

Eingegangen – 8. FEB. 1938

Firma

Betr.: Offerte über Her… der Betonsockel … Fundamente d.Sc…

1.) 48,60 cbm Fu…

1.) 6,00 c…

August Waldhoff
Dachdeckermeister
Fernsprecher: Bodenwerder Nr. 286

Lager sämtlicher Bedachungsmaterialien
Anfertigung von Kostenanschlägen
Ausführung aller Dach-Arbeiten mit und ohne Material

Bankkonto: Braunschw. Staatsbank Eschershausen
Girokonto 103 der Städt. Sparkasse Bodenwerder.

Fol. H.B. 30.

Bodenwerder, den 18 August 19 38.

Rechnung für Arminius – Werft Bodenwerder

1938. Betrift : neu decken einer Schifsbauhalle

			RM	Rpf
August	5/15.	60 x 11,1 = 666 qm doppellagiges Bitumenpappdach per qm Mark 1,75	1165	50
		65,3 x 11,1 = 725,8 qm u. 17,5 x 0,5 = 8,75 qm u. 4,4 x 7,65 = 33,66 qm zus. 768,21 qm vorhandenes Pappdach mit einer lage Bitumen Pappe überkl…		

Baumeister R. Müller / Halle (Brschwg.)
Baugewerblichtätiger Architekt Nr. 30154
Fernruf: Bodenwerder Nr. 221

Kosten-Anschlag über Betonarbeiten der Schiffbauhalle für die Arminiuswerft in Bodenwerder a.d. Weser.

Pos.		Gegenstand	Geldbetrag im Einzelnen	Geldbetrag im Ganzen
		…ndamente der zur Querver… der Halle erf. Holzstützen …len. …h 4,00 . 1,00 . 1,60 m …in Misch. 1:8 einzubringen …ich 3,00 . 0,50 . 0,60 m . Misch. 1:6 einzubringen …seitig zu liefernde An… u. Schrauben einzubeto… …rbeiten sind bauseitig … Für das Stück		

Abb. 39: am Neubau der Schiffbauhalle beteiligte Firmen

gleich zunächst einige Investitionen in die Schweißanlagen erforderlich waren. Die Unterbringung in einer separaten Werkstatt war zunächst eine Vorsichtsmaßnahme, welche sich bald wieder ändern sollte.

Die weitaus größte Investition jedoch war der Neubau einer Krananlage, welche über den vorhandenen und noch über den geplanten Helgenbereich verlaufen musste. Sowohl die geforderten Funktionen als auch die Konstruktion beinhalteten eine Herausforderung besonderer Art! Die als „Brückenkonstruktion" erbaute Krananlage mit einer Traglast von 5 t zwischen den Stützen und 1,5 t am äußeren Ende sollte den gesamten Bereich der auf Land liegenden Schiffe – das sind maximal vier Schiffe von mehr als 9 m Breite nebeneinander sowie die gleiche Anzahl voreinander – abdecken können. Dazu bedurfte es zweier längslaufender Kranbahnen, die eine direkt vor der Schiffbauhalle, die zweite auf halber Helgenbreite zwischen den Schiffen, wo die Schienen der Slipwagen gekreuzt werden mussten. Der Gesamtauftrag für den „elektrisch betriebenen fahrbaren Halbportal-Hellingkran" inklusive der unteren Kranbahnen wurde der Firma *E. Becker*,

Abb. 40: Blechbiegemaschine für Aussenhautplatten

Abb. 41: die Werftanlagen ca. 1937/38 mit dem typischen Namenszug an der Schiffbauhalle und einem WTAG Schleppkahn zur Reparatur auf der verlängertem Helling I

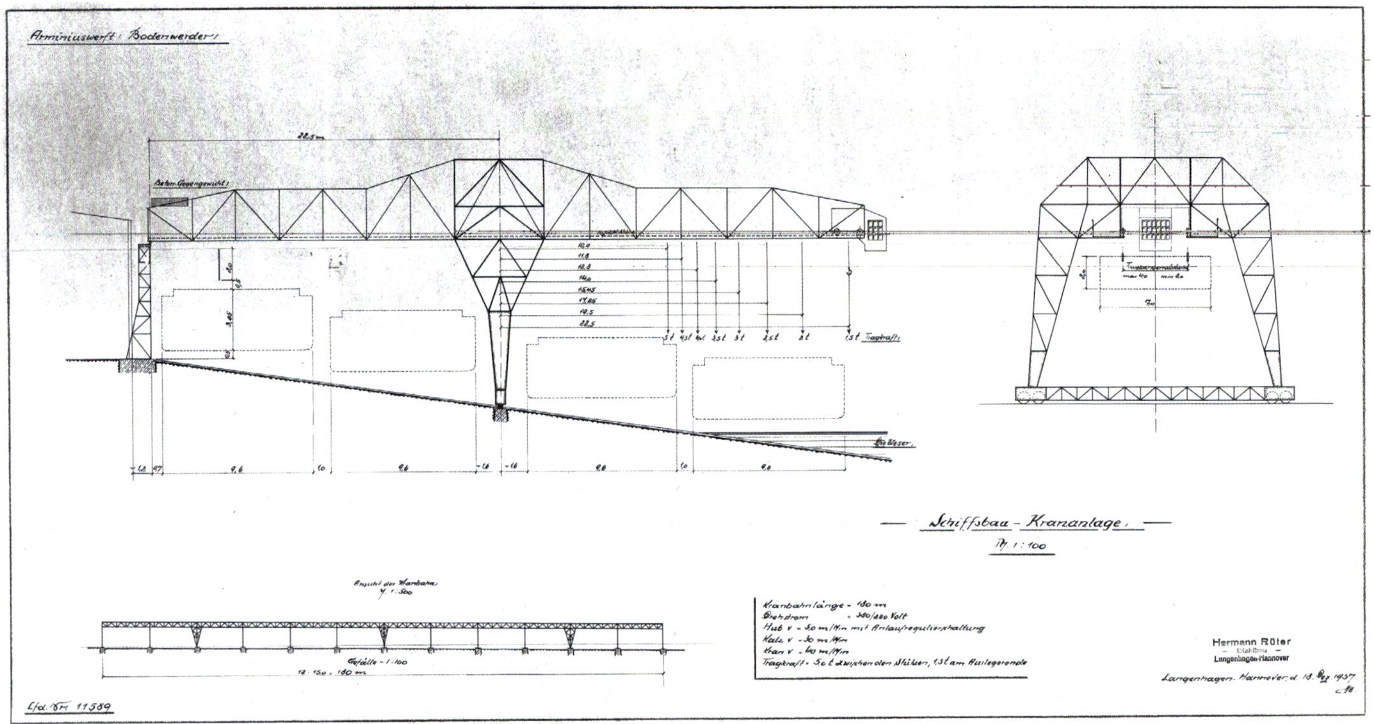

Abb. 42: Übersichtszeichnung der neuen Krananlage; mit unterschiedlichen Tragkraftbereichen überspannt sie vier auf dem Helgen liegende große Schiffe

Maschinenfabrik, Berlin erteilt, während die an der Schiffbauhalle entlang führende „Hochbahn“ für den Kran durch die Firma *Hermann Rüter*, Hannover-Langenhagen erbaut wurde. Diese hatte eine Länge von 192 m, unterteilt in zwöf Felder und war für einen Raddruck von 10 t ausgelegt.

Während die technische Bearbeitung wegen der konstruktiven Besonderheit bereits erhebliche Schwierigkeiten aufwarf, war das weitaus größere Problem der Materialbeschaffung äußerst schwierig zu lösen. Speziell die Beschaffung von Eisen/Stahl war durch entsprechende Anordnungen limitiert. Über das jeweils zuständige Arbeitsamt – hier das in Alfeld/Leine – musste für das gesamte Bauvorhaben per Bauanzeige durch die *Arminiuswerft* eine „Kontrollnummer“ mit exakter Ermittlung des vierteljährigen Bedarfs beantragt werden. Das Arbeitsamt verwaltete sodann die Angelegenheit im Rahmen der „vierten Anordnung zur Durchführung des Vierteljahresplans“ im Auftrag der „Reichsanstalt für Arbeitsvermittlung und Arbeitslosenversicherung in Berlin-Charlottenburg“.[36] Dabei kam es oft zu Differenzen und Terminproblemen, sodass die Kranbrücke letztendlich erst im Juli 1939 anstatt im Oktober 1938 fertig gestellt werden konnte.

Somit war die umfangreiche Modernisierung der *Arminiuswerft* mit gutem Ergebnis Mitte 1939 abgeschlossen. Die Werft befand sich nunmehr in der Lage, das große anstehenden Neubauprogramm für die *WTAG* mit größeren Schiffsabmessungen auszuführen.

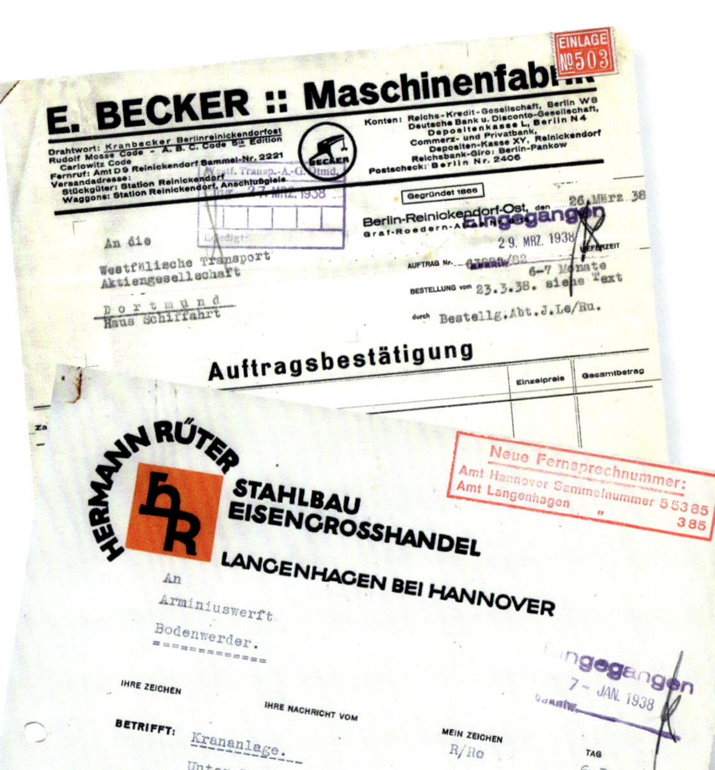
EINLAGE № 503

E. BECKER :: Maschinenfab...

Drahtwort: Kranbecker Berlinreinickendorfost
Rudolf Mosse Code – A. B. C. Code 5. Edition
Carlowitz Code
Fernruf: Amt D 9 Reinickendorf Sammel-Nr. 2221
Versandadresse:
Stückgüter: Station Reinickendorf, Anschlußgleis
Waggons: Station Reinickendorf

Konten: Reichs-Kredit-Gesellschaft, Berlin W 8
Deutsche Bank u. Disconto-Gesellschaft, Depositenkasse L, Berlin N 4
Commerz- und Privatbank, Depositen-Kasse XY, Reinickendorf
Reichsbank-Giro: Berlin-Pankow
Postscheck: Berlin Nr. 2406

Gegründet 1866

Berlin-Reinickendorf-Ost, den 26. März 38
Graf-Roedern-Allee

Eingegangen 29. MRZ. 1938

An die
Westfälische Transport
Aktiengesellschaft
Dortmund
Haus Schiffahrt

Auftrag Nr. ...
Lieferzeit 6–7 Monate
Bestellung vom 23.3.38. siehe Text
durch Bestellg.Abt.J.Le/Hu.

Auftragsbestätigung

Einzelpreis | Gesamtbetrag

HERMANN RÜTER
STAHLBAU
EISENGROSSHANDEL
LANGENHAGEN BEI HANNOVER

Neue Fernsprechnummer:
Amt Hannover Sammelnummer 5 53 85
Amt Langenhagen " 3 85

An
Arminiuswerft
Bodenwerder.

Eingegangen 7. JAN. 1938

IHRE ZEICHEN
IHRE NACHRICHT VOM
MEIN ZEICHEN R/Ro
TAG 6.Jan.1938

BETRIFFT: Krananlage.
Unter Bezugnahme ...

Abb. 43: die Hersteller der großen Krananlage

Abb. 44 + 45: Montieren der neuen Krananlage im Bereich Helling II mittels eines „Derrick-Kranes“

Abb. 46: die neue Hellinganlage ist voll belegt

Kriegszeiten – alles wird anders

Zwischenzeitlich hatten sich die politischen Verhältnisse in Deutschland erheblich verändert. Als am 1. September 1939 der zweite Weltkrieg ausbrach verlief die Auftragsentwicklung auf der Werft in Bodenwerder noch sehr positiv. Sie musste das große Neubauprogramm der *WTAG* bewältigen. Die Gesellschaft hatte für 1939 eine Kapazitätserweiterung der Schiffstonnage auf insgesamt 320.000 t beschlossen. Gleichzeitig nahm der Einfluss der Muttergesellschaft in Dortmund auf die Werftleitung immer mehr zu. Wichtige Positionen in der Geschäftsführung wurden neben *Hermann Klenke* aus Bodenwerder mit Mitgliedern aus dem Vorstand der *MSLAG/WTAG* besetzt. Die Werft produzierte offensichtlich ausschließlich für die Eigentümerin. Folgerichtig bestand die Aufteilung des 1942 auf 800.000 RM erhöhten Kapitals der Werft aus 425.000 RM für die *MSLAG* und 375.000 RM für die *WTAG*.

Als markantes äußeres Zeichen erfolgte 1940 eine Umbenennung in **ARMINIUSWERFT GmbH** – der historische Zusatz *„vormals C. Pape"* entfiel. Damit sollte wohl auch die neue moderne vorwärts gerichtete Denkart dokumentiert werden – und mit der Bezeichnung ARMINIUS war auch in der „politischen Gesinnung" gut zu vermarkten.

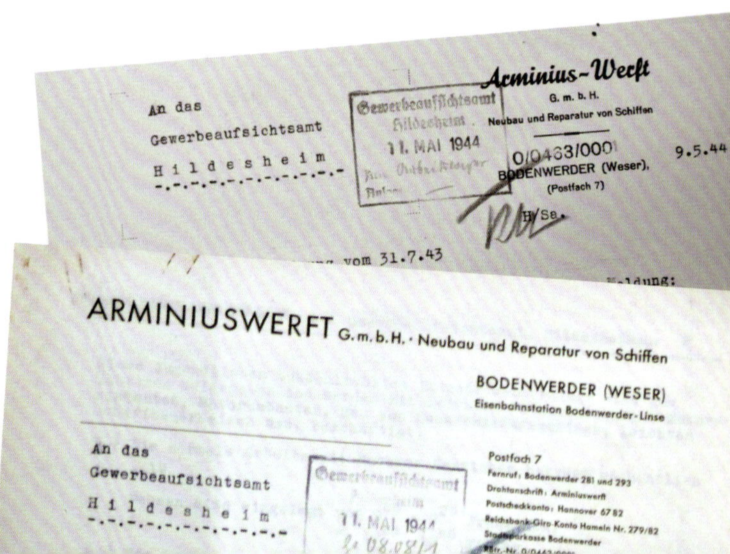

Arminius-Werft G. m. b. H. Neubau und Reparatur von Schiffen
0/0463/0001 BODENWERDER (Weser), (Postfach 7)
9.5.44

An das
Gewerbeaufsichtsamt
H i l d e s h e i m

Gewerbeaufsichtsamt Hildesheim 11. MAI 1944

...vom 31.7.43

ARMINIUSWERFT G.m.b.H. · Neubau und Reparatur von Schiffen
BODENWERDER (WESER)
Eisenbahnstation Bodenwerder-Linse

An das
Gewerbeaufsichtsamt
H i l d e s h e i m

Gewerbeaufsichtsamt 11. MAI 1944

Postfach 7
Fernruf: Bodenwerder 281 und 293
Drahtanschrift: Arminiuswerft
Postscheckkonto: Hannover 67 82
Reichsbank-Giro Konto Hameln Nr. 279/82
Stadtsparkasse Bodenwerder

Abb. 47: unterschiedliche Schreibweisen des Firmennamens nach der 1940 erfolgten Umbenennung

Hermann Klenke

Der im Jahre 1903 geborene *Hermann Klenke* muss, obwohl es über seine berufliche Ausbildung keine Hinweise gibt, schon sehr früh auf der Schiffswerft in Bodenwerder tätig gewesen sein. Er wurde zunächst „Betriebsführer" und als besonderen Höhepunkt seiner Laufbahn am 15. September 1939 entsprechend dem Eintrag ins Handelsregister Eschershausen „... *zum Geschäftsführer bestellt*...[und war somit] ...*berechtigt, mit einem anderen Geschäftsführer oder einem Prokuristen die Gesellschaft rechtsverbindlich zu vertreten*..." Damit begann für ihn eine verantwortungsvolle Aufgabe in einer schwierigen Zeitepoche. Seinem Geschick in den Verhandlungen mit der Muttergesellschaft in Dortmund und sein „patriarchisch" anmutender Umgang auf der Werft führten letztendlich immer zum positiven Ergebnis und damit zum Überleben des Betriebes. Das betraf sowohl die Kriegszeit als auch den Neuanfang 1945/46.

Von 1946 bis 1949 trat zwar eine dreijährige „Zwangspause" im Amt des Geschäftsführers *Hermann Klenke* zur Abklärung „politischer Vergangenheitsfragen" ein, danach aber konnte er sich wieder voll dem Werftgeschehen widmen. Die Entwicklung der *Arminiuswerft* begann ihren Weg zu einer der modernsten Binnenschiffswerften in Deutschland. Dieses wurde besonders gefördert durch Reparaturen und Neubauten der *WTAG*-Flotte.

1956 schied *Hermann Klenke* aus dem Werftbetrieb aus.

Die große Neubautätigkeit für die *WTAG* lief 1941 aus. Danach werden bis 1952 (!) keine neuen Schiffe für zivile Unternehmen mehr in der Bauliste verzeichnet. Die Auswirkungen des Krieges zeichneten sich allmählich ebenfalls auf den Schifffahrtsbetrieb ab. Personalmangel, Verknappung des Dieselöls und erste Zerstörungen durch Luftangriffe im Bereich der Kanäle führten zu erheblichen Einschränkungen. Die Produktion musste sich, wie überall auf den Werften in Deutschland, auf kriegswichtige Komponenten umstellen.

Durch den Rückgang der Neubauten frei gewordene Kapazitäten wurden für verschiedene Rüstungslieferungen eingesetzt. So sind auf der *Arminiuswerft* in der ersten Hälfte des Jahres 1940 mehrere vorwiegend Schleppkähne für die geplante Invasion Englands – bekannt als Unternehmen „Seelöwe" – provisorisch zu Landungsfahrzeugen umgebaut worden. Dazu hatte die Wehrmacht im gesamten deutschen Wasserstraßennetz eine große Anzahl von Binnenfrachtschiffen in geeigneten Größenabmessungen erfasst und verschiedenen Werften zum Umbau zugeführt. Die Schiffe erhielten im Bug eine ausklappbare Landeklappe sowie entsprechende Längs- und Querverstärkungen des Schiffsverbandes. Gleichzeitig musste der gesamte Laderaum des Schiffes mit einer Auffüllung aus Beton versehen werden. So entstand eine glatte Fahrbahn für schweres Kriegsgerät, welches beim Anlanden am Strand über die Bugklappe an Land fahren sollte. Nachdem die Invasion am 12. Oktober 1940 gestoppt wurde, wurden die requirierten Fahrzeuge wieder der zivilen Verwendung zugeführt, sofern die Wehrmacht sie nicht anderweitig nutzen wollte oder sie durch Luftangriffe vernichtet worden sind.[37]

Diese Umbaumaßnahmen alleine schon benötigten zusammen mit dem Bau anderer „kriegswichtiger" Fahrzeuge einen großen Bereich der Hellinganlagen der Werft. Neu gebaut wurden ab 1941 propellergetriebene Prähme, Sturm- und Landungsboote unterschiedlicher Art und Größe. Sie waren seetüchtig und für Landungspioniere, Küstenjäger und speziellen Sturmbootkommandos vorgesehen.[38]

Darüberhinaus stieg der Bedarf an dringenden Reparaturen und Umbauten der westlichen Binnenflotte plötzlich stark an.[39] Dazu kam aufgrund des sich abzeichnenden Rohölmangels die schnellstmögliche Umrüstung der Dieselmotorschiffe auf Generatorgasantrieb. Die *WTAG* hatte Ende 1942 hierfür sieben Schiffe ihrer Flotte zum Umbau in Bodenwerder vorgesehen.[40]

Abb. 48: 1937: Pontons für die Deutsche Wehrmacht fertig zur Auslieferung, Neubauten Nr. 172-174

Um diesem Problem kurzfristig zu begegnen, entstanden Anfang 1942 erste Planungen, den geländemäßig bereits vorbereiteten Platz „Helling II" mit einer als „Provisorium" deklarierten Slipanlage auszurüsten. Damit konnten vier zusätzliche Schiffe zur Reparatur an Land genommen werden. Die Aufslipanlage sollte aus neun Gleisen auf Holzschwellen im Abstand von 8,50 m – ähnlich wie auf Helling I – bestehen, auf denen die Hellingwagen mittels Seile von der am oberen Ende angeordneten Hellingwinde gezogen wurden.[41] Die Baukosten der geplanten Erweiterung beliefen sich entsprechend einem Voranschlag der Firma *Heinrich Sauerland*, Bodenwerder, auf RM 128.000,–. Das Genehmigungsverfahren verlief schnell. Eine vorläufige Baugenehmigung dazu hatte das Gewerbeaufsichtsamt in Hildesheim bereits im Dezember 1942 *„... als Ausnahme vom Bauverbot ..."* erteilt. Diese wurde am 6. Mai 1943 durch den „Bevollmächtigten des Reichsministeriums Speer", Hannover, mit einem Vorbescheid als *„Bauvorhaben Neubau einer provisorischen Aufslipanlage für die Reparaturhelling II"* bestätigt.[42]

Aufgrund der Kriegsbewirtschaftung aber entstanden kaum vorstellbare Probleme in der Materialbeschaffung! Dazu war auch zu prüfen, ob möglicherweise die Hellingwagen aus den Beständen der im Krieg beschlagnahmten Werft in Rupelmonde (Antwerpen) übernommen werden müssten. *„...Sie machen sich strafbar, wenn Sie Material für neue Hellingwagen beschaffen, während die vorhandenen Wagen umgeändert werden können..."* lautete die Anweisung aus Dortmund.[39] Wie aus dem überlieferten Aktenbestand rekonstruierbar lieferte die Firma *Ferrostahl* einen Teil der Schienen, andere wurden aus „gebrauchten Beständen" anderweitig beschafft. Die zugehörigen Slipwinden waren eine Neuanfertigung der *Maschinenfabrik C. Müller* aus Forst bei Holzminden[43] entsprechend einer Freigabe durch den „Beauftragten des Reichsverkehrsministeriums" unter der Kenn-Nr. Xia43Fr7. Verbleibt am Ende die Frage nach der Herkunft der Slipwagen. Vermutlich hat die Werft auch diese in Zusammenarbeit mit weiteren Firmen aus der Umgebung selbst gefertigt, da entsprechende Zulieferungen von Eisen gegen Bezugsscheine nach Bodenwerder bestätigt sind. Zumindest wurden die Rollen und Lagerungen durch die Firma *Henne* aus Holzminden neu geliefert, ebenso die Zugseile durch den *Hoesch-Eisenhandel* aus Dortmund.[44] Die neuen Slipwagen waren aus keilförmigen Seitenblechen als Kastenträger gebaut, hatten für die Schienen mehrere Rollen und oben eine dicke hölzerne Auflage. Somit war die Helgenneigung ausgeglichen, das umständliche Umpallen entfiel größtenteils. Auch das Aufslipen von Reparaturschiffen gestaltete sich jetzt viel einfacher, da das Schiff nahezu waagerecht auf den Wagen zum Liegen kam.

Trotz aller Schwierigkeiten konnte die neue Hellinganlage II gegen Ende des Jahres 1943 in Betrieb genommen werden – obwohl die offizielle *„gewerbepolizeiliche Genehmigung"* erst Ende Oktober 1943 vom „Regierungspräsidenten Hildesheim" übermittelt worden war. Zusammen mit der ersten Anlage war die Werft nun in der Lage, die vielen angefallenen Schiffsreparaturen kontinuierlich abzuarbeiten. Es waren jetzt acht Liegeplätze auf Land vorhanden, welche auch vorteilhaft von der großen Halbportalkrananlage bedient werden konnten.

Die Entwicklung des zweiten Weltkrieges erforderte auch eine Beteiligung der *Arminiuswerft* am Bau von größeren Sektionen für den U-Bootbau. Erste Planungen begannen bereits Anfang Oktober 1943. Nach einer Geländebesichtigung in Bodenwerder am 8. Oktober durch den Direktor des „Hauptausschusses – Schiffbau – beim Reichsminister für Rüstung und Kriegsproduktion" wurde die Werft *„... mit sofortiger Wirkung in das U-Boot-Programm eingeschaltet...*[und] *...sind von Ihnen die erforderlichen Vorarbeiten für die Inangriffnahme des Programms unverzüglich einzuleiten, insbesondere die Herrichtung des Geländes, die Verladeanlage nebst Gleisanschluß und Vorsorge für die Unterbringung der erforderlichen Arbeitskräfte..."* Die *Arminiuswerft* wurde am 12. November 1943 offiziell zum „Rüstungsbetrieb" ernannt.[45]

Diese Entscheidung hatte weitreichende Folgen für die Werft. Da die beiden vorhandenen Hellinganlagen mit dem kommerziellen Schiffbau – insbesondere der umfangreichen Reparatur der Binnenschiffe – voll ausgelastet war, musste nach einer Alternative gesucht werden. Trotz eindringlichem Hinweis der Werftvertreter *„...auf die in Bodenwerder vorherrschenden ungünstigen Vorbedingungen für das geplante Bauvorhaben ...den durchweg für Frachtschiffahrt mangelhaften Wasserstand der Weser...einen Platz zwischen Minden und Bremen zu wählen, wo die Weser...einen geregelten und besseren Wasserstand aufweist..."* begannen die Planungen und auch erste Baumaßnahmen sofort. Zentraler Punkt war die Nutzung der bereits vorhandenen mit „Helling III" bezeichneten Fläche.

Zusammen mit der Baufirma *Heinrich Sauerland* aus Bodenwerder wurden ein Lageplan, datiert 1. Oktober 1943, sowie entsprechende Kostenvoranschläge zur Umgestaltung der großen 110 m langen Fläche erarbeitet.[46] In einer Berichterstattung der Werft an den Vorstand der *WTAG* in Dortmund wird dazu berichtet: *„... lt. telefonischer Mitteilung des Baubevollmächtigten, Hannover, ist uns der Bau der landseitigen Helling genehmigt. Wir erhielten die Ausnahmebewilligung vom Bauverbot für die Durchführung von Instandsetzungs-, Unterhaltungs- und Umstellungsarbeiten in Rüstungsbetrieben gemäss Sonderregelung des G.B. Bau vom 7.5.1943 – Gesch. Zeichen 1296/43-A-zu §9 Abs. 3 der 31. Anordnung. Der Bau der Helling besteht, wie Ihnen bekannt ist, nur aus Erdarbeiten, mit denen wir bereits in der nächsten Woche beginnen werden. Wir hoffen auch, bis dahin in dem Grundstückserwerb Baumgarten und Ahrberg etwas weiter zu kommen..."* Die Baggerarbeiten in der Weser und die Vorbereitungsarbeiten für einen Gleisanschluss hatte die Werft sofort in Eigenregie zunächst ohne eine abschließende Genehmigung des „Generalbevollmächtigten für die Regelung der Bauwirtschaft" eingeleitet. Ein daraus entstandener „Behördendisput" konnte erst nach langen Verhandlungen beigelegt werden!

Am 21.10.1943 wurde dann entgegen ursprünglichen Plänen die Firma *DEMAG* in Duisburg mit der Federführung des Projektes beauftragt. Damit war die *Arminiuswerft „...so gut wie gar nicht.."* an der Produktion der U-Bootschüsse beteiligt. Für die Werft verblieb jedoch die Überlassung zusätzlicher Arbeitskräfte, die Beteiligung an der Unterbringung der Fremdarbeiter im Barackenlager, die Bereitstellung der Fertigungsflächen und eines Gleisanschlusses.

Zwischenzeitlich hatte die *Arminiuswerft* verschiedene Grundstücke entlang der Weser flussaufwärts im Anschluss an die Helling III „mit etwas Nachdruck" käuflich erworben. Dieses waren insgesamt 10 Morgen Land. Hier sollte eine Großbaustelle als „Taktstraße" für die Fertigung der U-Bootsektionen XXI entstehen.

Diese recht aufwändig projektierte Anlage beinhaltete zwei „Arbeitsflüsse" mit jeweils acht auf Schienen laufende Taktwagen, einer Verschiebebühne zwischen den beiden Arbeitsbereichen für das Umsetzen der fertigen Sektionen auf ein Seitengleis und drei sehr hohe

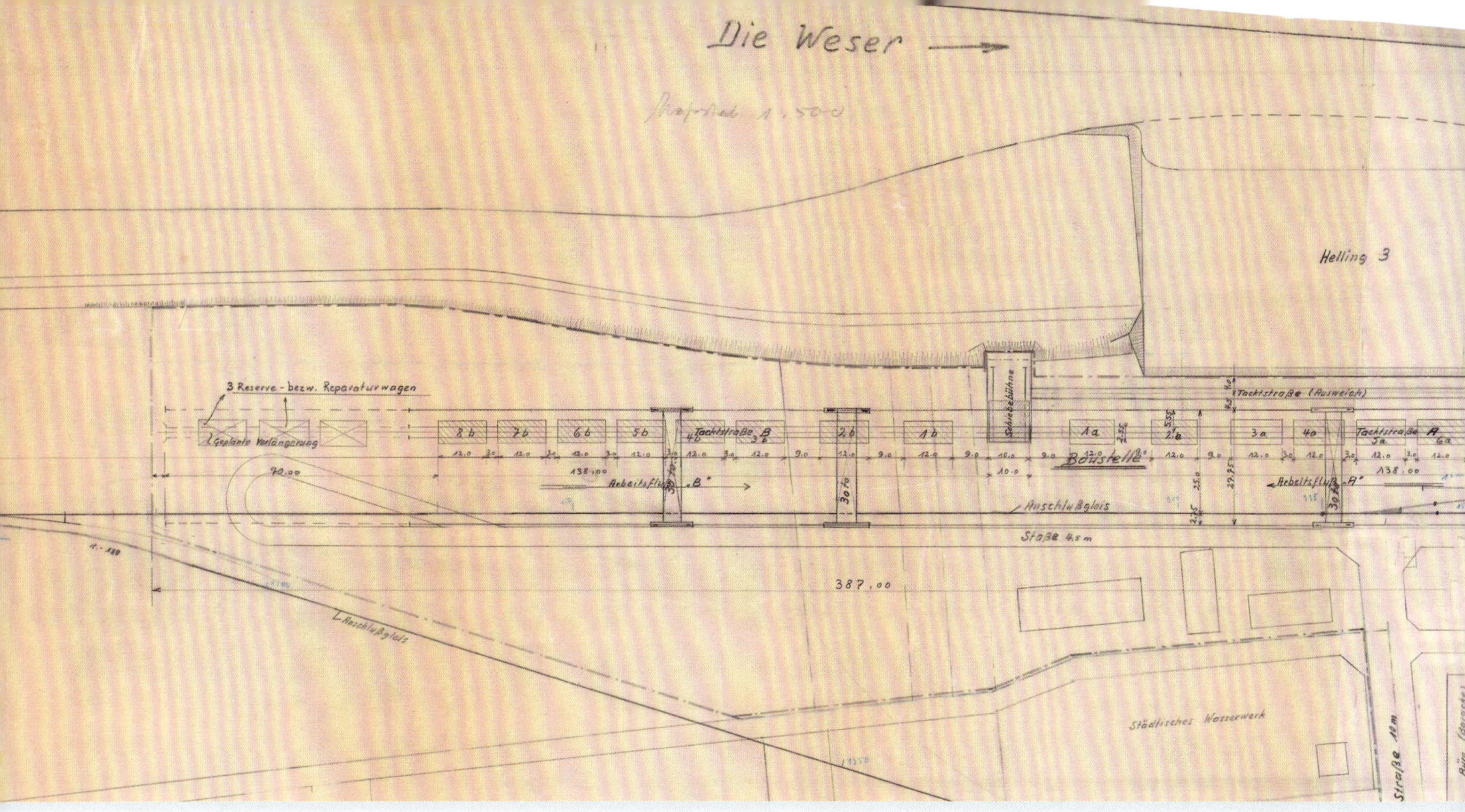

„Portalkräne“ mit einer Tragkraft von jeweils 30t. Beide Gleise endeten unter der zentralen Verladekrananlage zwischen den Hellingen III und II. Mit dieser auf in die Weser gerammten Pfählen montierten Anlage konnten die fertigen Sektionen von der „Taktstraße“ auf bereitliegende Weserkähne verladen werden.

Alle geplanten Baumaßnahmen kamen jedoch aufgrund der kriegsbedingten Materialknappheit nur schleppend voran. Daher erreichten auch alle von *DEMAG* zu liefernde Hebeeinrichtungen verspätet die Baustelle. *„...Anfang März* [1944] *traf der zum Heben schwerer Bauteile benötigte 30t Hebekran in zerlegtem Zustand mit der Eisenbahn hier ein. Der Transport auch dieser schweren Teile ab Bahnhof Linse mußte mit Fuhrwerken erfolgen, weil der Bahnanschluß erst am 18.3.44 in Betrieb genommen...“*

Das Aufstellen der Hebeanlagen mit den damals üblichen „Derrickkränen“ erforderte außerdem viel Zeit und Personal. Am 19.1.1944 standen die ersten beiden von *DEMAG* gelieferten „Taktwagen“ auf einem fertigen Teilstück der „Taktstraße“. Der Sektionsbau konnte auf unterschiedlichen provisorisch hergerichteten Flächen und Anlagen beginnen. Dazu lieferte die *DEMAG* per Schiff Ende Januar 1944 erste Bauteile zum Weiterbau an. Bis zum 15. Juni 1944 sind dann acht Sektionen abgeliefert worden. Sie wurden nach Bremen zu den Werften der *Deschimag* und *Bremer Vulkan* transportiert. Dieses erfolgte in der Regel mit Frachtkähnen. Wegen der zu passierenden Brücken über die Weser mit teilweise sehr geringen Durchfahrtshöhen – speziell in Hameln mit nur 4,25m – waren die Sektionen jedoch in der Bauhöhe begrenzt. In einigen besonders schwierigen Fällen sollen die Frachtkähne zunächst bis zu dem 7km entfernt gelegenen „Kalk-, Mergel- und Steinwerk“ gefahren sein, um dort zusätzliche Ladung als Ballast aufzunehmen.[47]

Zusammen mit der *DEMAG* als „federführendes Unternehmen“ war nun auch die *Arminiuswerft* voll in den Bau kriegswichtiger Komponenten integriert und konnte sich bei weiteren Ausbaumaßnahmen darauf beziehen. Beim „Reichsminister für Bewaffnung und Munition“ in Berlin erfolgte die Einordnung in die „Dringlichkeitsstufe SS 4930, Herrichtung von U-Bootsschüssen“. Nur auf diesem Wege war es möglich, in Kriegszeiten das erforderliche Material zum Bau eines Anschlussgleises vom Werftgelände über

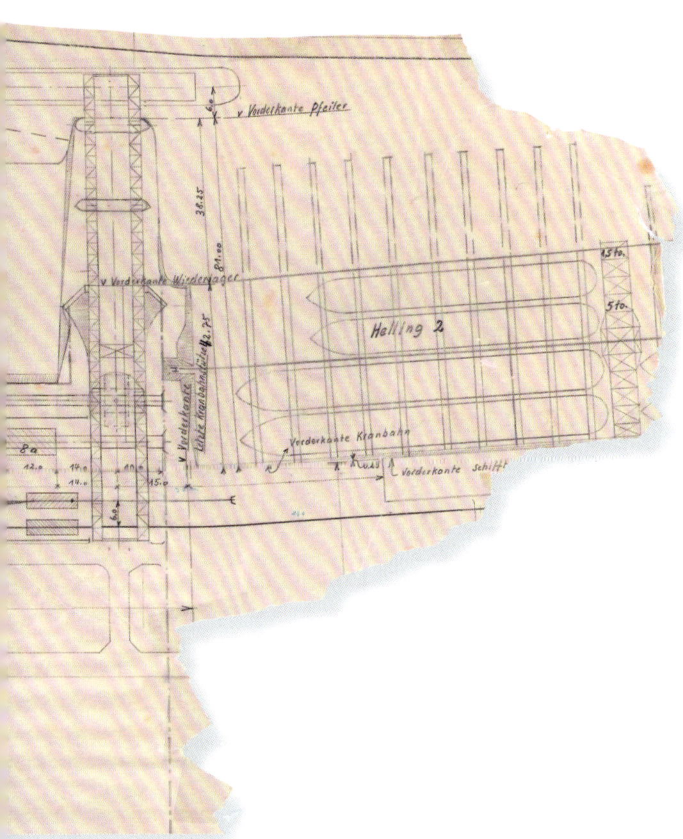

Abb. 49: Lageplan der „Taktstraße“ für den Bau von U-Boot Komponenten, vermutlich im November 1943 von der Werft erstellt

das Nachbargrundstück „Reese-Gebrüder“ zur „Vorwohle-Emmerthaler-Eisenbahn“ zu beschaffen. „*... auf Befehl des Hauptausschusses Stahl- und Eisenbau beim Reichsminister für Rüstung und Kriegsproduktion ist für die Einrichtung einer Großbaustelle (hier Helgenanlage III) der Neubau eines Anschlußgleises bis zum 6. Dez. 1943 durchzuführen...*“ wurde in der Baubeschreibung am 10. Nov. 1943 festgelegt. Trotzdem war es ein dorniger Weg zur Beschaffung auch kleinster Bauteile durch viele Instanzen hindurch. Im Ergebnis aber konnte die Strecke schon nach relativ kurzer Bauzeit am 18.3.1944 durch die zuständige Bahnmeisterei vorläufig frei gegeben werden.[48]

Die Herstellung kriegswichtiger Produktionen und die Reparatur von Flussschiffen erforderte folgerichtig einen stark vermehrten Personalbestand. Da die Personallage bei *DEMAG* sehr angespannt war, mussten immer wieder ca. 60 Mann Werftpersonal dahin ausgeliehen werden. „*...diese Bereitwilligkeit* [der *Arminiuswerft*] *hatte wiederholte ernstliche Beschwerden des Arbeitsausschusses für Reparaturen an Binnenschiffen...zur Folge, der uns unterm 1.4.44 ...seine Verwunderung...über die Vernachlässigung der Durchführung von Reparaturen an Binnenschiffen im Laufe der letzten Monate* [brachte] ...“

Parallel musste ein größerer Anteil der Arbeiten zum Ausbau der Werftanlagen, insbesondere beim Bau des Anschlussgleises, die Werft selbst übernehmen, da die Kapazitäten der beauftragten Unternehmen kriegsbedingt nicht ausreichten. Zusätzlich zu den vorhandenen 90 deutschen Arbeitern wurden daher der Werft über das Arbeitsamt Alfeld 300 bis 350 „Zivilarbeiter“ und „Kriegsgefangene“ zugewiesen.[49] Es handelte sich in großer Anzahl um Italiener und Ukrainer, die neben dem vermehrten Einsatz im Schiffbau sowohl beim Gleisbau halfen als auch im Steinbruch Hehlen, um die erforderlichen Steine für Schotter und Wegebefestigungen zu beschafften. Die Unterbringung der Arbeitskräfte geschah sowohl auf dem Werftgelände als auch auf einer großen angrenzenden Freifläche weseraufwärts in hölzernen Wohnbaracken mit zugeordneter Werkkantine und Sanitärbereiche. Die länglichen Baracken hatten im Erdgeschoss einen langen Mittelgang, von welchem auf beiden Seiten kleine Wohnkammern für jeweils vier bis sechs Arbeiter abzweigten. Das Barackenlager befand sich in der Nähe des von der *DEMAG* benutzten Sektionsbauplatzes oberhalb der Hellinganlage III. Entsprechend einem Aktenvermerk des Ge-

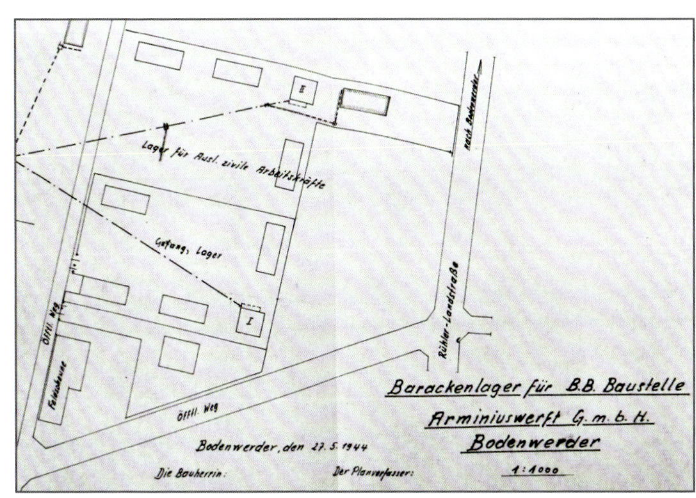

Abb. 50: Barackenlager der *Arminiuswerft GmbH*

Abb. 51+52: der Werfteingang mit dem „Kontor"-Gebäude, ca. 1940

werbeaufsichtsamtes Hildesheim vom 30.7.44 „*...unterhält* [die Arminiuswerft] *ein Lager für 600 ausländische Arbeiter einschließlich Kriegsgefangene, in welchem auch die Gefolgschaftsmitglieder der benachbarten Demag A-G untergebracht sind...*".[50] Der Bereich war umzäunt. Der Zugang erfolgte über einen öffentlichen Weg von der Rühler Straße aus. Die Anlage müsste, wie aus dem spärlichen Bauunterlagen hervorgeht, im Oktober 1943 komplett fertig gestellt worden sein „*...der Baracken- und Wohnküchenbau ist fertiggestellt. Für die Ukrainer kochen wir bereits in der Küche...*". Parallel wurde auch „*die deutsche Gefolgschaft*" über eine weitere Werkküche versorgt. „*...ist von der DAF* [Deutsche Arbeitsfront] *abgenommen, die Inbetriebnahme genehmigt und die Lebensmittelzuteilung bereits erfolgt. Wir werden also ab 1. Oktober mit der Ausgabe des Mittagessens an unsere deutsche Gefolgschaft beginnen...*" Zusammenfassend erhielten infolge ca. 480 Mitarbeiter eine Vollverpflegung sowie ca. 130 deutsche Mitarbeiter eine Teilverpflegung.[51]

Die normale Arbeitszeit auf der *Arminiuswerft* betrug zum Beispiel im Mai 1944 52 Stunden und 10 Minuten wochentags von 6 bis 17 Uhr mit Frühstück- und Mittagspausen sowie sonnabends von 6 bis 13 Uhr. „*...Bei dieser Regelung war zu berücksichtigen, daß die deutschen Gefolgschaftsmitglieder aus der umliegenden Landbevölkerung stammen und sie beinahe alle ein mehr oder weniger großes Stück Land zu bearbeiten haben, um sich mit Kartoffeln, Gemüse und dergl. zu versorgen...die Anmarschwege zur Arbeitsstätte betragen bis zu 10 Km im Umkreis, vereinzelt bis zu 15 Km... Die italienischen Militärinternierten haben eine reine Wochenarbeitszeit von 57 Stunden...*".[52] Die monatlichen „Soll-Arbeitsstunden" werden für die ersten Monate des Jahres 1944 mit 85 – 90 000 Stunden in den Berichten angegeben. Es mussten vordringlich kriegswichtige Aufträge erfüllt und „nebenbei" auch noch die letzten zwei Frachtkahnneubauten der *WTAG* sowie kleinere Reparaturaufträge an Binnenschiffen erledigt werden. Die Werft war damit über das normale Maß hinaus ausgelastet. Daher wurde die Beantragung von Überstunden und Sonntagsarbeit bald zum Regelfall. Trotz aller Schwierigkeiten entwickelte sich auf der *Arminiuswerft* ein halbwegs brauchbares Eigenleben in einer sehr schwierigen Zeit. Dieses betraf das Zusammenleben aller (!) Werftarbeiter, obwohl dieses von der „politischen Aufsicht" nicht geduldet wurde.[53]

Mit der sich langsam abzeichnenden Wende im Kriegsgeschehen hatten auch die Luftangriffe im Landesinneren stark zugenommen. Betroffen davon waren ab 1943 insbesondere das Ruhrgebiet und die größeren Städte wie Emden, Bremen und Hamburg. Daher musste eine weitere Baumaßnahme schnellstmöglich durchgeführt werden. Am nördlichen Rand der Werft an der Grundstücksgrenze zum Nachbarn *W. Möller* entstand eine Luftschutzanlage mit Deckungsgraben für 70 Personen als Schutz vor möglichen Bombenangriffen. Darüberhinaus wurden bis 1944 noch weitere „Erd-Rundbunker" auf dem Werftgelände gebaut. Zwei davon waren bis zum endgültigen Abbruch der Werftanlagen 2001 noch vorhanden. Die Bunker dienten auch zur Sicherstellung wichtiger Betriebsunterlagen. *„... mußten die Hauptbücher und Konten etc. jeden Abend, und bei Fliegeralarm auch tagsüber, in den am Verwaltungsgebäude gebauten Bunker gebracht werden ..."* erinnert sich ein Zeitzeuge.[54]

Ebenfalls hatte in 1943 die im Ruhrgebiet ansässige Firma *DEMAG*, welche bereits im Bau von U-Boot-Sektionen in Bodenwerder involviert war, weitere Teile ihres Duisburger Betriebes „per Anordnung" nach Bodenwerder verlegt. Hierzu nutzte sie ein Teilgrundstück der Werft neben dem Schiffbaubereich.

Im weiteren Verlauf des Krieges gab es massive Zerstörungen im Bereich der Wasserstraßen, speziell im Kanalgebiet. Brücken fielen nach Bombentreffern in den Kanal, Schiffe wurden versenkt. Ab 1944 zeichnete sich unaufhaltbar die Kriegsentscheidung ab, der Zusammenbruch der Binnenschifffahrt war nicht mehr aufzuhalten. Nachdem im März 1945 die Alliierten immer mehr Gebiete eroberten wurde die Situation schwierig. Es entstanden „totale Zerstörungen" vor allem durch die sich zurück ziehenden deutschen Truppen.

Die *Arminiuswerft* in Bodenwerder hatte trotz alledem die Gefahrenmomente gut überstanden. Über große Schäden wird an keiner Stelle berichtet. Bei Kriegsende Anfang Mai 1945 sodann stand die Welt im eroberten Deutschland für eine zeitlang komplett still. Es entwickelten sich viele „gesetzlose Zustände", in denen ein Überleben in einer entbehrungsreichen Zeit oberste Priorität hatte. Leider waren auch unschöne Aktivitäten der ehemaligen „Fremdarbeiter" zu verzeichnen. Doch das Problem löste sich fast umgehend von selbst indem sie alle irgendwie versuchten, in ihr Heimatland zurück zu gelangen. Die späteren umfangreichen Diskussionen und juristischen Verfahren um eine „Entschädigung" der fremdländischen Arbeitskräfte lösten die *Arminius Werke* Anfang der 1990er Jahre auf dem Kulanzwege durch eine freiwillige Pauschalentschädigung, obwohl sie nicht die Rechtsnachfolge der *Arminiuswerft* waren.

1945 – der Neuanfang

Das Ende des zweiten Weltkrieges im Mai 1945 brachte für eine kurze Zeit einen kompletten Stillstand in Wirtschaft und Verkehr. Es herrschte große Not und Mangel an Grundnahrungsmittel. Überall musste improvisiert und zusammengetauscht werden, teilweise auf nicht immer legalem Weg. Die Bürger litten an Unterernährung und Krankheiten. Industriezentren und Verkehr waren kriegsbedingt zusammen gebrochen. Die Wasserstraßen, speziell die westdeutschen Kanäle, wiesen bedeutende Schäden auf. Sie waren durch Bombardements leer gelaufen, zerstörte Brücken in den Kanal gestürzt. Allein in der britischen Besatzungszone wurden über 4.000 Schifffahrtshindernisse gezählt. Die deutsche Binnenschifffahrt hatte 25% ihrer Flotte als Totalschaden gemeldet, der restliche Teil befand sich in einem desolaten kaum brauchbaren Zustand. Trotzdem wurden sie größtenteils gehoben und zur Deckung des dringenden Bedarfs an Transportraum repariert. Das überaltete Schiffsmaterial stellte in der vorhandenen Notlage immer noch einen beachtlichen Wert dar. Dieses betraf in großem Umfang auch die Schiffe der *WTAG*, *MSLAG* und *SGDE*. Von deren 232 Schiffen waren am 1. April 1946 nur 116 Fahrzeuge mit einer Tragfähigkeit von 111.500 t bedingt einsatzfähig. 39 Schiffe gingen verloren, der Rest war beschädigt und bedurfte einer größeren Reparatur. Besonders schwer wog der Verlust der auf dem Rhein eingesetzten Schiffe. Sie fuhren größtenteils für die Beteiligungsgesellschaften in Rotterdam und Antwerpen unter deren Flagge und wurden enteignet.[55] Darüber hinaus wiesen die Fahrzeuge teilweise ein sehr hohes Alter auf. Für eine groß angelegte Reparatur aber fehlte das Grundmaterial wie Stahl und Holz. Die Zuteilung unterlag der Genehmigung der „Reparatur-Kommission" in Dortmund entsprechend einem Erlass der „Hauptverwaltung der Binnenschiffahrt des amerikanischen und britischen Besatzungsgebietes".[56] Diese Kommission entschied nach Art der Reparaturen und Verfügbarkeit von Materialien über die Durchführung von Aufträgen.

Der gesamte Binnenschiffsverkehr unterstand generell dem Befehl der Militärregierungen. Er wurde erst Mitte 1946 in Teilabschnitten wieder frei gegeben, nachdem der Dortmund-Ems-Kanal notdürftig repariert war. Der Mittellandkanal konnte in großen Teilen weiterhin benutzt werden. Lediglich die Weserüberführung des Kanals in Minden war zerstört. Es gab jedoch eine Umfahrungsmöglichkeit.

In Bodenwerder sah die Situation nach dem Krieg vergleichsweise nicht schlecht aus. Die Orte an der Oberweser lagen in einer ruhigen Landschaft ohne große Industrieansiedlungen. Sie waren daher nicht von größeren Zerstörungen durch Bombardements oder Sprengungen betroffen gewesen. Die Werftanlagen blieben unbeschädigt und konnten nach einer kriegsbedingten „Aufräumphase" wieder genutzt werden. Das für die Fremdarbeiter benötigte Barackenlager am Südende der Werft ist am 6. Mai 1945 nach der Besetzung des Ortes von den amerikanischen Besatzern requiriert worden.[57] Gleiches erfolgte mit dem großen imposanten Bürogebäude. Es wurde als Sitz der Kommandantur beschlagnahmt. Das Werftbüro musste in die Tischlerei umgelagert werden.

Als einer der ersten Aufgaben nach dem Ende des Krieges kann der Wiederaufbau der am 6. April 1945 von deutschen Soldaten zerstörten Weserbrücke in Bodenwerder angesehen werden. Die auf dem Gelände der *Arminiuswerft* tätige Firma *DEMAG* erhielt den Auftrag für die neue Brücke. Sie wurde am 30. April 1947 wieder für den Verkehr frei gegeben.[55] Wenig später verlagerte die *DEMAG* ihre Aktivitäten wieder zurück ins Ruhrgebiet. Ein großer Teil des für die U-Boot-Fertigung genutzten Geländes wurde an die Firma *RIGIPS* verkauft.

Für die Eigentümer der *Arminiuswerft*, die *MSLAG/WTAG*, entwickelte sich die Situation in Bodenwerder zum Glücksfall. Es konnten schnellstmöglich deren beschädigte Schiffe vorrangig repariert werden – und die Anzahl dieser Fahrzeuge war sehr groß!

Die Werftanlagen verzeichneten daher schon kurz nach dem Krieg eine gute Auslastung. Die Währungsreform im Juni 1948 beschleunigte den Neubeginn in allen Bereichen der Wirtschaft und des täglichen Lebens. Die Zukunft wurde wieder planbar – auch für die *WTAG* (!) Nach dem sofort auf ihren beiden Werften in Bodenwerder und Emden angelaufenen Reparaturprogramm der eigenen Flotte musste der bereits in den 1930er Jahren sich abzeichnende Strukturwandel in der Binnenschifffahrt zum selbstfahrenden Motorgüterschiff schnellstmöglich fortgesetzt werden. Da die *WTAG* aufgrund ihres Fahrtgebietes – die westdeutschen Kanäle – über eine sehr große Flotte von Schleppkähnen verfügte, wurde gleich nach der Währungsreform bei der *Arminiuswerft* in Bodenwerder ein umfangreiches Umbauprogramm für diesen Schiffstyp initiiert. Eine beachtliche Anzahl von Schleppkähnen sollte zu Motorgüterschiffen innerhalb weniger Jahre umgebaut werden.[58]

Es entstand ab 1949/1950 hierzu ein großangelegtes Serienprogramm, welches alle Kapazitäten voll aus-

Abb. 53: Die Hellinganlagen sind nahezu voll belegt mit Schleppkähnen zur Durchführung umfangreicher Reparaturen im Unterwasserbereich

Abb. 54: Auf Helling I liegt links ein bereits fertig gestellter Schleppkahn – der rechts daneben liegende Kahn hat im Vorschiff einen großen Bombenschaden, bei dem das gesamte Vorderteil abgerissen worden ist!

Abb. 55: Reparaturarbeiten am Lukensüll eines Schleppkahnes

nutzte. Beide Helgen waren mit mehrfach nebeneinander liegenden *WTAG*-Schleppkähnen für die Motorisierung belegt. Die wesentlichen Arbeiten fanden im Heck der Schleppkähne statt. Das Deckshaus musste entfernt, zwischengelagert und später wieder aufgesetzt werden. Im Heckbereich der genieteten Kähne wurde ein größerer Teil des Schiffsbodens und der angrenzenden Bordwände herausgeschnitten. Die neuen Motorenfundamente entstanden in Schweißkonstruktion als Großkollis in der Schiffbauhalle und konnten mittels des Brückenkranes eingeschoben werden. Unter Anpassung der Schiffslinien an den Propellerantrieb mussten einige Außenhautplatten neu gefertigt werden. Eine Doppelruderanlage komplettierte den neuen Schiffstyp.

Abb. 56: Vier Schleppkähne der *WTAG/MSLAG* liegen auf Helling I bereit zum Umbau

Abb. 58: Das Heck im Unterwasserbereich ist komplett entfernt

Abb. 57: Die Hinterkajüte ist ausgebaut und zwischengelagert, im Deck klafft ein großes Loch

Abb. 59: Ein neues Fundament für den Hauptmotor wurde in der Schiffbauhalle neu angefertigt und zum Helgen transportiert

Abb. 60: Das neue Fundament ist im Heck des ehemaligen Schleppkahns fixiert

Abb. 61: Der frühere Schleppkahn mit dem neuen Hinterschiffsbereich wird zu Wasser gelassen – deutlich erkennbar der neue Schraubentunnel mit dem Propeller und der Doppelruderanlage

Abb. 62: Der 1925 gebaute Schleppkahn W.T.A.G. 106 verlässt 1951 als Motorschiff OLDENBURG die *Arminiuswerft*

Nach Werftnotizen sind im Zeitraum bis 1955 insgesamt 74 Motorisierungen ehemaliger Schleppkähne ausgeführt worden. Noch weitere elf Aufträge sollten folgen. Zusätzlich mussten 21 Schiffe durch eine Verlängerung im Laderaumbereich auf das optimale Maß für die Kanalfahrt gebracht werden.

Desweiteren verfügte die *WTAG* noch über mehrere Selbstfahrer aus dem Anfang der 1940er Jahre für den Einsatz im Kanalgebiet. Um diese später in der lukrativen Rheinschifffahrt einzusetzen, reichte die alte viel zu geringe Maschinenleistung nicht aus. Aus diesem Grunde erhielten mehrere dieser Schiffe auf der *Arminiuswerft* einen wesentlich größeren Hauptmotor mit einer Leistung von 800PS. Da die Schiffe gleichzeitig auch ein bis zwei Schleppkähne im Anhang fortbewegen sollten, mussten wegen der speziellen Schleppart auf dem Rhein zusätzlich große Schleppwinden im Hinterschiff aufgestellt werden. Ein gutes Beispiel ist das 1943 in Belgien als Schleppkahn W.T.A.G. 171 gebaute Motorgüterschiff HERMANN KELLERMANN.[59]
Grundvoraussetzung für ein derartig kurzfristiges Umbauprojekt waren einerseits die ohne Schaden das

Abb. 63: Gesamtansicht des 1952 umgebauten Motorgüterschiffes M. S. HERMANN KELLERMANN – die neuen Hauptparameter sind: Länge 80,12 m, Breite 9,05 m, Seitenhöhe 2,50 m, Tragfähigkeit 1181 t, 4 Laderäume; 1 Hauptmotor MAN 800 PS

Abb. 64: Hinterschiff mit angebautem Schraubentunnel und Doppelruderanlage

Abb. 65: Zwei große Schleppwinden für die Rheinschifffahrt sind unterhalb des Steuerhauses platziert

Abb. 66: Der MAN-Hauptmotor mit 800 PS Leistung.

Abb. 67+68: Der überlieferte Bildbestand zu diesem Schiff erlaubt auch einen Einblick in die zu damaliger Zeit „modernen“ Wohnräume für den Schiffsführer. Küche für den Schiffsführer im Hinterschiff

Abb. 69 + 70: Wohnräume für den Schiffsführer im Hinterschiff

Kriegsende überstandenen auf hohem Niveau befindlichen Werfteinrichtungen in Bodenwerder und die Verfügbarkeit von Dieselmotoren. Auch die bekannten Motorenhersteller DEUTZ und MAN hatten mit dem Wiederaufbau ihrer Fertigungsstätten erhebliche Probleme. Erstaunlich bleibt die Beschaffung des Schiffbaumaterials in dem hier benötigten großen Umfang. Dieses gab es nur in Zuteilungsraten und war „heiß umstritten" bei allen Werften in Deutschland (!) Da zwei bedeutende Stahlhersteller – *Hoesch Werke AG* und *Dortmund-Hörder Hüttenunion AG* mehr als 10% Anteile an der *WTAG.* hielten, werden diese wohl massiv ihren Einfluss geltend gemacht haben.[60]

M.S. OSWALD – ein bemerkenswerter Umbau

Obwohl die *Arminiuswerft* mit dem Motorisierungsprogramm der *WTAG.* schon sehr gut ausgelastet war, mussten auch weitere Reparatur- und Umbauaufträge größeren und kleineren Umfangs ausgeführt werden. Ein besonders bemerkenswerter großer Umbau war das ebenfalls der *WTAG* gehörende Schiff OSWALD. Dieses 1936 auf der Werft *J.G. Hitzler* in Lauenburg für *Robert Meyhöfer* in Königsberg gebaute 41,5 m lange Schiff war durch die Kriegswirren in den Besitz der *WTAG* gelangt, konnte

Abb. 71: 1951: Eine Pause für die Schiffbauer bei so viel Arbeit – ausgebaute Teile des hinteren Deckshauses der umzubauenden Schleppkähne sind im Hintergrund deponiert – bei vorherrschender Materialknappheit mussten noch brauchbare Altteile weitestgehend wieder verwendet werden!

im Massenguttransport wegen der geringen Größe jedoch kaum Verwendung finden. So nutzte die Reederei eine sich ergebende vollkommen andere Möglichkeit zum Einsatz des Schiffes. Für die dringend notwendige Wiederherstellung der zerstörten Brücken, Schleusen und Hafenmauern entlang der Wasserstraßen wurden große Mengen an Zement für die meistens in Betonbauweise zu errichtenden Bauwerke benötigt. Die Wasser- und Schiffahrtsdirektion Münster hatte 1951 eine umfangreiche Untersuchung gestartet, um den Antransport von Zement zu den Baustellen entlang der Kanäle in ihrem Zuständigkeitsbereich auf die Wasserstraße zu verlegen.[61] In guter Zusammenarbeit mit der *WTAG* entstand daraus 1951 das Projekt OSWALD. Das Schiff wurde bei der *Arminiuswerft* in Bodenwerder zur Ausführung der schiffbaulichen Arbeiten auf Land genommen, der Laderaum zum Einbau der senkrecht stehenden Zementbehälter entsprechend umgerüstet. Die maschinelle Einrichtung der Zementanlage lieferte die Firma *Klinger KG* aus Wiesbaden-Dotzheim. Insgesamt konnte das Schiff nach dem Umbau etwa 400t Zement in den 26 runden Behältern transportieren.

Nach nur fünf Monaten Planungs- und Umbauzeit ist das fertige Schiff am 23. Mai 1952 in einer launigen Probefahrt im Beisein der für Bodenwerder markanten Figur des *Freiherrn von Münchhausen* in Dienst gestellt worden. Es war nach der entbehrungsreichen Nachkriegszeit ein Aufbruch in eine bessere Zeit, den alle Teilnehmer bewusst gebührend feiern konnten.[62]

Abb. 72: Schiff auf Land, Umbau des Laderaums mit Behälterhalterungen

Zitiert aus der Festschrift zur Übergabefahrt:

„...daß es sich beim „Oswald“ wirklich nicht um ein Betonschiff, sondern um ein Zementtransportschiff handelte. Der obersten Wasserverwaltung in Münster wurde bescheinigt, daß sie auch den ärgsten Behördenfeind bekehren konnte, und das niedersächsische Verkehrsministerium ließ wissen, daß es der Binnenschiffahrt, wenn auch nicht immer mit der Tat, so doch jedenfalls tief im Herzen treu verbunden sei. Der Landrat des Kreises Holzminden bewährte sich.....als der Realpolitiker, indem er die günstige Gelegenheit zu einer eindrucksvollen Werbung um Kredite des Landes Niedersachsen für die niedersächsische Binnenschiffahrt benutzte...“

Motorschiff „Oswald“
Europas erstes Spezialschiff für Transporte von losem Zement
der Westfälischen Transport-Aktien-Gesellschaft Dortmund
am Helgen der Arminiuswerft Bodenwerder

Abb. 73: Das umgebaute M.S. OSWALD liegt an der Werft zur Ablieferung (Titelblatt Festschrift)

Ein Zweigbetrieb in Hannover

Nach der Wiederherstellung der zerstörten Bauwerke des Mittellandkanals wie Brücken und die Überführung über die Weser bei Minden entwickelte sich diese Wasserstraße sehr schnell zu einem Hauptverkehrsweg der Binnenschifffahrt. Die Wiederinbetriebnahme der großen Stahlwerke in Peine und Salzgitter, aber auch weiterer Industriebetriebe im Raum Hannover, erforderten große Transportkapazitäten sowohl bei der Anlieferung der Rohstoffe als auch beim Abtransport der Fertigprodukte. Die Binnenschifffahrt wurde zum Hauptträger der Verkehrsleistungen. Eine große Anzahl von Binnenschiffen, oft älteren Baudatums, war pausenlos im Einsatz.

Betriebsbedingt fielen an den Schiffen immer wieder kleinere und größere Reparaturen an, welche mit möglichst geringem Zeitverlust erledigt werden mussten. Speziell dafür ausgerichtete Werkstätten im Verlauf der Wasserstraße waren erforderlich. Mit Ausnahme von Minden gab es jedoch zu der Zeit keine Reparatur-Schiffswerften entlang des gesamten Mittellandkanals. Auch die anschließenden Kanäle im Ruhrgebiet verfügten über keine größeren Betriebe dieser Art.

In Erkenntnis einer möglichen Marktlücke entschlossen sich die Gesellschafter der *Arminiuswerft* zur Errichtung eines Zweigbetriebes in Hannover-List „direkt am Ort des Geschehens“. Dabei hatten sicherlich auch die umfangreich in dieser Relation eingesetzten Schiffe der *WTAG* eine entscheidende Rolle gespielt. Der schwierige „Umweg“ nach Bodenwerder war unattraktiv.

Als einen geeigneten Standort wurde eine seit 1917 in Betrieb befindliche Ladestelle in Hannover-List am Südufer beim Mittellandkanal km 163,53 gewählt. Dort befanden sich bereits eine feste Kaimauer zum Festmachen auch beladener Schiffe, ein Portalkran und einige Gebäude.[63] Aus einer Anfrage der *Arminiuswerft* vom 27. Mai 1952 bei der „Hauptstadt Hannover“ und der Kanalbauverwaltung entwickelte sich kurzfristig ein Pachtvertrag für das vorgesehene Gelände.

Dieser wurde am 13. August 1952 unterzeichnet. Es war nun ausschließlich ein Werftbetrieb geplant. Ein Güterumschlag wurde ausgeschlossen. Die baulichen Veränderungen begannen daraufhin sofort und endeten noch vor Jahresende mit der Gebrauchsabnahme.[64] Es entstand zunächst mit 14 Mitarbeitern ein kleiner Schiffsreparaturbetrieb zur Erledigung von „Überwasseraufträgen" am Schiffskörper und an den Maschinenanlagen.

Abb. 74: Der Ausrüstungskai mit Kran und erste Gebäude – die Aufslipanlage ist noch nicht gebaut

Trotz der bei derartiger Konstellation nie voraus planbaren Auftragslage erhöhte sich die Anzahl der Mitarbeiter bis 1954 auf mehr als 30.[65] Sehr bald zeichnete sich bereits ein erheblicher Nachteil ab. Es war keine Möglichkeit vorhanden, Reparaturschiffe auf Land zu nehmen, um Arbeiten im Unterwasserbereich vor allem an der Schiffsschraube und dem Ruder, vorzunehmen. Dieses war aufgrund der sehr oft vorkommenden Böschungsberührung bei Kanalfahrten und Schäden am Propeller durch Treibgut der häufigste Anlass eines Werftaufenthalts.

Um hier Abhilfe zu verschaffen beschloss die Geschäftsführung der *Arminiuswerft* 1959 den Neubau einer für diese Zwecke geeigneten Slipanlage auf dem angrenzenden Grundstück zwischen dem vorhandenen Reparaturbetrieb und der Kanalbrücke Nr. 231 Tannenberg Allee. Ein entsprechender Antrag an das „Hauptgrundstücksamt der Hauptstadt Hannover" war gleichzeitig verbunden mit einer Verlängerung des am 30.9.1972 auslaufenden Pachtvertrages bis zum Jahre 1990. *„...durch den Ausbau...wird uns die Möglichkeit gegeben, Schiffe auf Land zu nehmen und Reparaturen durchzuführen, die uns bisher nicht möglich gewesen sind. Es handelt sich um Bodenerneuerungen, Motorisierungen, Umbauten....."* Diese geplante Investition würde sich auf ca. DM 425.000,– belaufen.[66] Die Verlängerung des Pachtvertrages bis zum 30.9.1989 wurde am 4. September 1959 unterzeichnet.

Die Platzverhältnisse erschienen wegen des starken Schiffsverkehrs und der Bogenbrücke sehr schwierig. Ferner führte die Ruhrgasleitung entlang des Kanals direkt über das vorgesehene Werftgelände. Sie musste aus Sicherheitsgründen um die Werft herum verlegt werden. Mehrere Machbarkeitsstudien waren erforderlich. [67] Letztendlich entstand eine „normale" Slipanlage mit acht Wagen. Auf dieser konnten Schiffe bis zu 85 m Länge auf Land genommen werden.

Die Geländesituation ließ jedoch eine großflächige Erweiterung mit Fertigungsstätten nicht zu. Trotzdem muss es, obwohl es keine technischen Einrichtungen wie beispielsweise Kräne im Slipbereich dafür gab, im Einzelfall auch den Neubau eines Schiffskaskos gegeben haben.[68] Einen besonderen Service hielt die Werft in Form eines mobilen Werkstattwagens vor. Dieser konnte auf Abruf kurzfristig in Notfällen zu anderen abgelegenen Liegeplätzen kommen.

Als sich 1973 die WERFTUNION als Zusammenschluss mehrerer Werften bildete, kam der Betriebsteil in Hannover „als kleinstes Mitglied der Werftunionfamilie" dazu. Die Anzahl der Mitarbeiter war mit 15 bis 20 etwas schwankend. Der Schwerpunkt der Aufgaben wird weiterhin im üblichen Reparaturbereich gelegen haben.

Da Anfang der 1980er Jahre die Transportleistungen und damit auch die Anzahl der hauptsächlich älteren Schiffe rapide abnahmen, stand auch die Wirtschaftlichkeit der Werft in Hannover auf dem Prüfstand.

Abb. 75: Der Werftbetrieb komplett mit Werkstätten und der neuen Slipanlage, 1973

Abb 76: Original Bauschild für den Neubau Nr. 218 – M.S. WILHELM SCHAPHEER – mit Angabe beider Werftstandorte

Als Ergebnis wurde 1987 der Zweigbetrieb geschlossen. Ein Jahr später ereilte das gleiche Schicksal den Stammbetrieb in Bodenwerder!

Wieder Neubauten von Binnenschiffen

Die voraus gegangene umfangreiche Umbaumaßnahme der *WTAG* erfolgte zu einem Zeitpunkt der Erholung des Verkehrsgeschehens – insbesondere im Rheinstromgebiet und auf den westdeutschen Kanälen. Die deutsche Wirtschaft verzeichnete erhebliche Steigerungsraten. So entstand eine übergroße Nachfrage nach Transportmöglichkeiten, welche sich ebenfalls in den Geschäftsergebnissen der *WTAG* Anfang der 1950er Jahre niederschlug. Daraus fiel der Zweigniederlassung in Duisburg unter Leitung ihres Direktors *Hermann Krüger* eine besondere Aufgabe zu. Sie lag exakt am Schnittpunkt der Kanal- zur Rheinschifffahrt und verfügte zum Beispiel 1953 neben umfangreichen Hafenanlagen auch über eine der größten Schiffsflotten mit 32 Kanalschiffen, 47 Motorgüterschiffen und vier Tankmotorschiffen. Diese konnten im Wechselverkehr in beiden Wasserstraßenbereichen eingesetzt werden. Die umfangreiche Motorisierung der teilweise sehr alten Schleppkähne konnte nur eine effektive Zwischenlösung darstellen. Daher begann auf der konzerneigenen Werft in Bodenwerder schon frühzeitig die Modernisierung der Flotte durch Neubauten des „Allroundschiffes“ vom Typ „Gustav Koenigs“. Nach dem Auslaufen der Umbauserie baute sodann die *Arminiuswerft* unter der Baunummer 205 im Jahre 1952 ihr erstes neues Schiff nach dem zweiten Weltkrieg – M.S. BÜCKEBURG – auf der 1951 mit kräftigeren Slipwagen versehenen Helling I. Diesem Neubau folgten im nächsten Jahr drei weitere Neubauten des gleichen Typs – wahrscheinlich gebaut nach den vom „Zentral-Verein für deutsche Binnenschiffahrt e.V.“ entwickelten Konstruktionsunterlagen. Sie entsprachen dem Typ „Gustav Koenigs“ mit einer Länge von 67 m, einer Breite

Schiff im Bau:

Abb. 77: Der Schiffsboden ist ausgelegt

Vorbereitungen zum Stapellauf:

Abb. 80: Die Buganker werden angeschlagen

Abb. 78: Der hintere Laderaum entsteht

Abb. 79: Das Vorschiff in Spanten

Stapellauf:

Abb. 81: Noch kleinere Ausbesserungen und Restarbeiten

Abb. 82: Das „Abslipen“ beginnt – gut erkennbar die „neuen“ Slipwagen und die Kreuzung mit der Kranschiene

von 8,20 m und einer Seitenhöhe von 2,50 m. Die Tragfähigkeit bei voller Abladung betrug 885 t. Als Schiffsantrieb diente ein 600 PS leistender MAN-Dieselmotor, welcher direkt über die Antriebswelle auf den Propeller wirkte. Das besondere bei diesen Schiffen war die Aufteilung des Laderaumbereichs in nur zwei lange Räume. Damit konnte ein wichtiger Transportbereich der *WTAG*, die Beförderung von Langeisen, neu belebt werden.

Zu den besonderen Neubauten zählte auch das zweite im Jahr 1953 unter der Baunummer 206 gebaute „Flaggschiff der Westfälischen Transport-AG" – M.S. KARL DIEDERICHS – benannt nach dem Generaldirektor der *WTAG*. Dieser hatte 35 Jahre im Vorstand der Gesellschaft den Wiederaufbau und den Ausbau des Unternehmens maßgebend beeinflusst.

Insbesondere die zweite Hälfte der 1950er Jahre war durch eine ständige Zunahme des Ladungsaufkommens und günstige Prognosen der Montan-Industrie gekennzeichnet. Somit investierten die Reedereien in größerem Umfang in den Neubau von Frachtschiffen als Selbstfahrer. Dafür konnten steuerliche Vergünstigungen für den Schiffbau in größerem Ausmaß genutzt werden,

Abb. 85: 1952 – die Konzernspitze besucht die *Arminiuswerft*

Abb. 83: Erste Berührung mit dem neuen Element

Abb. 84: Der Neubau schwimmt – zur Assistenz liegt ein Motorschiff im Weserstrom

Dr. Karl Diederichs

Gerichtsassessor a.D. *Dr. rer. pol. h. c. Karl Diederichs*, geboren 1882, übernahm bereits 1919 die Leitung der *WTAG/MSLAG* nachdem er schon seit 1913 als Justitiar für das Unternehmen tätig gewesen ist.

Als Mitglied des Vorstandes musste er zusammen mit dem Prokuristen *Theodor Kolven* erste Prioritäten in der Beseitigung der Kriegsschäden des ersten Weltkrieges und der Neuordnung der zukünftigen Aktivitäten setzen. Überregional vertrat er im Vorstand des „Reichsarbeitgeberverbandes der deutschen Binnenschiffahrt e.V." zusammen mit Generaldirektor *Dr. Welker* aus Duisburg und Schiffahrtsdirektor *Georg Heesch* aus Hamburg die überregionalen Interessen der deutschen Binnenschifffahrt in Berlin.

1943 wurde er Vorsitzender des Vorstandes. Erneut war eine schwierige Phase der Unternehmensentwicklung zu bewältigen, welche 1945 mit dem totalen Zusammenbruch endete.

1954 scheidet *Dr. Karl Diederichs* nach mehr als vier Jahrzehnten aus dem aktiven Dienst des Unternehmens aus. Er gehörte 35 Jahre dem Vorstand als Mitglied und Vorsitzender an.

Sein Name war mit der *WTAG/MSLAG* nach den katastrophalen Situationen am Ende zweier Weltkriege und dem Wiederaufbau der firmeneigenen Flotte eng verbunden. In dieser Position hatte er auch erheblichen Einfluss auf die Beschäftigungslage der *Arminiuswerft* in Bodenwerder. In Anerkennung seiner Verdienste wurde daher im Dezember 1953 das zweite auf dieser Werft neu erbaute Frachtschiff von seiner Nichte *Liselotte Diederichs* auf den Namen – M.S. KARL DIEDERICHS – getauft und zum Flaggschiff der Reederei erklärt.

Abb. 86: Zur Schiffstaufe sind viele Gäste und die große Werftbelegschaft versammelt – ein besonderes Zeichen der Bedeutung dieses Schiffes für die Werft und der Reederei

Abb. 87: Die Taufrede

Abb. 88: Die Taufpatin *Liselotte Diederichs* mit den Großeltern

Abb. 89: *Dr. Diederichs* im Kreise wichtiger Persönlichkeiten informiert über den kommenden Einsatz des neuen Schiffes

sodass auch partiell kleinere Unternehmen und Partikuliere Neubauten orderten. Als besonderen Anreiz wurden auch zinsgünstige Bankkredite, sog. 7d-Gelder, für Neubauten, Umbauten und Motorisierungen genutzt. Entsprechend in der Untersuchung von F. Hartung befanden sich am 1. April 1955 insgesamt 85 Motorgüterschiffe in Westdeutschland im Bau.

Aufgrund der Schleusenmessungen im westdeutschen Kanalsystem war das Typschiff „Gustav Koenigs“ das meist gebaute Schiff. Es sollte 71% der Gesamtstrecke des europäischen Wasserstraßennetzes befahren können.[69] Hierzu hatte die *Arminiuswerft* in Bodenwerder mit ihren ersten Neubauten bereits Meilensteine gesetzt. Sie erfüllten in ihrer Konzeption alle damals aktuellen Merkmale.

Die offensichtlich lukrative Entwicklung im Frachtgeschäft führte dazu, dass die *WTAG* in 1955 noch weitere Frachtschiffe dieses Typs in Bodenwerder bauen ließ. Zusammen mit den motorisierten ehemaligen Schleppkähnen konnte sie gemeinsam mit ihren Tochtergesellschaften neue Fahrtgebiete parallel zum Erz-/Kohletransport auf dem Dortmund-Ems-Kanal erschließen und vorhandene Relationen effektiver bedienen.

In der Kanalschifffahrt herrschte jedoch weiterhin der „Bundesschleppbetrieb“ vor. Dieses führte zu erheblichen Benachteiligungen für den weitaus wirtschaftlicheren Einsatz von Selbstfahrern. Kritische Stimmen seitens der Schifffahrttreibenden mehrten sich zunehmend im Hinblick auf die Wettbewerbslage gegenüber der Eisenbahn. Immerhin standen 1958 ca. 60% der Kanalflotte als Selbstfahrer zur Verfügung. Es gab bereits Forderungen nach Abschaffung des geregelten Schleppbetriebes![70]

Die *WTAG* hatte diese Situation richtig eingeschätzt. Sie führte den Erzverkehr ab Emden in Höhe von 2,8 Mio.t zum überwiegenden Teil mit der eigenen

Abb. 90: Das neue Schiff M.S. KARL DIEDERICHS – bereit zur Taufe

Abb. 91: Neubau Nr. 221 – M/S SACHSENHAGEN – Baujahr 1956, Länge 67 m, Breite 8,20 m, Seitenhöhe 2,50 m, 885 t, Reederei: ***„UNION“ Schiffahrts- und Lagerhaus-Gesellschaft mbH“***, Hannover

Abb. 92: Neubau Nr. 242 – M.S. KRANICH – Baujahr 1956, Länge 57 m, Breite 7,04 m, Seitenhöhe 2,50 m, 680 t, Reederei: ***„WTAG Westf. Transport AG“***, Dortmund

Flotte durch, auch unter Einsatz der Motorschiffe. Als dann plötzlich der Verkehr in der Emdenfahrt um fast 20% zunahm und der Kohlentransport auf dem Mittellandkanal und zu den Unterweserhäfen ebenfalls anstieg fehlte die benötigte Anzahl von Schiffen. Eine kurzfristige Lösung fand sich im Neubau von einfachen schnell herstellbaren Schleppkähnen. Somit musste die *Arminiuswerft* ihr Bauprogramm für Motorschiffe 1954/55 reduzieren und zunächst sechs Schleppkähne mit jeweils 1.000 t Tragfähigkeit in Serie bauen. Es sollten die ersten nach dem Kriegsende neu erbauten Schleppkähne für die deutsche Binnenschifffahrt werden. Sie erhielten die typische Namensbezeichnungen W.T.A.G. 103 bis W.T.A.G. 108.[71]

Bei sorgfältiger Planung ihrer Helgenkapazitäten entwickelte sich in Bodenwerder eine Art „Massenproduktion“. Bis Ende 1959 wurden neben den bereits erwähnten Schleppkähnen 26 weitere Frachtschiffe neu erbaut, welche fast alle der *WTAG* und den mit ihr verbundenen Reedereien gehörten. Dazu kamen noch weitere 15 Neubauten des kleineren Typs „Karl Vortisch“, die fast ausschließlich von privaten Eignern bestellt wurden. Insgesamt lieferte die Werft in Bodenwerder innerhalb von fünf Jahren 43 Neubauten von Frachtschiffen und zwölf neue Tankschiffe ab. Zusätzlich wurden weitere kleinere und größere Reparaturen und teilweise größere Umbauten für weitere Kunden ausgeführt.

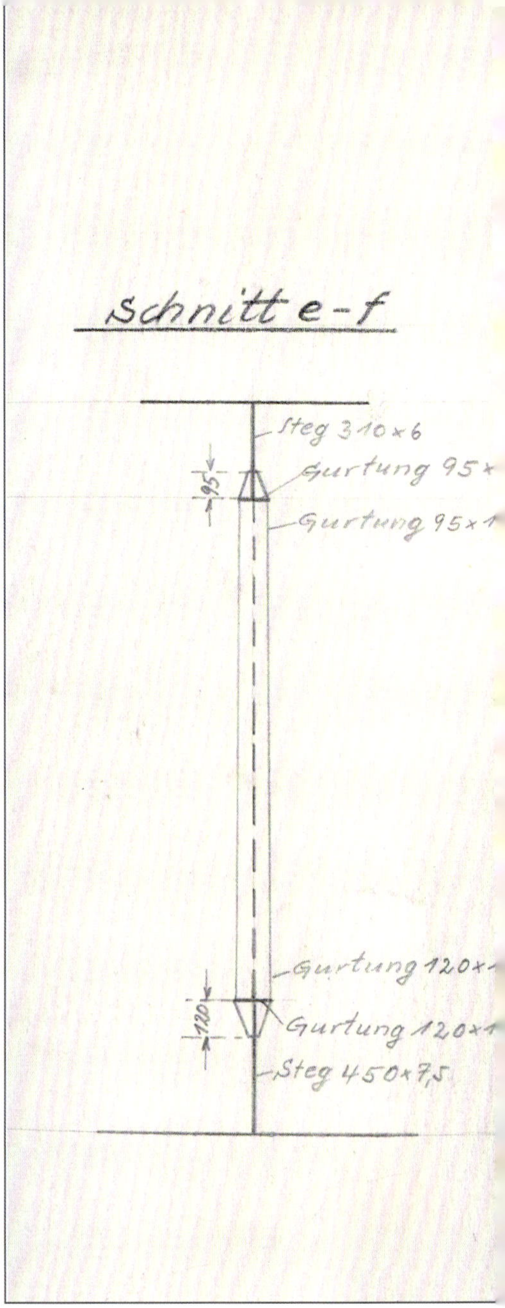

Abb. 93: Ein erster Hauptspantentwurf für die Konstruktion des neuen Tankschifftyps

Ein neuer Schiffstyp – das Tankmotorschiff

Die schnelle Erholung der deutschen Wirtschaft nach der Währungsreform brachte nicht nur einen erhöhten Bedarf an Frachtschiffen für „trockene Ladung“ sondern war Anlass zum Entstehen neuer Transportarten. Speziell der Transport von Mineralölen rückte zunehmend in den Vordergrund. Ein seit 1950 ständig wachsender Ölbedarf der Wirtschaft brachte der Binnenschifffahrt ein neues Standbein. Benötigt wurde ein Schiff, welches aufgrund seiner Hauptabmessungen auf allen Wasserstraßen Mitteleuropas wechselweise einsetzbar war. Dazu eignete sich der in der Frachtschifffahrt bereits seit Jahren eingeführte Typ „Gustav Koenigs“ besonders.

Für die bauliche Ausstattung überarbeitete daher der Germanische Lloyd in Hamburg sein Regelwerk in Zusammenarbeit mit den Werften, speziell unter Nutzung der Schweißtechnik.[72] Bereits 1951 wurden daraufhin auf zwei an der Elbe gelegenen Werften oberhalb Hamburgs je ein voll geschweißtes Tankschiff gebaut.[73]

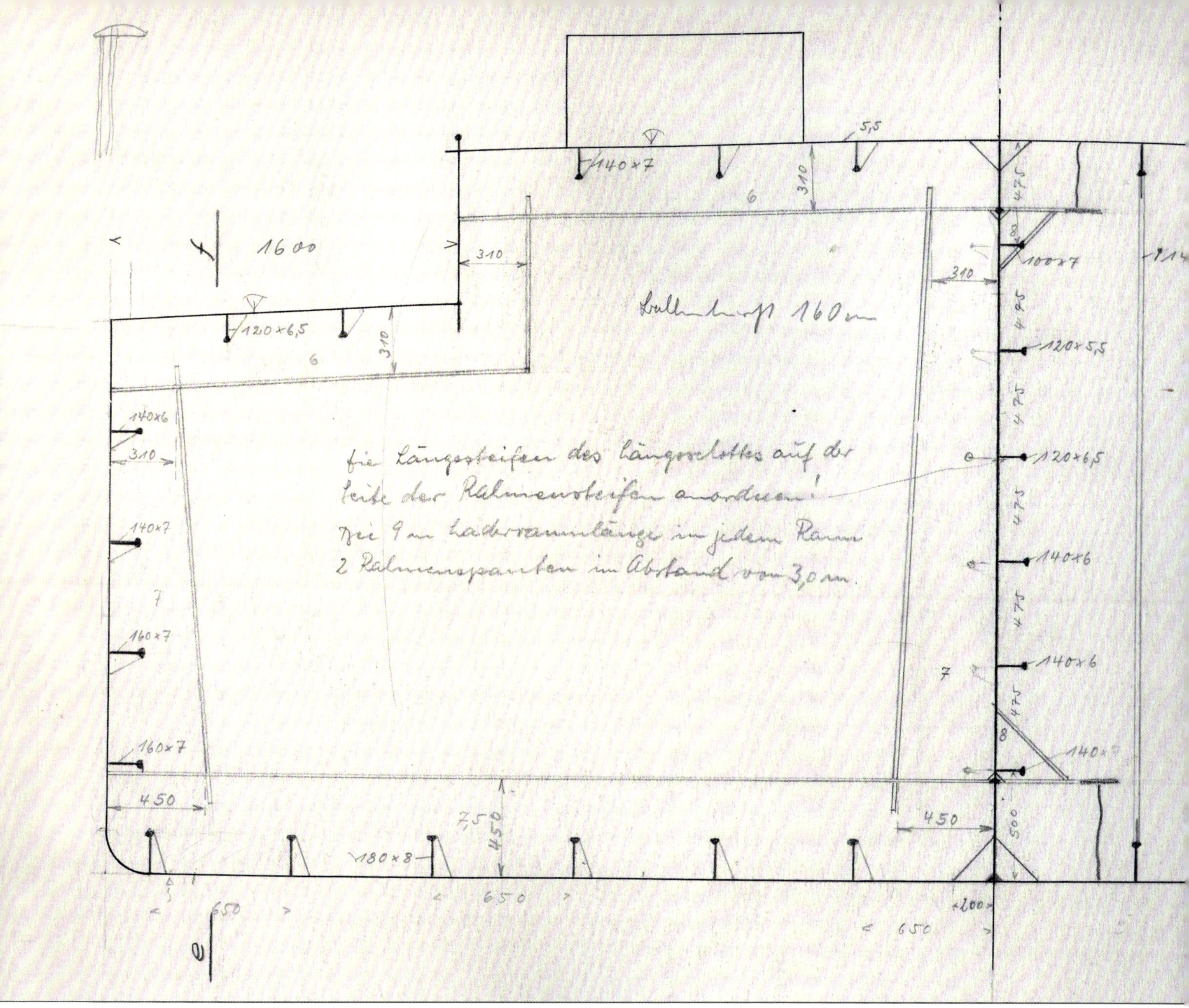

In Erkenntnis der neuen Situation ließ die *WTAG* in den 1950er Jahren insgesamt 13 neue Tankschiffe erbauen. Da die *Arminiuswerft* anfangs mit dem Reparatur- und Motorisierungsprogramm der *WTAG*-Schiffe voll ausgelastet war, orderte die *WTAG* die ersten vier Tankschiffsneubauten bei der Schiffswerft *J.G. Hitzler* in Lauenburg an der Elbe. Als dann in Bodenwerder die Terminsituation neu überplant wurde, entstanden ab 1954 die nächsten Tankschiffe der *WTAG* hier. Sie erhielten die typischen Namensbezeichnungen RUHRTANK 5 bis 11 und zusätzlich wechselweise in großen Buchstaben das Reedereikürzel *WTAG* oder *MSLAG*.

Für die *Arminiuswerft* handelte es sich um eine komplette Neuentwicklung eines Schiffstyps, der vorher noch nicht in den Baulisten verzeichnet ist. Dabei bildeten neben den Regelwerken des „Germanischen Lloyd" wohl auch die Lauenburger Unterlagen der ersten *WTAG*-Tankschiffe eine wertvolle Basis. Konstruktion und Bau der Tankschiffe für die *WTAG*/*MSLAG* wurden richtungsweisend für die zukünftigen Aktivitäten im Neubaubereich der Werft.

Der erste Tankschiffsneubau 1954 – Neubau Nr. 215 – 5 W.T.A.G. RUHRTANK

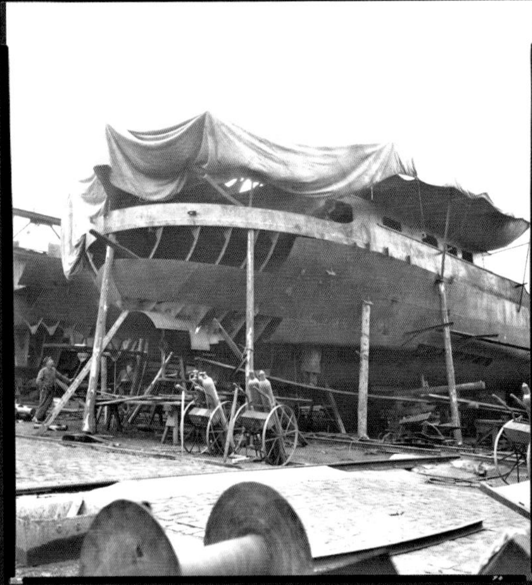

Abb.: 94 – 99

Abb.: 100 – 105

Der Bedarf an Tankschiffen speziell im Rheinstromgebiet war nahezu unersättlich. Bereits 1957 lag die Transportmenge bei fast 3 Mio.t und nahm im Folgejahr um 1,7 Mio.t zu. Daher baute die *Arminiuswerft* parallel zu dem umfangreichen Neubauprogramm an Motorgüterschiffen zusätzlich noch sieben Tankmotorschiffe für vier weitere Reedereien. Der Schiffsneubau entwickelte sich zur Serienproduktion mit kurzen Bauzeiten von etwa drei Monaten je Schiff, wobei zeitweise vier und mehr Schiffe auf den Hellingen I+II in der Fertigung waren. Insgesamt gesehen war die Werft mit den vielen Neubauaufträgen mehr als „voll ausgelastet". Nicht nur die Werkstätten und die lange Hellinganlage kamen mit ihrer Kapazität an die Grenzen sondern auch die fast 400 Mann starke Belegschaft konnte dieses Programm ohne zusätzliche Anstrengungen kaum erledigen.

Die aktuellen Werftanlagen – erste Erweiterungen

Die gute Beschäftigungslage der Werft mit den Aufträgen der *WTAG* musste zwangsläufig auch zur Planung von Erweiterungs- und Modernisierungsmöglichkeiten führen. Abgesehen von der dringend erforderlichen Erneuerung der Slipwagen auf Helling I im Jahre 1948 arbeitete die Werft noch mit dem Maschinen- und Gebäudepark der Kriegs- und Vorkriegszeit. Diese „Urquelle" lag dicht gedrängt in der nordöstlichen Ecke des Werftgeländes zwischen Helling I und der Rühler Straße. Hier waren verschiedene Werkstätten, Magazine, Freilager und die Kraftzentrale mit dem hohen Schornstein in unterschiedlichen Gebäuden untergebracht. Der gesamte Fertigungsablauf sowohl für die verschiedenartigen Umbauten und Reparaturen als auch für die Neubauten verlief zunächst in „alt hergebrachter" Weise in Einzelfertigungen. Ein Rationalisierungseffekt, verbunden mit einer Verbesse-

Abb. 106: Auf der ehemaligen Fläche für die Helling III stehen nebeneinander 2 Schiebehallen für die Sektionsfertigung; davor befinden sich Flächen als „Schweißroste" – der Portalkran steht in Warteposition

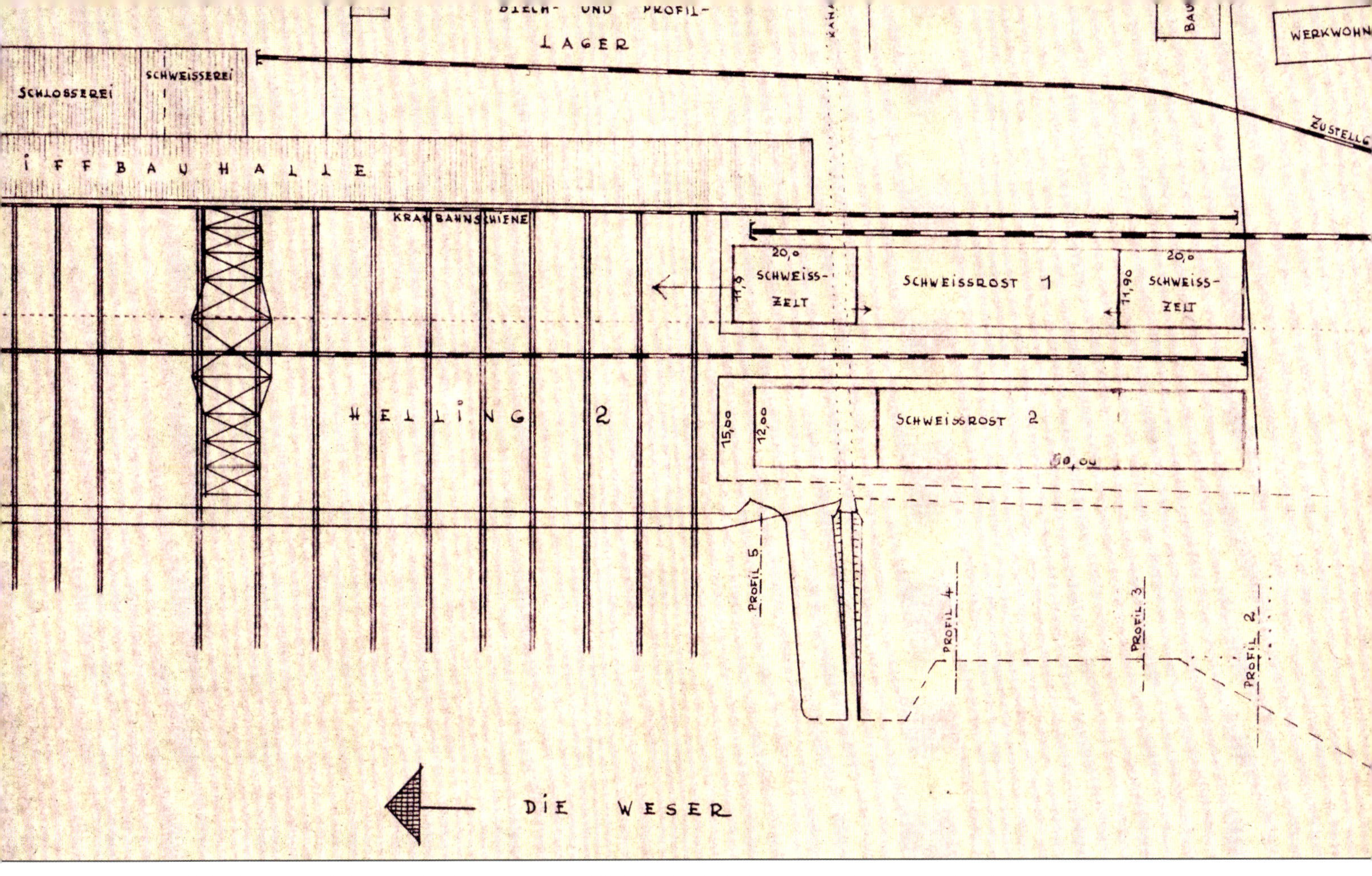

Abb. 107: Ausschnitt aus dem Lageplan von 1958 mit den Schiebehallen 1+2 über welche die verlängerte Kranbahn führt; zur Materialanlieferung ist ein zusätzlicher Gleisanschluss vorhanden

rung der Arbeitsbedingungen und einer Steigerung der in großem Umfang durch die Schweißtechnik veränderten Leistung, konnte nur mit einer Vorfertigung in größeren Sektionen erreicht werden. Diese bereits auf anderen mittleren Schiffswerften Westdeutschlands zunehmende Praxis musste auch in Bodenwerder Anwendung finden, da im Jahre 1955 bereits 16 Neubauten von Binnenschiffen abgeliefert worden sind.

Die Lösung war das ab 1943 für den U-Bootsbau genutzte als Helling III bezeichnete Gelände, welches die Verlängerung der bestehenden Helling II darstellte. Hier konnten 1956 Schweißroste und zunächst eine „Schiebehalle“, sowie ein Jahr später eine weitere Halle, errichtet werden. Durch die Verlängerung der bestehenden Kranbahn des Halbportalkranes um 70 m war die Möglichkeit gegeben, die fertigen größeren Bauteile nun problemlos zum Einbau in den Schiffsneubau zu transportieren. Bei den „Schiebehallen“ handelte es sich um kleinere auf Schienen fahrende Elemente, welcher teleskopartig mit elektrischem Antrieb zusammen oder auseinander verschoben werden können. Ähnliche Hallen waren bereits auf anderen Schiffswerften anzutreffen. Ihre Konstruktion war eine einfache kostengünstige Bauart. Sie bestand aus einem Trägergerüst, welches mit verzinkten Blechen, teilweise als Lichtbänder, verkleidet war. Durch Öffnen/Verschieben der Hallenelemente konnten schwere Bauteile mit dem Werftkran bewegt werden. Die Hallen selbst hatten nur kleinere Krananlagen von 5 t Tragkraft für das Transportieren von Kleinteilen.

Das Schiebehallensystem war eine kostengünstige Variante zu den großen festen Schiffbauhallen und bot einen guten Schutz vor Witterungseinflüssen. Die *Arminiuswerft* investierte hier ca. 230.000 / 300.000 DM je Anlage und erhielt dadurch eine zusätzliche überdachte Arbeitsfläche von insgesamt 1.150 m².[74]

Parallel zum Neubau der beiden Schweißhallen musste das vorhandene Blech- und Profillager im Hinblick auf den vergrößerten Materialbedarf für die große Anzahl von Schiffsneubauten optimiert werden. Ein werfteigener Gleisanschluss war bereits vorhanden. Zum Abladen der Waggons und weiterer Verteilung des angelieferten Materials baute die Werft in „Eigenkonstruktion" einen kleinen fahrbaren Drehkran mit einer Tragfähigkeit von 1,5 t bei 8 m Ausladung.

Auffallend für die Werft in Bodenwerder war seit Anbeginn das Fehlen einer Kaianlage zur Endausrüstung der Schiffsneubauten. Die Schiffe verblieben so lange wie möglich auf der Hellinganlage, um die Kapazität der dortigen Krananlage zu nutzen. Nach dem „Stapellauf" lagen diese bis zur Ablieferung an den Kunden vor dem Helgen an provisorisch hergerichteten Plätzen. Meistens wurden dazu 2 Slipwagen teilweise zu Wasser gelassen und ein einfacher Steg aus Holzbohlen erstellt. Die Vertäuung erfolgte mittels Seile zu in den Slipanlagen eingelassenen Fixpunkten. Zeitweise sind auch zusätzlich „Bundstaken" gesetzt worden. Gleichartig wurde auch mit Reparaturschiffen, welche nicht unbedingt aufgeslipt werden mussten, verfahren. Gelegentlich benutzte die Werft die Anlagen im nahegelegenen Hafen Kemnade. Dort gab es einen befestigten Umschlagplatz mit Gleisanschluss, eine Kaimauer und einen Kran.

Abb. 108: Im Hafen Kemnade: mit dem Kaikran wird ein neuer Hauptmotor in den Maschinenraum eines Schiffes gehievt

Anknüpfend an die Gründerzeit von *Christian Pape* kaufte die Werft 1967 das zwischen der Rühler Straße und dem Anschlussgleis gelegene Grundstück mit Sägewerk, Vollgatter, einer elektrischen Trockenanlage und einem größeren Holzlager.

Wie schon erwähnt kann die Auftragslage der *Arminiuswerft* in den 1950er Jahren als sehr gut bezeichnet werden. In dieser Zeit erreichte der Flottenaufbau der Muttergesellschaften ihren Höhepunkt. Deren Neubauten dominierten das Werftgeschehen bereits seit Jahren in Bodenwerder. Gegen Ende des Jahrzehnts jedoch zeichneten sich die Auswirkungen der Umstrukturierung der Binnenschifffahrt auch hier ab. Die Auftragslage brach rapide ein. Dazu verkündete der amtierende Bundesverkehrsminister, *Dr. Seebohm*, in

Abb. 109: Das Blech- und Profillager befindet sich neben der verlängerten Schiffbauhalle – der kleine Kran fährt zwischen den Lagerplätzen

der Fachpresse, dass „... *der Wiederaufbau der Binnenflotte bis 1960 abgeschlossen und wieder eine Kapazität von 4,8 Mio. Tonnen erreicht habe...*" Die *WTAG* hatte ihr Ziel erreicht und orderte in den nächsten 10 Jahren nur noch vereinzelt einen Schiffsneubau in Bodenwerder. Die Werft musste neue Kunden auf dem stark umkämpften Markt suchen. Dieses gestaltete sich zunächst besonders schwierig, da nicht nur der Markt weitgehend gesättigt war, sondern es trat neben der „Deutschen Bundesbahn" ein neuer Konkurrent auf den Plan – der Lastkraftwagen. Er übernahm in kurzem Zeitraum fast den gesamten Stückgutverkehr, sodass die Binnenschifffahrt überwiegend zum Transportmittel für Massengüter wurde.

In der Neubauliste der *Arminiuswerft* finden sich in den 1960er Jahren erfreulicherweise noch 19 Tankmotorschiffe für verschiedene Kunden sowie viele kleine Aufträge unterschiedlicher Typen wie beispielsweise 14 kleine Prähme für die Bundeswehr, Hamburger Hafenschuten, Festmacherboote und kleinere Bagger. Zusammen mit den größeren Reparaturaufträgen entstand eine akzeptable Grundauslastung der Werft mit ihrer zwischenzeitlich kontinuierlich auf etwa 200 Mann gesunkenen Mitarbeiterzahl.

Die sich seit einigen Jahren abzeichnende Lücke in der Auslastung der Werftkapazität nutzten mehrere Partikuliere, die älteren Fahrzeuge zu modernisieren. In einigen Fällen wurden Schleppkähne zu Motorschiffen umgebaut, in anderen die vorhandenen teilweise sehr alten Maschinenanlagen durch neue und leistungsfähigere ersetzt. Dieses entsprach voll dem Trend der Zunahme von Selbstfahrern im Kanalbetrieb, da sich das Ende des „Bundesschleppbetriebes" nach umfangreicher Kritik anzeigte. Entsprechend einer Auflistung in der Zeitschrift „*Die Weser*" sind auf der *Arminiuswerft* im Zeitraum 1957 bis 1962 jeweils mehr als zehn derartige Motoreinbauten jährlich aufgelistet. Die Anzahl reduzierte sich ab 1966 rapide.

Diese sehr erfreuliche Situation, zusammen mit dem anstehenden Firmenjubiläum[75] der ersten „Auflandnahme" eines Dampfschiffes auf der 1902 erbauten Slipanlage, war Anlass zu einer großen Feierlichkeit. Die gesamte Belegschaft der Werft traf sich am 21. September 1963 in der Ausflugsgaststätte *Mittendorf* in Buchhagen zu einer fröhlichen Feier.

Für die neue Entwicklung des Tourismus in der Region und wohl auch als Start einer dringend notwendigen Modernisierung der Personenschifffahrtsflotte der Oberweser baute die *Arminiuswerft* 1967 das für damalige Zeiten moderne Personenmotorschiff WESERBERGLAND.[76] Es war gelungen, ein Schiff zu entwerfen und zu bauen, welches sich den sehr schwierigen Wasserverhältnissen der Oberweser hervorragend anpasste. Die Taufe des neuen Schiffes erfolgte am 3. Juni 1967 mit großem Aufwand durch die Traditionsfigur Bodenwerders, den *Freiherr von Münchhausen*, im Beisein des *Rattenfängers von Hameln* und des *Dr. Eisenbart* aus Hann. Münden.

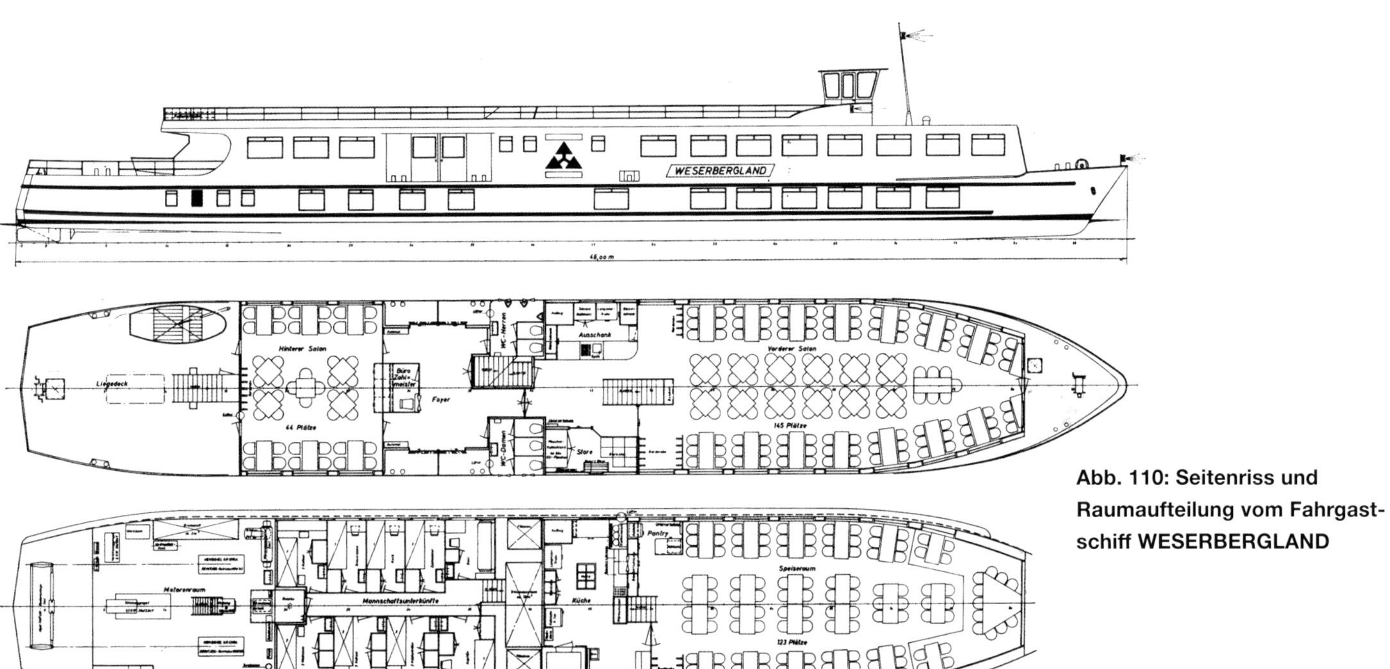

Abb. 110: Seitenriss und Raumaufteilung vom Fahrgastschiff WESERBERGLAND

Abb. 111: Ferienhaus *Arminius 1* mit 41m² Wohnfläche

Ein neues Standbein – Ferienhäuser

Die Wettbewerbslage im westdeutschen Schiffbau – insbesondere bei den Seeschiffswerften – hatte sich gegen Mitte der 1960er Jahre erheblich verschlechtert. Kapazitäten mussten reduziert werden. Gleichzeitig wurde in Verbandskreisen über alternative Fertigungsmöglichkeiten außerhalb des eigentlichen Schiffbaus nachgedacht. Ein Vorschlag gipfelte in eine serienmäßige Fertigung von Fertighäusern im Baukastenprinzip – möglicherweise auch aus Stahl. Dieses war jedoch mit den Arbeitsmethoden einer Schiffswerft kaum realisierbar.[77]

Die *Arminiuswerft* in Bodenwerder hatte zu dieser Zeit noch eine akzeptable Grundauslastung, verfolgte aber bereits rechtzeitig die Möglichkeiten eines zusätzlichen unabhängigen „Standbeins" als Ergänzung ihrer Aktivitäten. Das Ergebnis war die zukünftige Nutzung der 1967 erworbenen Gebäude für die Holzbearbeitung zum Serienbau hölzerner Ferienhäuser. Da die Auslastung der Tischlerei für den Kajütenausbau und der Zimmerei für das Deck und der Bodenwegerung der Laderäume der Schiffe aufgrund der Verwendung anderer Werkstoffe stark rückläufig war, begann die Werft 1968 mit der Anfertigung der Häuser. Die erforderlichen Gerätschaften und Werkzeuge dafür waren bereits ausreichend vorhanden. Die jahrzehntelangen Erfahrungen beim Bau von Schiffswohnungen konnten auch bei der Entwicklung der Ferienhäuser umgesetzt werden. Es galt wie im Schiffbau üblich den beschränkt vorhandenen Raum optimal zu nutzen. Je nach Kundenwunsch standen 2 Haustypen zur Auswahl. Der recht komfortable Typ *Arminius 1* hatte eine Wohnfläche von knapp 41m², der kleinere Typ 2 eine von ca. 26m². Mit einigen Varianten konnten die **Arminius-Ferienhäuser** schlüsselfertig auf ein bauseits vorhandenes Betonfundament montiert und übergeben werden.[78]

Über die Anzahl der von der Arminiuswerft angefertigten Ferienhäuser gibt es leider keine detaillierten Angaben – immerhin bestand dieser doch erfolgreiche Produktionszweig bis Ende 1980 (!)

Tankschiffe bestimmen die Auftragslage

Die schwierige Situation im Schiffbau besserte sich erst ab Ende 1968 entscheidend, als eine Exportgemeinschaft mehrerer deutscher Schiffswerften die weltweite Ausschreibung des *Inland Water Transport Burma* zum Aufbau einer großen Binnenschiffsflotte als Schubschifffahrtssystem in Burma gewonnen hatte. Der Neubau aller Schiffe dieses Projekts wurde auf verschiedene Binnenschiffswerften in der Bundesrepublik verteilt. Die *Arminiuswerft* erhielt aus diesem Programm den Auftrag zum Neubau von 14 Schubleichtern zum Transport von Mineralölen. Die 48,70 m langen und 8,83 m breiten Leichter hatten eine Tragfähigkeit von ca. 600 t. Sie erhielten die Bau-Nr. 362 bis 375 und kamen ab Ende 1968 zur Ablieferung. Der Transport nach Burma erfolgte als Decksladung mit speziellen Schwergutschiffen der Bremer Reederei *Deutsche Dampfschifffahrts-Gesellschaft HANSA*.

Mit dem Neubau derÖlleichter für den Export nach Burma begann auf der Werft in Bodenwerder eine neue Ära – die Entwicklung und der Neubau von großen Tankschiffen, speziell für den Einsatz auf dem Rhein. Hier waren für den Tankschiffsverkehr immer noch Zuwachsraten beim Mineralölverbrauch erkennbar. Leichtes und schweres Heizöl sowie petrochemische Rohstoffe bildeten das Haupttransportgut für die Industrie, gefolgt von Kraftstoffen zum privaten Verbrauch. Außerhalb des Rheinstromgebietes hatte der Tankschiffsverkehr als Versorgung West-Berlins eine nicht unbedeutende Rolle. Das 1961 beschlossene „Berlin-Hilfe-Gesetz" lockte zusätzlich mit erhöhten Abschreibungen beim Neubau von Schiffen. Jedoch setzten die speziellen Abmessungen der Wasserstraßen und Schleusen innerhalb Berlins Grenzen für die zu bauenden neuen Tankschiffe.[79]

Unter diesen Aspekten war es der Werft gelungen, zusätzlich einen neuen Kunden, die Reederei *B. Dettmer & Co* aus Bremen, zu gewinnen. Diese orderte zunächst drei Tankschiffe mit den sogenannten „Berlin-Abmessungen", welche noch im Jahre 1969 abgeliefert worden sind. Ein weiteres Schiff folgte 1970.

Damit war das Neubauprogramm der Werft festgelegt. Die Bauliste verzeichnete ausschließlich die Lieferung von Tankschiffen. Insgesamt kamen im Zeitraum von 1969 bis 1974 33 Neubauten mit Tragfähigkeiten von jeweils weit mehr als 1500 t zur Ablieferung. Den Auftragsbestand der *Arminiuswerft* bezeichnete die Geschäftsleitung „als recht gut".[80]

Abb. 112: 1970 – Taufe des Tankschiffsneubaus Nr. 384 – WILLY DEICHMANN – der Reederei *Deichmann GmbH & Co*, Berlin. Mit den Abmessungen Länge 69 m und Breite 9 m war es entsprechend den Regeln des „Berlinverkehrs" konzipiert

Abb. 113: Neubau Nr. 391 – RAAB KARCHER 122 – auf der „Jungfernfahrt“ auf dem Rhein im März 1971; Schiffsabmessungen: Länge 85,00 m, Breite 9,50 m, Seitenhöhe 3,60 m, Tragfähigkeit 1675 t bei einem Tiefgang von 3 m, 2x12 Laderäume, Antrieb 1 DEUTZ-Dieselmotor 1.000 PS bei 380U/min.

Im Konstruktionsbüro wurden noch größere Schiffstypen mit speziell für den Rhein geeigneten Abmessungen entwickelt. Mit dem Neubau RAAB KARCHER 122 – Bau-Nr. 391 – entstand 1971 das zunächst größte in Bodenwerder gebaute Tankschiff. Die Einrichtungen sowohl in der Lade- und Löschtechnik als auch für die Besatzungen entsprachen dem sich abzeichnenden Trend in der Rheinschifffahrt – der „Continue-Fahrt“.[81] Wegen der großen Schiffsabmessungen musste dieser und alle folgenden Neubauten über die Nordsee zum Rhein gebracht werden.

Die nahezu typgleichen Tankschiffsneubauten führten auch zu weitgehenden Überlegungen einer Rationalisierung der Fertigung. Die *Arminiuswerft* favorisierte hier die Veränderung der Schiffsform zur „Knickspantbauweise“. Diese war bereits von den amerikanischen Liberty-Schiffen des zweiten Weltkrieges bekannt und führte in den 1970er Jahren kurzfristig auf vielen Werften zur versuchsweisen Einführung. Mit dem Neubau Nr. 397 – DETTMER TANK 37 – hatte das Konstruktionsbüro der Arminiuswerft das erste Schiff mit dieser neuartigen Formgebung entwickelt; ihm folgten danach weitere fünf Neubauten. Der Rationalisierungseffekt lag in der vereinfachten Herstellung der besonders im Vor- und Hinterschiff erforderlichen gekrümmten Beplattung der Außenhaut.

Trotz der erfreulich guten Auftragslage gab es eine kaum zu überbrückende Problematik – die Weser(!) Sehr ungünstige Wasserführungen führten, wie 1971 und ganz extrem 1976, zur kompletten Einstellung der Weserschifffahrt und damit zur Abwanderung der Schifffahrtsunternehmen zu anderen Wasserstraßen. Auch bei der *Arminiuswerft* verhinderten die lang anhaltenden Niedrigwasserperioden zeitweise sowohl

Abb. 114: Das aufwändige Rohrleitungssystem an Deck, bestehend aus vier Längsleitungen NW 200, der Pumpenanlage vor dem Steuerhaus und den jeweiligen Tankanschlüssen

Abb. 115: Die Vorschiffssektion von DETTMER TANK 36 wird montiert – deutlich erkennbar die von der *Arminiuswerft* entwickelte „Knickspantbauweise“

den Weiterbau, den Stapellauf als auch die Ablieferungen der Schiffe. So berichtete die lokale Presse im April 1972 über den schwierigen Stapellauf des Neubaus Nr. 402 – HANSA 3 – „*...weil die Weser noch zu flach war und das Schiff nicht selbstständig über den Hellingwagen aufschwamm...mußte nachgeholfen werden. Das geschah, indem ein Seil vom Schiff aus quer über die Weser gezogen und dort vertäut wurde. Mit Hilfe der Heckwinde, die das Seil einzog, zog sich das Schiff gewaltsam vom Wagen und schwamm auf...*“.[82] Zuschusswasserwellen aus der Edertalsperre waren auch nur eine Notlösung. Dazu kamen niedrige Brücken und die Schleusen. Der Standortnachteil mit der gekrümmten Schleuse in Hameln sollte zukünftig bei noch größeren Schiffen ebenfalls zum Problem werden.

Die immer noch expandierende Tankschifffahrt erhielt 1973 durch den von den OPEC-Ländern verhängten Lieferstop für Erdöl einen erheblichen Dämpfer. Es kam zur sogenannten „Ölkrise“ und damit verbunden zu einem enormen Überangebot an Tankschiffsraum. Neubauaufträge wurden nicht mehr vergeben oder wenn möglich annulliert. Die *Arminiuswerft* baute daher 1974 noch die letzten 3 Tankschiffe; danach finden sich über mehrere Jahre keine Neubauten dieses Schiffstyps in der Bauliste.

Abb. 116: Der Neubau Nr. 399 – JAGUAR – mit einer Länge von 105 m und einer Breite von 10,50 m auf Ablieferungsfahrt durch die Schleuse in Hameln; bei noch breiteren und längeren Schiffen wird die gekrümmte Bauart der Schleuse zum Problem

Modernisierung des Werftbetriebes

Die Suche nach neuen Auftraggebern für Schiffsneubauten in den 1960er Jahren war der *Arminiuswerft* gelungen. Neue Kunden hatten die Lücke der *WTAG*-Schiffe mehr als ausgefüllt. Der Neubau von großen Binnentankschiffen „boomte“. Damit hatte die Werft eine starke Marktposition erreicht. Die Auftragslage im Neubaubereich war ausgeglichen. Sie wurde noch ergänzt durch mehrere große Reparatur- und Umbauaufträge. Die Anzahl der dazu erforderlichen „Auflandnahmen“ wird für 1971 mit 65 und für 1972 mit 78 angegeben.[83]

Die Umsatzentwicklung lag in 1970 bei ca. 9 Mio. DM und steigerte sich jährlich bis 1974 auf ca. 13,5 Mio. DM. Diese positiven Umsatzzahlen, der bisherige technische Zustand der Werftanlagen selbst und eine sich bereits abzeichnende umfangreiche Betriebsmodernisierung der Mitbewerber forderten eine schnellstmögliche Umgestaltung der bisherigen Betriebsabläufe heraus. Rationalisierung durch Sektionsbau in geschützten Hallen, eine damit verbundene Verringerung der Liegezeiten auf der Hellinganlage und eine gleichzeitige Verbesserung der Arbeitsbedingungen waren längst überfällig. Doch die Konzernverwaltung in Dortmund zögerte, obwohl bereits im März 1963 von der Geschäftsleitung unter *Nils Ahsbahs* in Bodenwerder entsprechende Unterlagen erstmals vorgelegt worden sind. Trotz der guten wirtschaftlichen Ergebnisse in 1962 und 1963 wurde das Projekt zunächst verschoben. Als 1968 diese Problematik zu ernsthaften Schwierigkeiten auf der Werft führte, kam wieder Bewegung in das Projekt „Werftausbau“.

Nils Ahsbahs

Der im Jahre 1917 in Hamburg geborene *Nils Ahsbahs* studierte nach seiner Marineausbildung an der Technischen Hochschule in Danzig (heute Gdańsk) in den Fachbereichen Schiffbau und Maschinenbau. Nach dem Kriege arbeitete er zunächst beim Wasser- und Schiffahrtsamt Emden und ist per 2. Januar 1960 zum Geschäftsführer der *Arminiuswerft GmbH* in Bodenwerder berufen worden. Er wurde damit für die nächsten 25 Jahre, bis 1984, der am längsten tätige Geschäftsführer der Werft überhaupt!

Sein Start fiel in einen Zeitraum der Neuorientierung. Nachdem das Schiffbauprogramm der Muttergesellschaften in Dortmund ausgelaufen war, mussten neue Kunden gesucht werden, welche sich aufgrund der Marktentwicklung in der Binnenschifffahrt

ARMINIUSWERFT GMBH

3452 Bodenwerder/Weser
Rühler Straße 34
Postfach 1109
Telefon: 2041-2044 (Vorwahl 05533)
Telegramm: Arminiuswerft
Telex: 965380
HRB 8 Amtsgericht Eschershausen

Zweigbetrieb:
3000 Hannover-List
am Mittellandkanal
Nordring 7a
Telefon: 631451, 636517 (Vorwahl 0511)
Telex: 922701

Neubauten
Umbauten
Reparaturen
Fertigung von Ferienhäusern

zum Großmotorschiff schnell fanden. Sieben Großreedereien aus Deutschland und der Schweiz deckten mit ihren Neubauaufträgen über 50% der Werftkapazität ab.

Neue wirtschaftliche Lösungen und neue technische Entwicklungen sowohl beim Schiffstyp als auch bei den Produktionsmethoden waren das Gebot der Zeit. Bereits ein Jahr nach seinem Dienstantritt entwickelte *Nils Ahsbahs* erste Gedanken zum Werftausbau, welche nach sieben Jahren „langen Zögerns" in Dortmund ab 1970 beginnen konnten. Dazu gehörten die große Schiffbauhalle, ein neuer Hellingkran, die Brennschnitt- und die Profilbearbeitungshalle mit neuem Schnürboden. Dieser von *Nils Ahsbahs* entwickelte Investitionsplan hatte einen erheblichen Rationalisierungseffekt und trug ganz entscheidend zur starken Marktstellung der *Arminiuswerft* bei.

Die Gesellschafter in Dortmund hatten diesen Effekt auch erkannt und räumten dem Geschäftsführer in Bodenwerder, wenn auch inoffiziell, einen sehr großen Spielraum bei der Leitung der Werft durch eigenverantwortliches Handeln ein.

Als 1973 die Muttergesellschaften ihre an mehreren Wasserstraßen in Deutschland liegenden fünf Werften zur WERFTUNION unter Führung der *Arminiuswerft* zusammen fassten, wurde *Nils Ahsbahs* Gesamtgeschäftsführer dieser neuen Gruppierung mit Sitz in Bodenwerder.

Nach 25 Jahren intensiven Einsatzes für das Wohl der Arminiuswerft wurde *Nils Ahsbahs* als Geschäftsführer in den Ruhestand verabschiedet.

Nach Auswertung der guten Auftragslage ab 1969 entschlossen sich die Gesellschafter *„...für den Ausbau der Werft...einen Investitionsbetrag von DM 1.600.000 ... zu genehmigen...“.*[84] Kernstück sollte eine neue Schiffbauhalle von ca. 90 m Länge, 28 m Breite und 12 m Höhe mit inneren Kränen sowie die Beschaffung einer neuen Hellingkrananlage mit größerer Tragfähigkeit werden. Beide Projekte wurden sodann sofort umgesetzt, sodass sie Ende 1971 in Betrieb genommen werden konnten.

Insbesondere über den Ersatz der alten Hellingkrananlage, welche nur eine Tragkraft von 5/1,5 t hatte, hat es offensichtlich bereits 1963 Planungen gegeben, deren technischer Standard der späteren Ausführung entsprach.[85] Da jedoch die Freigabe der Finanzmittel aus Dortmund nicht gegeben war, blieb zunächst „alles beim alten". Trotzdem forcierten der Geschäftsführer der Werft, *Nils Ahsbahs*, und die Firma *Wissneth* in Detmold das Projekt, sodass 1970 sofort mit dem Bau begonnen werden konnte. Es handelte sich dabei um eine „WICO-Verladebrücke" mit einer Hubkraft von 35 t am Haupthaken und 3 t am separaten Hilfshaken. Für die übersichtliche Rohrkonstruktion der Krananlage konnten die vorhandenen Gleisanlagen weiterhin verwendet werden. Die Montage des neuen Krans erfolgte am 3. September 1971 mittels zweier Autokräne am hinteren südlichen Ende auf der Fläche hinter den vorhandenen Schiebehallen in Reichweite der alten Krananlage. Nach etwa fünf Wochen Montagezeit stand der Kran auf der doppelten Hellinganlage zur Verfügung. Die Kosten für die Kranlieferung beliefen sich auf ca. 400.000,– DM.[86]

Der zweite Schwerpunkt der Modernisierungsmaßnahmen war der Bau der neuen modern eingerichteten Schiffbauhalle mit einer beachtlichen Arbeitsfläche von 2.575m². Sie entstand auf einer freien kaum genutzten Fläche parallel neben der Hellingkrananlage. Die 12 m hohe Halle war eine im Stahlbau übliche Stahlskelettkonstruktion, welche bis zur halben Höhe mit Leichtbetonelementen verkleidet wurde. Die oberen Wandflächen rundherum bestanden aus Kunstglasplatten,

Abb. 117+118: Aufbau des neuen Helling-Kranes

welche lichtdurchflutete Arbeitsflächen in der Halle ermöglichten. Die auf den Hallenstützen innen montierten Kranbahnen erhielten zwei Laufkräne mit 5/10 t Tragkraft. Die neue fertige Halle mit ihren imposanten Abmessungen von 90 x 28 m überragte sodann alle bisher im Umfeld vorhandenen Werftanlagen.

Kurz nach Fertigstellung der Schiffbauhalle begann der Neubau der Brennschneidhalle. Diese nur halb so hohe Halle in nahezu gleicher Bauart war direkt mit der Schiffbauhalle verbunden. In der 60 m² großen Halle wurde eine optisch gesteuerte Brennschneidanlage mit vier Brennaggregaten installiert.

Parallel zu den Hallenneubauten bekam auch die weseraufwärts sich anschließende brach liegende Fläche die neue Nutzung zum Platten- und Profillagerplatz.

Mit dem umfangreichen Ausbau der Werftanlagen in Bodenwerder, deren projektierter Kostenaufwand nach Angabe des Geschäftsführers der Werft, *Nils Ahsbahs*, nicht überschritten wurde, entstand Anfang 1972 ein neu gestalteter Produktionsablauf. Das Endergebnis war die Fertigung von Großsektionen. Hiermit konnte eine wichtige Rationalisierung der Schiffbaufertigung, eine Verbesserung der Arbeitsbedingungen fast frei von Witterungseinflüssen und eine Ausweitung der Werftkapazitäten erreicht werden.[87] Der Material- und Fertigungsfluss erhielt ein neues Konzept. Vom Lagerplatz gelangten die Bleche durch die Brennschneidhalle über Flurfördersysteme direkt in die Schiffbauhalle. Die Profile wurden auf einem Parallelweg zugeführt. In der großen Halle selbst entstanden daraus bis zu 35 t schwere Schiffssektionen, die nach Fertigstellung mit hydraulisch heb- und senkbaren Transportwagen in den Bereich des neuen Hellingkrans befördert werden konnten. Danach erfolgte der Einbau an Bord auf Helling II. Trotz des zwischenzeitlich marktbedingten erheblich reduzierten Mitarbeiterbestandes war eine erhebliche Steigerung der Baukapazität der Werft durch die neuen Anlagen noch möglich. Damit gab es für den Werftbetrieb gute Zukunftschancen, welche einen großen Einfluss im sich abzeichnenden schwieriger werdenden Wettbewerb haben sollten.

Abb. 119-122: Bau der großen Schiffbauhalle, 1970

Abb. 123: die fertige Brenn- und Schiffbau halle mit dem Lagerplatz für Schiffbaubleche

Weiterhin blieb das Kernproblem – der Zustand des Weserflusses oberhalb Mindens – ungelöst. Dieses betonten die Vertreter der Werft detailliert gegenüber den Vertretern der Behörden anlässlich einer Betriebsbesichtigung von Staatssekretär *Dr. Bartsch* der Landesregierung Hannover nach Abschluss der Werftmodernisierungsmaßnahmen in Bodenwerder sehr nachhaltig. [88]

Abb. 124: Die neue Brennschneidanlage in der Brennhalle

Eine neue Unternehmensstruktur – die WERFTUNION GmbH & Co.

Anfang der 1970er Jahre startete die *VEBA AG* Düsseldorf, eine der Bundesrepublik Deutschland mehrheitlich gehörende Holdinggesellschaft, eine Neuordnung aller ihrer sehr unterschiedlichen Unternehmungsgruppierungen.[89] Dieses betraf im Wesentlichen ihre großen in der Schifffahrt tätigen Gesellschaften wie zum Beispiel die *Hugo Stinnes AG* in Mülheim-Ruhr. Diese wiederum war zwischenzeitlich zu fast 100% Eigentümerin der *WTAG* in Dortmund geworden. Sowohl die *Stinnes AG* als auch die *WTAG* waren im Besitz von „eigenen" Schiffswerften, wobei die *WTAG* neben der *Cassenswerft* in Emden durch die *Arminiuswerft* mit ihrem überragenden Wirtschaftsergebnis der 1970er Jahre einen besonderen Trumpf aufweisen konnte. Da es sich mit Ausnahme der *Cassenswerft* primär um Werften des Binnenschiffbaus handelte, schien eine Bündelung der Interessen für eine zukünftige Wirtschaftsentwicklung zweckdienlich. Infolgedessen wurden per **1. Januar 1973** die fünf Werften aus den Industrieverbänden heraus zu

Abb. 125: Fertigung in der neuen Schiffbauhalle

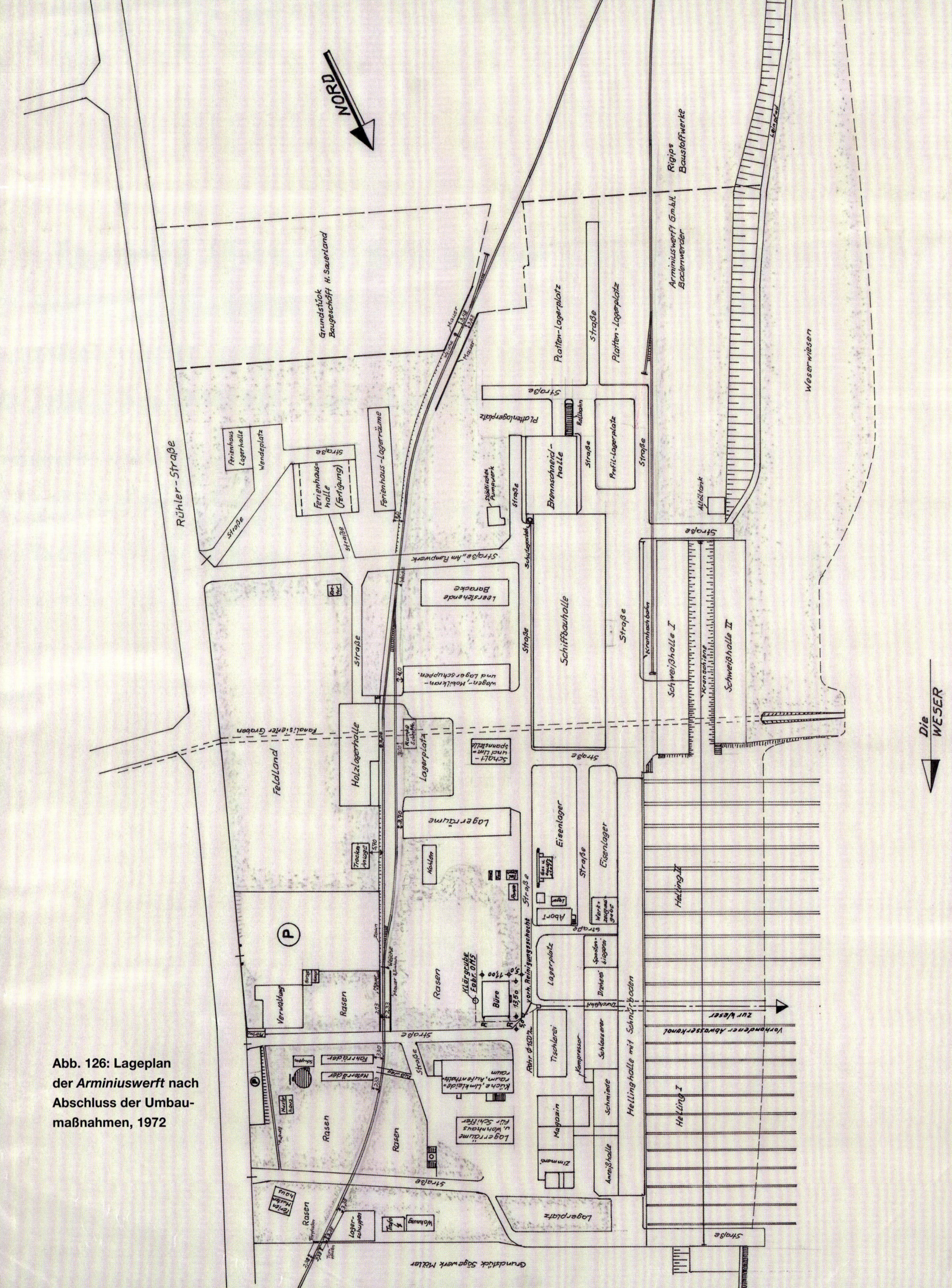

Abb. 126: Lageplan der *Arminiuswerft* nach Abschluss der Umbaumaßnahmen, 1972

einer neuen Gruppierung zusammen gefasst – der **WERFTUNION GmbH & Co.** Gesellschafter der neuen Werftengruppe wurden die *WTAG.* mit 60% und die *Hugo Stinnes AG* mit 40% des Stammkapitals von 4.624.000,– DM.[90] Alle Aktivitäten einschließlich des nicht geringen Vermögens der *Arminiuswerft* ebenso wie das der anderen Werften wurden in die neue Gesellschaft eingebracht. Die Firma *Arminiuswerft GmbH* war „offiziell" erloschen.

Der neue Zusammenschluss bestand aus den Werften:

- ***Arminiuswerft GmbH* in Bodenwerder mit dem Zweigbetrieb in Hannover**
- *C. Cassens Schiffswerft und Maschinenfabrik GmbH* in Emden
- *Schiffswerft Gustavsburg GmbH* in Gustavsburg
- *Neckarwerft Schiffs- und Maschinenbau GmbH* in Neckarsulm
- *Weserwerft Schiffs- und Maschinenbau GmbH* in Minden

Zur Führung der neuen *Werftunion* und damit die „erste Adresse" wurde der Stammsitz der *Arminiuswerft* in Bodenwerder ausgewählt. Die Hauptgeschäftsführung lag in Händen des in Bodenwerder sehr erfolgreichen Dipl. Ing. *Nils Ahsbahs*. Stellvertreter wurden Ing. *Jon Möller* (*Cassenswerft*) und *Erich Gerling* (*Weserwerft*). Mit einem „Rundbrief" informierte die *Arminiuswerft* ihre Kunden über die neue Situation:

ARMINIUSWERFT GMBH
3452 Bodenwerder/Weser

Sehr geehrte Herren!

Wir geben Ihnen hiermit bekannt, daß mit Wirkung vom 1. Januar 1973 unsere Gesellschaft in die

WERFTUNION GmbH & Co.

aufgegangen ist.

Die Werftunion tritt in alle Rechte und Pflichten ein, die aus bestehenden Vereinbarungen unserer Gesellschaft entstanden sind. Das gesamte Personal wird weiterhin für Sie tätig sein. Unsere neue Anschrift lautet:

Werftunion GmbH & Co.
Arminiuswerft
3452 Bodenwerder/Weser
Postfach 1109

Wir danken für die bisherige vertrauensvolle Zusammenarbeit und hoffen, daß unsere guten Geschäftsbeziehungen zu Ihnen auch im Rahmen der neuen Gesellschaft erhalten bleiben.

ARMINIUSWERFT GMBH

Abb. 127: Kundeninformation zur Neuregelung der Gesellschaft, 1973

Abb. 128: Neubau Nr. 10419 – DETTMER TANK 36 – das letzte Schiff der „Tankerneubauserie" mit den Hauptabmessungen für die „Berlin-Fahrt" kurz vor der Ablieferung, 1974

Der Name *Arminiuswerft* als Führungsbetrieb blieb somit weiterhin erhalten. Dieses könnte in vielfacher Hinsicht richtungsweisend gedeutet werden (!) Ziel der neuen Firmierung sollte die Straffung der Betriebsorganisationen, Synergieeffekte beim Materialeinkauf und eine bessere Vermarktung werden. Letzteres gelangte ab der Mitte der 1970er Jahre zur immer größeren Bedeutung. Es zeichnete sich bereits eine enger werdende Marktlage sowohl im Neubau- als auch im Umbaubereich ab. Zusammen mit der *Weserwerft* in Minden hatte die Werft in Bodenwerder nun auch neue Möglichkeiten gegenüber ihrem weserbedingten Standortnachteil in der Hand.

Diese neue Konstellation war nur der Anfang weitgehender Konzernveränderungen. Bereits nach drei Jahren – am 1. Oktober 1976 – schlossen sich die *WTAG* aus Dortmund und die *RHENUS AG* aus Mannheim unter dem neuen Namen **RHENUS – WTAG** zusammen. Sitz der Hauptverwaltung blieb Dortmund. Darin einbezogen wurde auch die aus der *Fendel-Stinnes Schiffahrt AG* hervorgegangene *Stinnes Reederei AG & Co* aus Duisburg. Die Bündelung der Aktivitäten der drei Gesellschaften brachte ein „... *Kräftepotential mit ...einer großen Zahl von eigenen Transportmitteln im Straßengüterverkehr und in der Binnenschiffahrt ...sowie ein weltweites Organisationsnetz ...* ".[88] Die *Werftunion GmbH & Co* hatte jetzt erneut eine neue Dachorganisation erhalten.

Eine schwierige Übergangszeit

Die großartige Entwicklung der Tankschifffahrt auf dem Rhein hatte der *Arminiuswerft* über fast 6 Jahre eine Vollbeschäftigung gebracht, die auch zu weitreichenden Veränderungen im Werftablauf geführt haben. Einen wichtigen Impuls brachte insbesondere der Aufbau der Tankschiffsflotte der Bremer *Dettmer-Gruppe*. Diese hatte zu der Zeit angefangen, mit einem „ ...*Neubauprogramm in behutsamer Expansion eine der größten europäischen Binnenschiffsflotte ... in privater Hand...* " aufzubauen.[91] Die *Arminius-*

Abb. 129: Neubau 10417 – Küstenmotorschiff HERM KIEPE – im Bau in Bodenwerder

werft in Bodenwerder war daran durch den Neubau mehrerer Schiffe mit einem großen Anteil beteiligt. Infolge der weltweiten Ölkrise 1973 brach leider der Neubaumarkt für Tankschiffe abrupt zusammen. Die drei letzten Tankschiffsneubauten konnte die Werft noch in 1974 abliefern. Dieses waren die Neubauten HANSA 5 sowie DETTMER TANK 38 und 36.

Es begann für mehrere Jahre eine unruhige Zeit. Die Werft musste auf dem Markt nach Alternativen suchen. Diese fanden sich einerseits in behördlichen Ausschreibungen und anderseits in kleineren privaten Aufträgen über den Neubau von Spezialfahrzeugen. Außerdem orderte die *WTAG* drei Schubleichter zur Verbesserung der Rentabilität ihrer Flotte durch „Koppelverbände"; möglicherweise aber auch als ein „Hilfsprogramm" für die Werft in schwieriger Zeit.

An zwei Beispielen wird die Notlage der Werft besonders deutlich. In Zusammenarbeit mit der *Cassenswerft*, welche ebenfalls zur *Werftunion* gehörte, wurden in Bodenwerder drei 499 BRT großen Küstenmotorschiffe mit hohen Verlusten gebaut. Gemeinsam mit dem kleinen Passagierboot RATSDELFT waren sie die einzigen in 1975 abgelieferten Neubauten. Wegen der niedrigen Brückendurchfahrten auf der Weserstrecke entstanden diese Schiffe nur als Kasko ohne höhere Aufbauten. Die Fertigstellung erfolgte danach

Abb. 130: Neubau Nr. 10440 – HOLZMINDEN – im Rohbau auf Helling II. Ansonsten ist die gesamte Slipanlage ungenutzt.

mit eigener Neubaunummer in Emden. Trotzdem belegten die Schiffskörper mit ihrem gewaltigen, bis dahin unbekannten, Aussehen große Teile der Hellinganlage in Bodenwerder. Sie standen in krassem Gegensatz zu den gewohnten flachen Binnenschiffsneubauten.

Zu einem weiteren Problemfall entwickelte sich 1971 der Neubau von drei Tankmotorschiffen mit drei zugehörigen Schubleichtern für eine Hamburger Tankschiffsreederei in einer Zeit, in der Tankschifffahrt nur mit „Dumpingpreisen" betrieben werden konnte. Der entstandene kaum kompensierbare Verlust der Werft belief sich in diesem Geschäft auf ca. 3 Mio. DM. Der Geschäftsführer der Werft, *Nils Ahsbahs*, und auch *Dr. Brennberger* als Beiratsvorsitzender der *Werftunion* resümierten: *„... die [...] war wohl doch ein sehr schlimmer Kunde...die Arminiuswerft hat diese Jahre von 1975 bis 1978 aber überstanden...“* [93]

In diesem Zeitraum war die gesamte deutsche Binnenschifffahrt in große Bedrängnis geraten. Der *Bundesverband der deutschen Binnenschiffahrt e.V.*

notierte in seinem Geschäftsbericht 1975/76 zur allgemeinen wirtschaftlichen Situation: „*...1975 war ein Schicksalsjahr der Binnenschiffahrt...daß die geschäftlichen Ergebnisse der Unternehmen nicht nur schlechthin unbefriedigend waren, sondern das ganze Gewerbe in eine tiefe Existenzkrise geraten ist...*" Es war eine Krise entstanden aus Konjunkturabschwächung und Strukturproblemen. Infolge dessen ging der Güterverkehr auf den Wasserstraßen beachtlich zurück. Diese Situation beeinflusste die Tätigkeiten auf der Werft in hohem Maße. Wie der *Verband der Deutschen Schiffbauindustrie e.V.* in seinem Jahresbericht für 1977 mitteilte ging die gesamte Neubauproduktion an Binnenschiffen aller Typen im Erlös auf fast 70% zurück. [94] Gleichzeitig wurden bis Ende 1979 zur „Bereinigung des Marktes" nahezu 4.300 Binnenschiffe verschrottet. Trotzdem bestand weiterhin eine Überkapazität.

Von dieser negativen Entwicklung war die *Arminiuswerft* als Spezialwerft für den Binnenschiffbau explizit betroffen. Für das Jahr 1978 ist kein einziger Auftrag eines Binnengüterschiffes verzeichnet. Trotzdem konnte die Werft mit vier Neubauten spezieller Art eine noch ausreichende Beschäftigung sicher stellen. Neben zwei Baggerschuten für den Hamburger Hafen und einem kleinem Schubboot für die Wasserstraßendirektion in Mainz baute sie in nur sechs Monaten eine hochinteressante Neuheit – das Personenmotorschiff HOLZMINDEN – für die Flotte der *Oberweserdampfschiffahrt GmbH* in Hameln. Zusammen mit der Versuchsanstalt für Binnenschiffbau in Duisburg konstruierte sie ein völlig anders aussehendes Schiff. „*...es ähnelt mehr einem Schubleichter als dem gewohnten Bild eines schnittigen Fahrgastschiffes...*" meldete die örtliche Presse. Durch die pontonartige Form war es gelungen, einen erstaunlich kleinen Tiefgang von nur 0,60 m zu erreichen! Damit passte das 400 Personen fassende Schiff sich gut den schlechten Wasserverhältnissen der Oberweser an. Der Neubau wurde am 17. Juni 1978 durch die Gattin des Niedersächsischen Ministers für Wirtschaft und Verkehr auf den Namen HOLZMINDEN getauft. Das Land Niedersachsen hatte durch größtmögliche Unterstützung damit die touristische Bedeutung für das Weserbergland besonders gefördert.[95] Die guten Fahrtergebnisse mit diesem Neubau führten zwei Jahre später zum Nachbau eines weiteren Schiffes – HÖXTER – für die Oberweser.

Gegen Ende des Jahrzehnts erholte sich die Auftragslage in Bodenwerder entscheidend – wohl auch ein Ergebnis der bisher gelieferten qualitativ hochwertigen Binnenschiffe ebenso wie ein stets gepflegtes gutes Verhältnis zu den Stammkunden! War es 1979 zunächst ein Großauftrag über den Neubau von zwölf *BACO-Leichtern*[96], so entstanden parallel auch erste Gütermotorschiffe für den Massenguttransport auf dem Rhein. Hiermit begegneten die Rheinreedereien einer sich seit mehreren Jahren abzeichnenden wichtigen Veränderung im Bereich der zu transportierenden Güter. Der Stückgutverkehr war inzwischen fast vollkommen auf andere Verkehrsträger wie Bahn und Lastkraftwagen übergegangen. Die Binnenschifffahrt wurde immer mehr zum Haupttransportmittel für Massengüter. Hierzu zählten in erster Linie Kohle und Erz in großen Mengen.

Diese strukturelle Veränderung beim Ladegut erforderte gleichzeitig eine Anpassung des dafür geeigneten Schiffstyps. Die herkömmlichen Frachtschiffe des Typs „Gustav Koenigs" mit den vielen durch Querschotte unterteilten Laderäumen waren ungeeignet. Gefragt waren jetzt größere „Einraumschiffe", die in ihren Hauptabmessungen mindestens dem Typ „Johann Welker" entsprachen. Es entstand ein Schiffstyp, welcher in Folge als „Europaschiff" bezeichnet wird. Gefordert wurde ein langer durchgehender Laderaum ohne irgendwelche Einbauten, der den Einsatz von mobilen Geräten wie Frontlader, Minicats oder gar Förderbändern erlaubte. Ein Trimmen der Restladungsmengen „per Hand" musste entfallen. Hierdurch sollte der Lösch- und Ladevorgang weitgehend verkürzt, d.h. rationalisiert, werden. Die Wirtschaftlichkeit des auf einer festen Route einzusetzenden Schiffes mit kurzen Umlaufzeiten war ausschlaggebend. Auch erste Transporte der neuartigen Container waren bereits angedacht.

Hintere Wohnung.

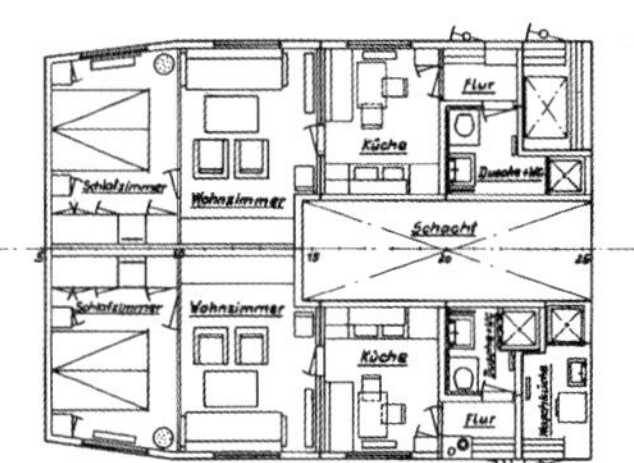

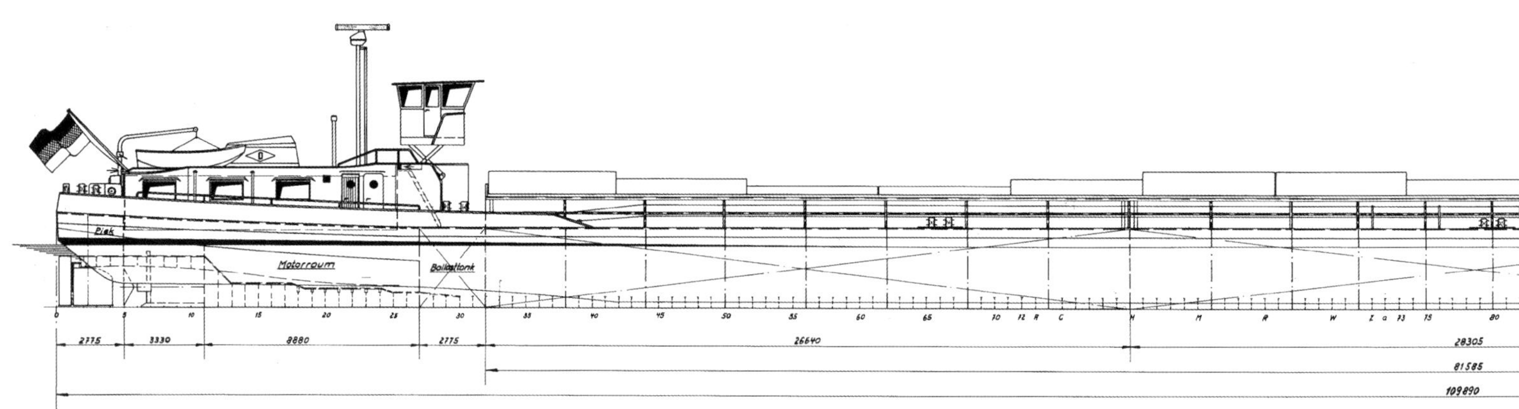

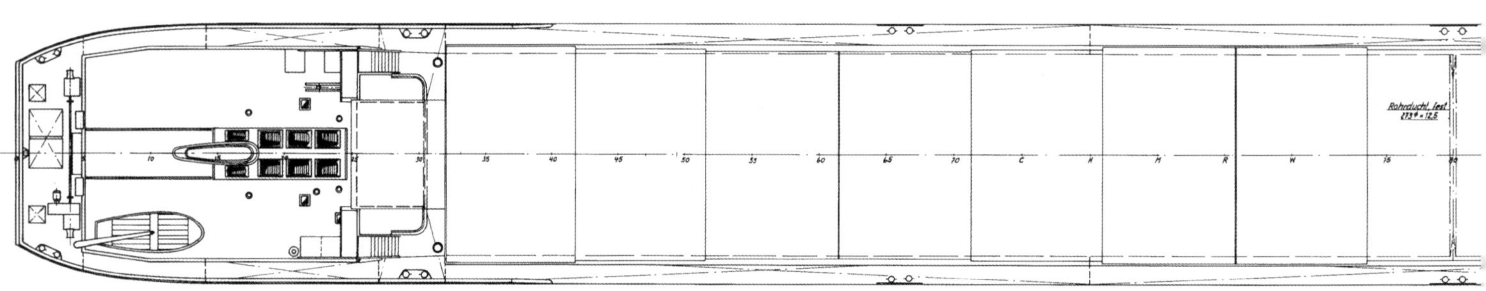

Motorenraum

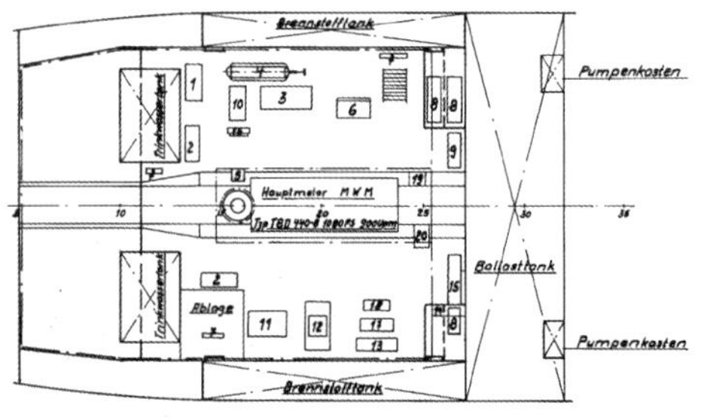

1	Pumpenmeister P10 150 ltr.
2	Schrank
3	Stromaggregat 38,5 KVA 220/380 V
4	Luftflaschen 1×125 ltr. 1×250 ltr.
5	Kompressor
6	Werkbank
7	Heizkörper
8	Kastenkühler 1×U825 ER30 2×U825 FR60
9	Schalttafel
10	Hydraulik-Aggregat
11	Batterien
12	Heizkessel
13	Ballastpumpe
14	Heizungstagestank
15	Schmierölvorratstank
16	Schallkasten
17	Feuerlöschpumpe
18	Kompressor
19	Lenzpumpe
20	Stevenrohr-Schmierpumpe

Neubau Nr. 10461 / Baujahr 1979
Einraum-Motorgüterschiff

ENNY DETTMER

Reederei B. Dettmer & Co., Bremen

Hauptabmessungen:

Länge über Alles:	**110,00 m**
Breite über Alles:	**10,50 m**
Seitenhöhe:	**3,20 m**
Tragfähigkeit:	**2600 t**

Antriebsmotor: MWM Typ TRD440-8
1080 PS bei 900 Upm
Wende- / Untersetzungsgetriebe

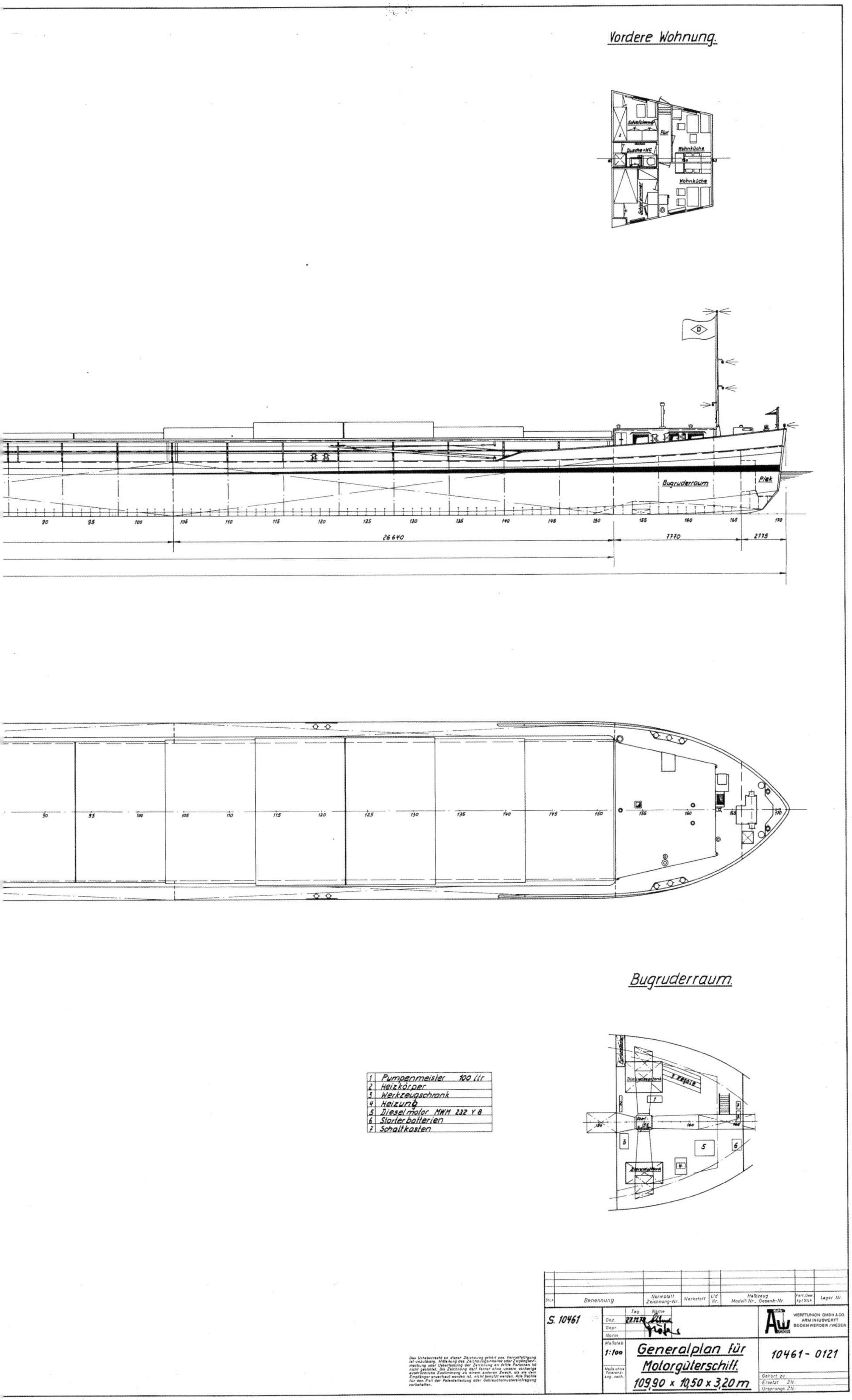

Vordere Wohnung.

Bugruderraum

Piek

26 640

7770

2775

Bugruderraum.

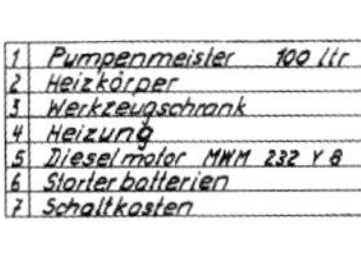

1	Pumpenmeister 100 ltr
2	Heizkörper
3	Werkzeugschrank
4	Heizung
5	Dieselmotor MWM 232 V 8
6	Starterbatterien
7	Schaltkasten

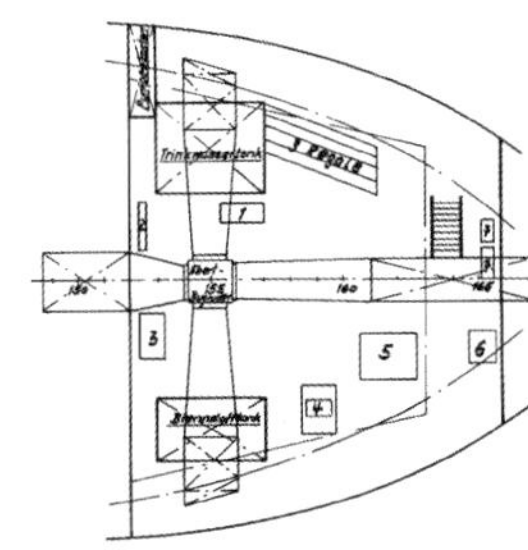

S. 10461

Maßstab 1:100

Generalplan für Motorgüterschiff.
109,90 x 10,50 x 3,20 m

WERFTUNION GMBH & CO.
ARMINIUSWERFT
BODENWERDER / WESER

10461 - 0121

Abb. 131: Generalplan des neuen Schiffstyps mit großem Laderaum

Abb. 132: Neubau Nr. 10482 – MÜNSTER – ein Großmotorgüterschiff der Reederei B. Dettmer+Co, Bremen, für den Massenguttansport auf dem Rhein

Den Schiffbaukonstrukteuren der Werften und auch dem „Germanischen Lloyd" in Hamburg entstand eine neue Aufgabe zur Entwicklung derartiger Konstruktionen, welche die Festigkeit des Schiffes nicht nur während der Fahrt sondern auch bei den unterschiedlichsten Lade- und Löschvorgängen garantierten.[97]

Die *Arminiuswerft* in Bodenwerder hatte auf diesem Gebiet bereits 1968 erste Erfahrungen gesammelt. Damals baute sie unter der Bau-Nr. 361 für die *WTAG* das Motorgüterschiff PLOCHINGEN als „Einraumschiff" mit einem 56 m langen Laderaum ohne Querschotte speziell für den Transport von Schüttgütern. Auch der Transport von 44 Stück 20 Fuß-Container war bei den Raumabmessungen optimal möglich. Wesentliche Merkmale waren ein glatter stählerner Laderaumboden auf Bodenwrangen und die seitlichen in ca. 1 m Abstand von der Bordwand verlaufenden zusätzlichen Längswände. Verstärkte Lukensülle und das Deck bildeten den oberen Gurt der Längsfestigkeit. In den neu entstandenen Seitentanks (Wallgänge) konnte bei Bedarf Ballastwasser gepumpt werden. Das neue Schiff war damals mit der Taufe durch die Gattin des Bürgermeisters der Mittelpunkt der Eröffnungsfeierlichkeiten des neu gebauten Neckarhafens Plochingen.[98] Noch ein weiteres Schiff gleichen Typs – KARLSRUHE – mit der Bau-Nr. 406 ließ die *WTAG* 1973 in Bodenwerder erbauen. Es war gleichzeitig der letzte Neubau auf der „hauseigenen" Werft.

Trotz aller Schwierigkeiten sah die Situation auf der *Arminiuswerft* in Bodenwerder recht gut aus. Der langjährige Neubau von Tankschiffen war zwar 1974 ausgelaufen, aber nun zahlte sich für die Werft die wohl sehr gute Zusammenarbeit mit der *Dettmer-Gruppe* in Bremen aus. Diese hatte zwischenzeitlich den Transportauftrag zur Versorgung der neu erbauten Kraftwerke am Neckar mit Kohle erhalten. Reederei und Werft entwickelten dafür einen speziellen Schiffstyp als „Einraumschiff" mit den ungewöhnlichen Abmessungen von 105 m Länge und 10,50 m Breite bei einer Seitenhöhe von 3,20 m. Somit war ein sehr großer Laderaum mit

Abb. 133: Neubau Nr. 10504 –SCHWELGERN – Baujahr 1988, Länge 95m, Breite 10,50m, Seitenhöhe 3,20m, Tragfähigkeit 2150t der Reederei Haeger & Schmidt, Duisburg

Abb. 134: Neubau Nr. 10506 – ESSLINGEN – Baujahr 1988, Länge 105m, Breite 10,50m, Seitenhöhe 3,20m, Tragfähigkeit 2470t mit geschlossenem Schiebelukendeck

einer Länge von ca. 80 m mit einem 15-teiligen Schiebelukendach möglich. Die Tragfähigkeit bei voller Abladung wurde mit 2560 t angegeben (!) Hiermit war der Grundstein gelegt für die zukünftige Entwicklung. Als Prototyp kann der im November 1974 abgelieferte Neubau Nr. 10414 – LEOPARD – angesehen werden. Es war das größte bis dahin in Bodenwerder gebaute Binnenschiff. Wegen seiner Abmessungen musste die Überführung zum Rhein auf ungewöhnlichem Wege über die Nordsee erfolgen. Mit diesem Schiff begann für die *Dettmer-Gruppe* eine neue Ära im Massenguttransport.[99] Sie bestellte bis 1987 noch 18 weitere Schiffe dieses Typs, darunter zwei auf die Gründerfamilie bezogene Neubauten HEINRICH DETTMER und ENNY DETTMER. Der Massenguttransport von jährlich 5 Mio. t mit „Einraumschiffen" wurde zur Spezialität auf dem Rhein. Die verstärkte Nachfrage nach Kohle ließ besondere Impulse für die Binnenschifffahrt erwarten. Daher konnte die *Arminiuswerft* mit dem Eingang weiterer Neubauaufträge für bekannte Reedereien wie *RAAB KARCHER-Reederei*, *NEPTUN AG*, *SCHWABEN-Reederei*, *HAEGER & SCHMIDT*, ihre Grundauslastung absichern. Neben dem Neubauprogramm großer Einraumfrachtschiffe baute die Werft noch drei große 110 m lange Tankschiffe für den Rhein sowie den speziellen Gastanker VTG-GAS 82.

Diese „beruhigende" Auftragslage endete jedoch leider 1989 abrupt mit dem Neubau Nr. 10511 – HANNA KRIEGER. Die Nachfrage nach Schiffsneubauten für die Binnenschifffahrt auf deutschen Schiffswerften ging vollständig zurück. Bereits Anfang der 1980er Jahre war zu beobachten, dass im Hinblick auf zukünftige Kohletransporte Reeder im osteuropäischen Ausland zu sehr günstigen Preiskonditionen Neubauten orderten. Als dann gegen Ende des Jahrzehnts niederländische Importeure massenweise Schiffskaskos in China erbauen ließen, um diese auf Werften in Holland zu komplettieren, kam für viele bundesdeutsche Schiffswerften das Ende. Die Neubauten aus den Niederlanden kamen äußerst preisgünstig auf den Rheinschiffsmarkt.[100] Es folgte eine Verlagerung der Tätigkeiten zu den niederländischen Werften und infolge auch zu neu entstandenen, teilweise auch kleineren, Schifffahrtsunternehmen in den Niederlanden. Deren Schiffe dominierten allmählich im Rheinstromgebiet.

Eigentumsverhältnisse im Wandel

Die am 1.1.1973 erfolgte Gründung der *Werftunion GmbH & Co* sollte als einheitlich organisierte Dachgesellschaft der fünf Werftstandorte fungieren. Als besonderes Problem stellten sich jedoch die sehr unterschiedlichen Aktivitäten der einzelnen Mitgliedswerften heraus. Während die *Cassenswerft* in Emden vorrangig dem Bau von seegehenden Schiffen zuzuordnen war, hatten die vier anderen beteiligten Werften mit dem besonders schwierigen Problem der Binnenschifffahrt zu kämpfen. Dieses brachte zwei der Partner in größere wirtschaftliche Schwierigkeiten. Die *Neckarwerft* schränkte schon bald ihren Betrieb ein, in Gustavsburg entstanden nur drei neue Binnenschiffe. Wesentlich günstiger war die Situation in Bodenwerder. Die *Arminiuswerft* hatte nicht nur ein gutes Finanzpolster in die neue Gruppierung eingebracht, sondern verfügte auch über ein erstaunlich hohes Auftragsvolumen. Ähnlich günstig war die Situation bei der *Weserwerft* in Minden, die ebenfalls ein reichhaltiges Auftragsvolumen für den Exportschiffbau abzuwickeln hatte.[101]

Gegen Ende der 1970er Jahre veränderte sich die wirtschaftliche Situation bei den Zweigniederlassungen nicht in dem vorgesehenen Maße. Daher war eine Neuordnung dringend geboten. Die fünf Werften wurden 1980 wieder in selbstständige Gesellschaften umgewandelt.[102] Die Schiffswerft in Bodenwerder firmierte nun unter dem Namen **Arminiuswerft GmbH, Bodenwerder**. Zuvor hatte 1979 die *RHENUS AG*, Dortmund, die *Arminiuswerft GmbH,* Dortmund mit einer Einlage von 20.000 DM gegründet. Nach einer weitreichenden Erhöhung des Stammkapitals

ARMINIUSWERFT

Spezielle Neubauwerft
für
Binnenschiffe und Spezialschiffe

Energiesparende, in die Zukunft weisende Konzeptionen

Arminiuswerft GmbH, D 3452 Bodenwerder

Postfach 1109 · Telefon (0 55 33) 20 41 · Telex 09 65 380

Abb. 135: Annonce der Arminiuswerft GmbH, Bodenwerder 1982

auf 1,2 Mio. DM floss das Vermögen in die neue Gesellschaft in Bodenwerder. Zu Geschäftsführern wurden die Herren *Niels Ahsbahs*, der bereits seit 1960 die Geschicke in Bodenwerder leitete, und neu *Rudolf Gottschalk* bestellt.

Über ein etwas kompliziertes Verbindungsnetz der Gesellschafter blieb die Werft weiterhin indirekt ein *VEBA*-Unternehmen mit dem juristischen Sitz in Dortmund. Aufgrund ihrer modernen Betriebsausstattung und langjähriger Erfahrung gehörte sie zu den führenden Binnenschiffswerften in der Bundesrepublik Deutschland. In den ersten drei Jahren wurden nach einer Auflistung der Werft insgesamt 15 Schiffsneubauten verschiedener Typen mit einem Umsatzvolumen von 35 Mio. DM abgeliefert. Herausragend waren neue schiebende Motorgüterschiffe mit Tragfähigkeiten von 3.000 t unter anderem für die *RAAB KARCHER Reederei*. Mit ihrer besonderen Bauart im Vorschiff galten sie als Voraussetzung für die sich auf dem Rhein ständig weiter entwickelnden „Koppelverbände".[103] Sie wurden zur Alternative für die großen Schubeinheiten, welche fast ausschließlich im Kohle/Erz-Verkehr zwischen den Industriezentren und Rotterdam zum Einsatz kamen.

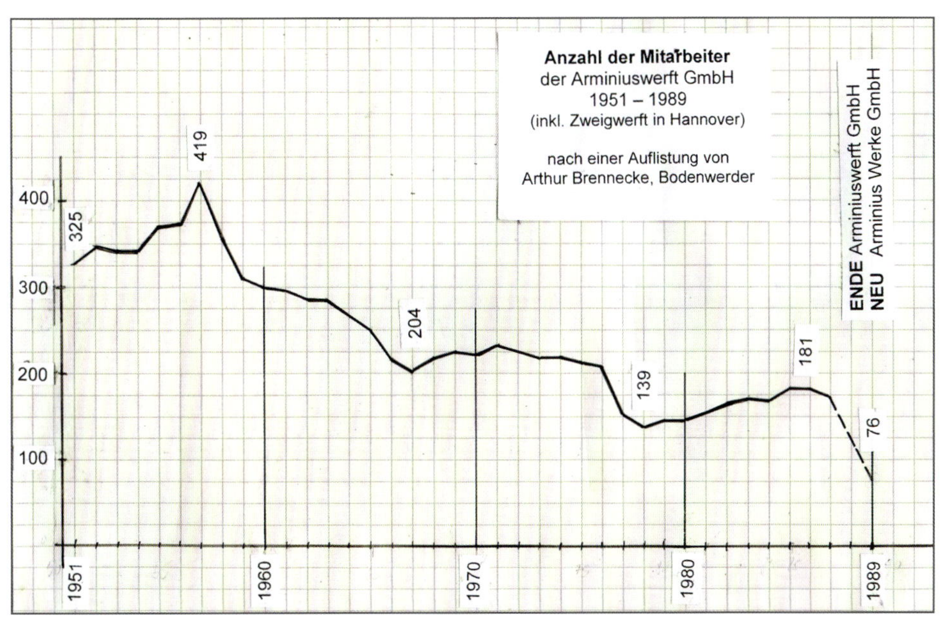

Abb.136: Entwicklung der Mitarbeiter 1951 bis 1989

Abb. 137: Werft-typische Arbeit auf dem Schnürboden

Versuchsweise plante die *Stinnes Reederei AG* in Duisburg einen Anschlussverkehr für die Schubschifffahrt auf kleineren Nebenflüssen des Rheins und auf weiteren angrenzenden Kanalstrecken. Dazu beauftragte sie die *Arminiuswerft* zur Entwicklung eines speziellen wegen der Brückendurchfahrten niedrigen aber leistungsstarken Schubbootes. Dieses lieferte die Werft 1983 unter der BauNr. 10476 als STINNES-SCHUB I ab.[104] Obwohl sich der Kanalverkehr nicht in großem Umfang verwirklichen ließ wurde das Schubboot erfolgreich auf dem Rhein, speziell für den zunehmenden Containertransport, verwendet.

Somit konnte auch kurzfristig erneut in die Werftanlagen investiert werden. 1981 wurde neben der vorhandenen Schiffbauhalle eine weitere „Profilbearbeitungshalle" für rund 350.000 DM errichtet. Hierdurch verbesserte sich der Materialfluss vom Lager zum Sektionsschiffbau erheblich.

Die Auftragslage konnte zunächst als gut bezeichnet werden. Aber bereits 1984/85 gab es kräftige Einbrüche, die sich jedoch zunächst wieder leicht erholten. Auf der Werft waren mehr als 150 Mitarbeiter in unterschiedlichen Bereichen mit entsprechendem Facharbeiterabschluss beschäftigt. Für die Ausbildung zukünftiger Fachkräfte auf der Werft wurde 1983 eine neue Lehrwerkstatt eingerichtet.

Das vorläufige „Aus" in Bodenwerder

Die *Arminiuswerft* in Bodenwerder hatte zwar noch einige Neubauaufträge fertig zu stellen, verlor aber unter den sich neu einstellenden Marktbedingungen zusehends bei der Vergabe von Neubauaufträgen. Gleichzeitig war der Binnenschifffahrtsmarkt übersättigt, da das Transportvolumen stagnierte: *„Immer mehr große Schiffe transportierten die nahezu gleiche Menge an Gütern"*. Die erforderlichen großen Schiffe aber waren längst vorhanden und es bedurfte keiner umfangreichen Neubauten. Die weitere Entwicklung musste 1986 und 1987 in allen Bereichen negativ bewertet werden. Die Zukunft der Werft stand in Frage.

Unter dieser für die Werft schlechten Prognose begann der Gesellschafter der *Arminiuswerft*, die *RHENUS AG* als 100 prozentige Tochtergesellschaft der *VEBA* über die Existenzberechtigung der Werft nachzudenken, denn aus rein kaufmännischen Gründen müsste der Neubau von Binnenschiffen eingestellt werden.[105] Ein schnelles Handeln auf der Suche nach alternativen Fertigungsprodukten durch internationale Akquisition war nötig. Da diese Aufgabe nicht allein durch die bisherige Geschäftsführung in Bodenwerder

Donnerstag, den 28. April 1988 **Bodenwerder**

Die Verhandlungen laufen auf Hochtouren“

...ncen für das neue Arminius-Konzept werden von Landespolitikern unterschiedlich beurteilt

BODENWERDER. Der ...luß der Veba AG, die ...ius-Werft in Bodenwer... ...zugeben, steht – wie ... berichtet – endgültig ...e einzige Überlebens... für die Werft ist die ...ng einer neuen Gesell... die aber ohne finan... ...nterstützung des Lan... ...ersachsen nicht mög... ...eint. Die Dewezet ...ch, welche Chancen ...ese Region zuständi... ...despolitiker und Bo... ...rs Stadtdirektor für Arminius-Geschäfts... ...olfram Fritze ent... Konzept sehen.

...gabe der Werft durch ...at sich ja bereits seit ...n abgez...

...digen Verhandlungen mit Herrn von Bennigsen-Foerder, dem Vorstandsvorsitzenden der Veba, steht. Dabei wird über die Höhe der Beträge verhandelt, die die Konzernleitung und das Land zu geben bereit sind, um die finanzielle Deckung und damit das Fortbestehen des Unternehmens in Bodenwerder ... chern“, meint der ...

...tagsabgeordnete Willi Waike (SPD). Er weist darauf hin, daß die Gespräche in Hannover auf Hochtouren laufen. Grundlage dabei sei das von der jetzigen Geschäftsführung entwickelte Konzept für eine Um... rung von ...

...strengungen gemacht, um in Bodenwerder zu helfen“, versi... cherte sie. „Dazu ist ... eine stattliche ... seiten ...

Fuß hat ...

Resolution an Ministerpräsident Albrecht

Arminius-Werft steht im Regen

Läßt die niedersächsische Landesregierung die 160 Schiffbauer der Arminius-Werft und damit die ... im Regen ...

läßt auf sich warten.

Am 26. Mai hat die Werft die ersten Kündigungsanträge für alle Schwerbehinderten gegen die Zu... des Betriebsrates rausge...

der Werft im strukturschwache... Weserbergland trennen will. Zw... will sich Stinnes finanziell am U... strukturierungs-Konzept beteilige... doch etwa ein Viertel der Sumr... ...4,6 Millionen Mark, fehlen ... ...d Niedersach...

...eterversamm... ...meln am 1. ...egierten in ... Ministerpräs... ...ich einzusch... ... zu beschleu... ...desregierun... ... sagt Peter K... ...evollmächti... ... wird die Ar... ...denwerder ... ...schnellen.“

Mittwoch, den 27. April 1988 **Bodenwerder**

...eba trennt sich von der Arminius-Werft

...zept für neue Gesellschaft ohne Zuschüsse des Landes nicht realisierbar / Entlassungen eingeplant

BODENWERDER. Die ...G wird noch in diesem ...ie Arminius-Werft in ...werder aufgeben. Als ...er Termin ist der 31. ...ber vorgesehen. Das ist ...gebnis einer Aufsichts... ...zung der Stinnes AG – ... hundertprozentigen ...er Veba – die Ende ... Mülheim

deutlich, daß diese Entscheidung nicht unbedingt das endgültige Aus für die Werft in Bodenwerder bedeuten müsse. Sowohl dem Konzern, als auch dem niedersächsischen Wirtschaftsministerium liege mittlerweile ein detailliertes Konzept für ein mögliches Fortbestehen des Unternehmens vor. „Die Pläne hat der jetzige Arminius-Geschäftsführer Wolf... ...ntwickelt. Sie sehen ... ...on Ge...

signalisiert, daß sie die Werft im Falle der Aufrechterhaltung der Produktion mit nicht unerheblichen finanziellen Mitteln unterstützen werde. Diese aber würden für die finanzielle Deckung des Unternehmens nicht ausreichen ...

1. Dezember weitergeht. Das bestätigte gestern auch der Geschäftsführer der Werft, Wolfram Fritze. Hubert Windheuser wies zudem darauf hin, daß der Arminius-Geschäftsf...

und Willi Waike sowie weitere Vertreter aus Politik und Verwaltung geschickt.

Selbst wenn das ...

Bodenwerder: Arminiuswerft muß schnell geholfen werden

...seit drei Monaten im Wirtschaftsministeriu...

Wenn der ...erft ...

Landtagsabgeordneten des W... kreises, Wili Waike (SPD) ... Karola Knoblich (CDU), im ... ...spräch mit Wirtschaft... Hirche auf di... ...dräng...

Freitag, den 6. Mai 1988 **Bodenwerder**

...ächste Woche fällt die Entscheidung

...tschaftsminister Hirche empfing Vertreter der Arminiuswerft zu einem Gespräch

...NWERDER/HANNO... ...rwartungsvolle Span... ...rschte, als Vertreter ...ebsrat und Geschäfts... ...der Arminiuswerft in ...der am Mittwoch ... im Landtagsge... Hannover eintrafen. ...urden sie von Wirt... ...ster Hirche, gespro... ...n sollte über die Zu... ...miniuswerft.

... hatte die Unterre... Heinrich Sander, ... des Kreistages in ... aus Golmbach. ...ndtagsabgeordne... ...ike und Karola ...eiteten die Besu... ...nwerder auf ih... Walter Hirche. ...eter der Presse ...sönlichen Refe... ...sters ausdrück... ...haltung einge... ...er zeigte sich ... überrascht – ...ierte sie aus ...er hi...

Gedämpft optimistisch zeigten sich die Teilnehmer der Gesprächsrunde nach dem Treffen mit Wirtschaftsminister Walter Hirche.

der Betriebsrat der Werft Gelegenheit bekam, seine Sorgen und Nöte ausführlich darzustellen. Arminius-Geschäftsführer Wolfram Fritze ko... frage...

und Antworten erwartet hatte, der wurde enttäuscht. Dennoch zeigten sich alle ...

die Werft in B...

auch im Schiffbaubereich noch leistungsfähiger machen. Kritische Fragen habe es vor allem zu dem dafür von der Geschäftsführung vorgelegten Konzept gegeben. Bedenken in dieser Hinsicht hätten jedoch ausgeräumt werden können.

„Wenn alle Bedingungen erfüllt werden, ließe sich das Konzept realisieren“, meinte der Minister. Im selben Atemzug machte er aber auch deutlich, daß die Frage der Finanzierung nicht endgültig geklärt ist. Die Landesregierung stehe in direktem Kontakt mit der Rhenus AG, und das Land Niedersachsen wolle auf jeden Fall einen Beitrag für den Erhalt der A... beitsplätze ...

...am ...ur ...nic... ...g d... ...ug ...wer... ...nste ...ßter

...eitur... ...nur d... ...len u... ...itione... ...ie zur ... gewähr... ...nte es z...

zu bewältigen war, schafften die Gesellschafter eine zusätzliche Planstelle explizit für diese Aufgabe. Sie wurde im Juli 1987 mit *Wolfram Fritze* neu besetzt. Der Ernst der Lage forderte Geschäftsführung und Betriebsrat gemeinsam zur schnellstmöglichen Entwicklung eines „Alternativ-Konzeptes" heraus. Hierzu zählten der Bau von kleineren Seeschiffen und der Einstieg in den Stahlbau. Beide Versionen zeigten jedoch für den Standort Bodenwerder zum großen Teil Probleme auf. Waren es bei den Seeschiffen – auch KÜMO genannt – die schlechten Wasserverhältnisse der Oberweser bis Minden sowie die niedrigen Brückendurchfahrten, so war es beim Stahlbau die anders geartete Fertigungsmethode der Stahlbaufirmen gegenüber einer Werft, welche einen zeitaufwändigen Fertigungsablauf mit sich brachte. Auch der oft zitierte Bau von Spezialschiffen hatte seine Probleme – und der Markt war ebenfalls hart umkämpft.

In dieser schwierigen Situation versuchten Geschäftsführung und Betriebsrat gemeinsam, beim niedersächsischen Wirtschaftsministerium und bei der Bundesregierung Hilfe zu erhalten. Der Erfolg jedoch blieb aus. Es gab zwar „Werfthilfeprogramme" speziell für Seeschiffe, jedoch entsprechend EG-Richtlinien keine Beihilfen im Binnenschiffbau.

Gleichzeitig wurde aus Dortmund bekannt, dass den höchsten Entscheidungsgremien der Gesellschafter empfohlen wurde, den Werftstandort Bodenwerder zum 30. Juni 1988 zu schließen. Dieser Zeitraum jedoch war wesentlich zu kurz, um durch neue Konzepte die Situation zu verbessern. Als erster Schritt wurde 1987 zunächst die Zweigwerft in Hannover still gelegt. Reparaturaufträge hatten sich in den letzten Jahren stark reduziert, sodass die Wirtschaftlichkeit dieser Werft nicht mehr länger gegeben war. Die auf dem Mittellandkanal fahrende Flotte hatte als Start/Ziel Hafenstädte, in denen mehrere Schiffswerften zur Verfügung standen. Die Kanalfahrt durch Hannover war nur noch zu einem Durchgangsverkehr geworden, den es möglichst ohne Verzögerung zu durchfahren galt.

Immerhin konnte zunächst eine endgültige Schließung der Werft in Bodenwerder noch bis zum Ende des Jahres 1988 hinausgeschoben werden.[106] Durch viel Verhandlungsgeschick war es gelungen, die *RHENUS AG* als Haupteigentümer der Werft zur Annahme von zwei großen Tankschiffen für die *RAAB KARCHER Reederei* zu bewegen. Die *Stinnes Reederei AG* hatte vorher bereits noch einen weiteren Tankschiffsneubau in Auftrag gegeben. Ergänzend orderte das Land Niedersachsen als „erste Hilfsmaßnahme" den Neubau der Weserfähre POLLE in Bodenwerder. Sie sollte die alte bereits von der Werft *C. Pape GmbH* in Bodenwerder erbaute Fähre ersetzen. Mit diesen Aufträgen war die *„Beschäftigung bei Arminius bis Ende des Jahres* [1988] *gesichert"* meldete die Deister- und Weserzeitung am 28. Dezember 1987. Somit hatte sich die Geschäftsführung der Werft „etwas Luft" verschafft, um an dem selbstgesteckten Umstrukturierungskonzept, welches zu ca. 40% schiffbaufremde Fertigung vorsah, weiter voran zu kommen.

Die Zukunft der *Arminiuswerft* blieb jedoch ungelöst. In der Landesregierung in Hannover herrschte weiterhin Uneinigkeit zwischen den beiden zuständigen Ministerien der Finanzen und der Wirtschaft zwecks Gewährung von Bürgschaften oder Zuschüsse. Die Ministerien waren darüberhinaus auch noch von unterschiedlicher Parteizugehörigkeit geprägt…! Das Wirtschaftsministerium in Hannover hatte zwar grundsätzliche Bedingungen zur Gewährung einer Bürgschaft formuliert, jedoch sich nicht weiter festgelegt. Eine endgültige Entscheidung kam trotz intensiver Bemühungen von Betriebsrat und Geschäftsführung nicht zustande – die Werft wurde in dieser schwierigen Situation allein gelassen.[107]

Somit wurde die *RHENUS AG* und übergeordnet die *VEBA* „zum Zünglein an der Waage". In einer Aufsichtsratssitzung Anfang April 1988 hatten die Vorstände von *VEBA*, *RHENUS AG* und *Stinnes AG „…übereinstimmend erklärt, daß sie keine Chancen sehen, daß die Arminiuswerft beim Konzern verbleibt…es* [war] *bisher nicht gelungen, Anschlußlösungen zu finden,*

Abb. 138: Tankmotorschiff RAAB KARCHER 233 – das letze auf der Arminiuswerft gebaute Binnenschiff verlässt Bodenwerder Ende Dezember 1988

die eine Weiterführung durch Dritte möglich macht. Eine Schließung der Arminiuswerft muß befürchtet werden… "[108] Eine Einigung zwischen Konzern und Ministerium in Hannover war offensichtlich nicht erreichbar. Alle vorliegenden Aufträge sollten bis zum Jahresende abgewickelt werden. Die Hereinnahme von Aufträgen über den 31.12.1988 hinaus wurde der Werftleitung seitens des Konzerns untersagt. Damit schien das Ende der Werft unumgänglich. Die erforderlichen Kündigungen aller Mitarbeiter erfolgten fristgerecht zum Ende des Jahres 1988. Der Nachhall in der Presse, bei den Bürgern und den Politikern war zwar groß, konnte aber die eingeleitete Entwicklung nicht mehr aufhalten. „*…das ist wie wenn jemand stirbt: alle drücken den Angehörigen ihre Anteilnahme aus, obwohl sie wissen, daß es den Toten nichts mehr bringt…*" so der Betriebsratsvorsitzende der *Arminiuswerft* in einem Situationsbericht in der Deister- und Weserzeitung am 7. Oktober 1988 zu den Aktivitäten der Verantwortlichen aus Politik und Konzern. In dem gleichen Bericht bekundete er aber insbesondere die Bemühungen des Werftgeschäftsführers *Wolfram Fritze* „*…der bis zum Schluß nicht aufgegeben und immer an eine Chance für Arminius geglaubt habe…*"

Mit der Abfahrt des letzten Neubaus, den großen Binnentanker RAAB KARCHER 233, am 3. Dezember 1988 aus Bodenwerder endete (zunächst) die Arbeit auf der speziell für den Binnenschiffbau modern eingerichteten Werft an der Oberweser. Die finanziellen Verluste für die Arbeitnehmer wurden durch einen gemeinsam erarbeiteten Sozialplan (Nachteilsausgleich) abgemildert.

Der Neustart

Mit der Schließung der Werft zum Jahresende 1988 hatte sich zwar der Großkonzern mit seiner Entscheidung durchgesetzt – aber in Bodenwerder wurde die Hoffnung auf ein Weiterbestehen noch nicht aufgegeben. Selbst der berühmte *Freiherr von Münchhausen*, wonach dieser *„…sich am eigenen Schopf aus dem Schlamm zog…“* wurde in einem Artikel der Frankfurter Rundschau bemüht. Dieses führte sodann auch „Schritt für Schritt“ auf einen neuen Weg. Bereits einen Tag vor Heiligabend verkündete der Geschäftsführer der Werft, *Wolfram Fritze*, dass auf dem Gelände der *Arminiuswerft* weiter produziert werden wird.[109] Er hatte ein Konzept entwickelt, welches sich zwar noch in der Verhandlungsphase befand aber gute Aussichten auf Erfolg versprach.

Zähe Verhandlungen mit den Altgesellschaftern, der zum *VEBA*-Konzern gehörenden *RHENUS-WTAG*, führten am Ende zu einem guten Ergebnis. So verkündete die Deister- und Weserzeitung in einem groß angelegten Artikel, dass am 11. Januar 1989 ein Übernahmevertrag unterzeichnet worden sei und die Arbeit auf der Werft im Mai wieder beginnen solle.

Die von *Wolfram Fritze* entwickelte Umstrukturierung der Bautätigkeiten der Werft hatte überzeugt. Durch einen hohen finanziellen Einsatz zum Kauf der Werft seinerseits zusammen mit einem weitaus geringeren Anteil eines zweiten Gesellschafters, der *HANSA Projekt GmbH, Hamburg*[110] war der Neustart gesichert. Alle Altlasten waren durch den neuen Kaufvertrag erloschen. Die Hauptaktivitäten des neuen Unternehmens sollten sich schwerpunktmäßig auf drei Bereiche stützen:

- Schwerkomponenten und Anlagenbau
- Technische Dienstleistungen
- Entwicklung und Bau von Spezialschiffen

Die Aufteilung in drei Bereiche fand seinen Niederschlag in der Änderung des Namens. Die ehemalige *Arminiuswerft* wurde umbenannt in **Arminius Werke GmbH**.[111] Wenngleich dieses wohl auch zur Abgrenzung gegenüber den Vorgängern zweckdienlich erschien, so blieb der geschichtsträchtige seit 1930 bestehende Namenszug *Arminius* weiterhin aktuell. Die neue Firma wurde wieder zurück vom Handelsregister Dortmund zum Handelsregister Holzminden umgeschrieben.

Abb. 139: Die wichtige Nachricht in der Dewezet vom 18.1.1989: die Werftarbeit in Bodenwerder geht unter dem neuen Namen *Arminius Werke GmbH* weiter!

4bb 108

Mittwoch, den 18. Januar 1989 **Bodenwerder**

Spätestens im Mai soll produziert werden

Verträge unter Dach und Fach: „Arminius Werke GmbH“ mit neuen Gesellschaftern gegründet

uk BODENWERDER. Für die Wirtschaftsregion Bodenwerder gibt es endlich einmal eine gute Nachricht. Die Arminius-Werft wird, wenn auch unter anderem Namen, weitergeführt. Am 11. Januar wurde der Vertrag zur Übernahme des Unternehmens vom Altgesellschafter, der Rhenus AG, an die neuen Gesellschafter, die Hansa Projekt GmbH Hamburg, und den geschäftsführenden Gesellschafter der „Arminius Werke GmbH“, Wolfram Fritze, unterschrieben. Für 1989 bedeutet das mindestens 50 neue Arbeitsplätze.

Damit ist jetzt offiziell, was Wolfram Fritze der alten Werft-Belegschaft schon vor Weihnachten angekündigt hatte. Die anfängliche Zurückhaltung unter den Beschäftigten ist mittler-

…sterpräsident der Region Bodenwerder unbürokratische Hilfe zugesagt.

Klar ist übrigens auch, daß das gesamte vorhandene Gelände der Werft für die neuen Aufgaben viel zu groß ist. Doch das, so versichert Fritze, sei ein zweitrangiges Problem. „Erst einmal wollen wir uns um die Akquisition von Aufträgen bemühen, für die uns übrigens der VEBA-Konzern seine Unterstützung zugesagt hat. Dann entscheiden wir über die weitere Verwendung des nicht benötigten Werftgeländes.“

Die „Arminius Werke“ investieren nicht nur in neue und moderne Produktionsanlagen. Besonders auf die Aus- und Weiterbildung der Mitarbeiter will man viel Wert legen. „Eines unserer wichtigen Ziele ist es, eine noch höhere Qualifikation der Belegschaft zu erreichen“, so Fritze. Besonders für den Geschäftsbereich der technischen Dienstleistungen werden künftig noch Fachkräfte wie Indu-

Arminius Werke GmbH
Rühler Straße 34 · 37619 Bodenwerder
or: P.O.Box 1109 · 37615 Bodenwerder

Telephone (0 55 33) 4 01-0 · Telefax 4 01 24 und 4 01 55
Telex 9 65 380 Armin d
Telegrams: Arminius Werke
Station: Holzminden

Die neue Firmenadresse

Eine neue Zukunft konnte beginnen. Diese fing jedoch mit einer alten Thematik wieder an, das Bemühen um dringend benötigte Bürgschaften durch das Land Niedersachsen. Wie bereits im Vorjahr unter der damaligen Werftsituation verzögerten die beiden zuständigen Ministerien mit unterschiedlicher Auffassung die Angelegenheit weiterhin. Erst eine Entscheidung durch den Ministerpräsidenten *Dr. Ernst Albrecht* brachte im Juni des Jahres Bewegung in die Angelegenheit.[112] Eine Bürgschaft sollte die finanziellen Risiken in Höhe von 3,5 Mio. DM abdecken. Gleichzeitig bemühte sich die Geschäftsführung um Mittel aus dem „Finanzierungsprogramm des Bundes und der Küstenländer zur Förderung von Handelsschiffsneubauten“

Erste Neuaufträge

Durch die Loslösung vom Mutterkonzern in eine Eigenständigkeit lag der Schlüssel zum Weiterbestehen der Werft. Es eröffneten sich neue Wege zum Akquirieren auf dem Schiffbaumarkt. Der Erfolg stellte sich sodann auch früher als erwartet ein. Bereits in den ersten Apriltagen 1989 berichtete die Deister- und Weserzeitung mehrfach über den Abschluss des ersten Neubauauftrages der *Arminius Werke*, ein 105 m langes großes Motorgüterschiff für die Reederei *Gebr. Krieger* in Neckarsteinach.

Es handelte sich um ein typisches Rheinschiff, welches bereits in den zurück liegenden Jahren in Bodenwerder entwickelt und mehrfach gebaut worden war. Das Schiff erhielt die Bau Nr. 10511 und wurde bereits im September auf den Namen HANNA KRIEGER in Bodenwerder vor großer Gästekulisse getauft. Nach der „üblichen“ Überführung über die Nordsee zum Rhein ist das neue Schiff am 6. Oktober 1989 der Reederei in Emmerich übergeben worden. Der Neubau war als „Einraumschiff“ mit offenem durchgängigen 75 m langem Laderaum mit Doppelboden und Seitentanks konzipiert. Die Hauptabmessungen des

Abb. 140: Das erste Schiff der *Arminius Werke*: Neubau Nr. 10511 – HANNA KRIEGER – ein großes „Einraumschiff“ für den Transport von Massengütern wie beispielsweise Baustoffe

Abb. 141: Die neue Geschäftsführung: Jürgen Freudenberg (links) und Wolfram Fritze (rechts)

mit moderner Technik ausgerüsteten Schiffes waren L=105 m, B=10,50 m, H=3,22 m. Bei einem maximalen Tiefgang von 3,16 m konnten 2473 t Ladung transportiert werden. Der 1185 kW (1612 PS) leistende Hauptmotor verlieh dem Schiff über einen freilaufenden Festpropeller ohne Düse eine Geschwindigkeit von rd. 20 km/h.[113]

Bereits seit Jahresbeginn hatte die Werft mit 10 Mitarbeitern Reparatur- und Wartungsarbeiten an den kleinen Schiffen der Oberweser-Personenschiffsflotte ausgeführt. Mit der Hereinnahme des ersten großen Neubaus erhöhte sich die Anzahl der Mitarbeiter auf über 60 Werker. Sie stieg zum Jahresende noch weiter an.

Zur Abrundung der Führungsmannschaft kam im September 1989 der Schiffbauingenieur *Jürgen Freudenberg* ins Team. Die Aufgaben waren klar verteilt: *Wolfram Fritze* war für die Akquisition und die Finanzierung zuständig, *Jürgen Freudenberg* übernahm die gesamte technische Verantwortung und *Arthur Brennecke* den kaufmännischen Bereich.[114]

Der Geschäftsführung war es gelungen noch einen weiteren größeren Schiffsneubauauftrag zu erhalten. Mit dem Bau wurde bereits im Juli begonnen. Die Kapazitäten der Werft waren somit in allen Bereichen gut ausgelastet![115]

Bei dem „zweiten" Neubau handelte es sich um einen ganz besonderen Schiffstyp für ein spezielles Fahrtgebiet außerhalb Europas. Der Einsatz des Schiffes sollte die westafrikanische Küste zwischen Angola und Ghana werden. Wegen der dortigen schlechten Hafeninfrastruktur umfasste das Baukonzept multifunktionale Aufgaben. Dieses waren neben dem Transport von Containern unter Nutzung einer bordeigenen Krananlage das Anlanden an flachen Ufern zur Übernahme von Fahrzeugen und schwerem Gerät mittels einer Bugrampe. Der 6,6 Mio. DM teure Schiffsneubau war 58 m lang und 12 m breit und gehörte einer Schweizer Reederei. Wegen der bekannten Problematik der Weserstrecke bis Bremen mit den sehr niedrigen Brückendurchfahrtshöhen mussten zur Überführung zwei Etagen des Deckshauses in Bodenwerder demontiert und auf einer Werft in Büsum wieder aufgesetzt werden – eine Problematik, welche die Werft in der Zukunft in ernsthafte Schwierigkeiten bringen könnte!

Abb. 142: Mit dem historischen Schwimmkran BLAUER KLAUS – SK 1 – wird in Bremerhaven das komplett eingerichtete Deckshaus aus dem Laderaum des Neubaus herausgehoben und auf das Deck im Hinterschiff montiert

Neben dem Neubau MERLIN II war die „Arminius-Belegschaft“ noch mit dem Neubau eines Seebaggers für die Firma *Heinrich Hirdes* im Unterauftrag der Lübecker Firma *Ohrenstein & Koppel* beschäftigt. Teilweise mussten die 80 Mitarbeiter sogar Überstunden leisten, da erfreulicherweise im Frühjahr 1990 darüber hinaus noch der Auftrag für den Neubau von zwei Küstenmotorschiffen hereingenommen werden konnte. Das erste Schiff sollte noch im Oktober 1990 abgeliefert werden, das zweite im April 1991.

Unter der Neubau Nr. 10514 und 10515 entstanden zwei flussgängige Küstenmotorschiffe, die aufgrund ihrer Abmessungen und niedrigen Bauart auch die großen Häfen im Rheinstromgebiet – besonders Duisburg – anlaufen können. Konstruktiv handelte es sich um eine Weiterentwicklung des in Bodenwerder bereits 1985 gebauten Schiffstyps zum Transport von Schüttgütern, Holz, Coils und Container. Die 81,20 m langen Neubauten waren als „Paragraphenschiffe“ mit 499 BRT vermessen und hatten eine Tragfähigkeit von fast 1900 tdw. Sie bekamen die Namen SIMONE und NESSAND.

Erneut zeigte sich das Standortproblem einer Werft an der Oberweser. Für die Überführung nach Bremerhaven mussten das komplette Deckshaus und weitere Ausrüstungsteile demontiert und im Laderaum zwischengelagert werden. Zusätzlich war aufgrund des niedrigen Wasserstandes im Streckenbereich bis Minden eine ergänzende Flutwelle aus Zuschusswasser aus der Edertalsperre erforderlich. Die Montage und Endausrüstung in Bremerhaven führten Mitarbeiter der *Arminius Werke* aus. Danach konnten die neuen Schiffe an den Eigner übergeben werden.

Abb. 143 bis 145: Bau verschiedener Sektionen in der Schiffbauhalle und deren Zusammenbau auf der Helling

Zukunft mit „gedämpftem“ Optimismus

Der Neustart in Bodenwerder war gelungen, auch ohne der angeforderten Unterstützung durch die Bundesregierung aus dem Fond des „Werfthilfeprogramms“. Letzteres wurde unter den Politikern immer noch diskutiert aber nicht endgültig verabschiedet. Diese Hilfestellung jedoch war insbesondere für mittlere Werften für die zukünftige Entwicklung von existenzieller Bedeutung.

Abb. 146: Das neue Plattenlager mit Portalkran und Magnettraverse

Es herrschte „Hochbetrieb“ auf der Werft in Bodenwerder. Die finanzielle Situation erlaubte auch, weitere Investitionen in den Werftbetrieb zu tätigen. So wurden unter anderem eine neue CNC-Brennmaschine, die Neuordnung des Plattenlagers mit einem neu beschafften Portalkran mit Magnettraverse, verschiedene Bearbeitungsmaschinen sowie die Umstellung des technischen Büros auf eine zeitgemäße PC-Anlage veranlasst. Mit der Summe der Neuanschaffungen in Höhe von fast 1,5 Mio. DM war der Schiffbaubetrieb noch effektiver geworden, speziell für den zukünftigen Bau größerer Schiffe. [116] Hierzu hatte sich der Bedarf an Küstenmotorschiffen kurzfristig positiv entwickelt. Trotzdem war die Situation unbefriedi-

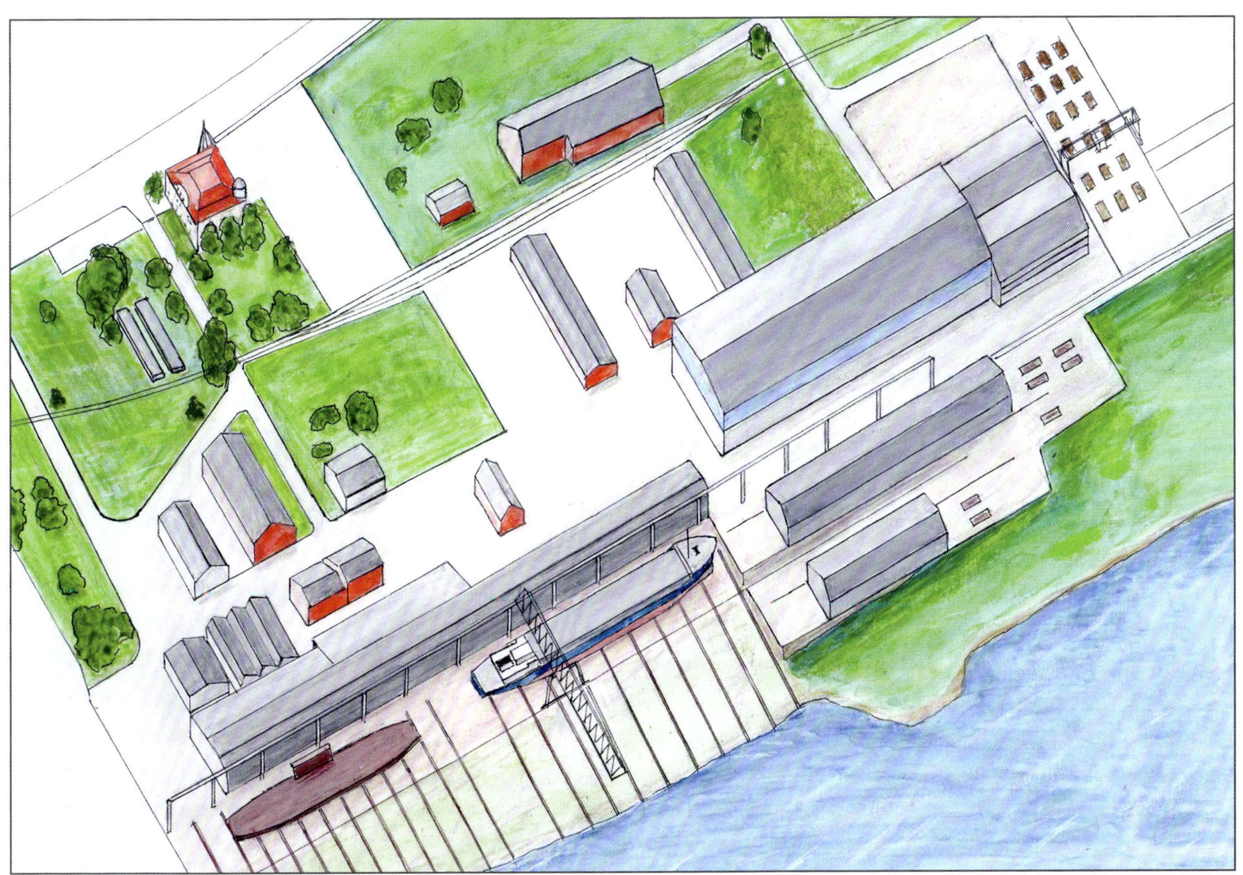

Abb. 147: Lageplan der *Arminius Werke GmbH* nach dem Abschluss aller Ausbaumaßnahmen, 1991

Abb. 148: Das in Bodenwerder modernisierte auch für den Transport von Chemikalien geeignete Doppelhüllen-Tankschiff LINDENHOF auf dem Rhein, 1992

gend. Ein schwacher Dollarkurs, die Golfkrise und eine ab 1990 eintretende unerwartete Konkurrenz mit „geförderten Billigpreisen" durch in ihrer Kapazität frei gewordenen Werften in der ehemaligen DDR sorgten für zögerliche Investitionen seitens der Reeder. In der Binnenschifffahrt, dem früheren Hauptstandbein der Werft in Bodenwerder, war die Situation zum Schiffsneubau komplett rückläufig.

Daher kann es als einen besonderen Glücksfall angesehen werden, dass die *Arminius Werke* 1991 den Großauftrag zum Umbau des 1986 in Bodenwerder neu erbauten Tankschiffes LINDENHOF erhielt. Das Schiff hatte vom Neubau her bereits eingesetzte Ladetanks aus plattiertem Edelstahlmaterial, Werkstoff Nr. 1.4429, versehen mit dem dazu erforderlichen Rohrleitungs- und Pumpensystem. Dieses entsprach den Regeln eines „Doppelhüllenschiffs". Der anstehende Umbau des Schiffes bestand im Wesentlichen aus einer Verlängerung des Laderaumbereichs um 25 m, sodass sich die für die Rheinschifffahrt typische Länge über Alles von 110 m ergab. Der Verlängerungsteil erhielt konstruktiv einen Doppelboden, Seitentanks und ein Mittellängsschott. Das Schiff sollte schwere Chemikalienladungen bis zu 1,85 t/m³ transportieren können. Der fast 5 Mio. DM teure Umbau erhielt die Klasse des „Germanischen Lloyd" +100A5I Tankschiff Typ IIa Klasse 8 entsprechend dem ADNR Regelwerk[117] und wurde im April 1992 wieder an die Reederei übergeben.

Das Jahr 1992 war darüber hinaus noch durch zwei weitere interessante Aufträge geprägt. Bereits Anfang des Jahres lieferte die Werft ein weiteres kleines Schubboot – GBONGE – als Nachbau der bereits 1982 und 1986 gelieferten gleichartigen Schiffe für die Fahrt auf dem Sherko-River im westafrikanischen Sierra Leone ab. Der Neubau für die Firma *Alusuisse-Lonza Trading AG* in Zürich kam zum Schieben von großen mit Bauxiterz beladenen Leichtern von der im Inland liegenden Erzmine zur Küste nach Freetown zum Einsatz. Dort erfolgte der Umschlag auf Seeschiffe [118]

Noch ein weiteres Spezialschiff konnten die *Arminius Werke GmbH* zur Jahresmitte 1992 fertig stellen, das Flusskreuzfahrtschiff KÖNIGSTEIN. Dieses war in seinen Hauptabmessungen mit einer Länge von 67 m und einer Breite von 8 m speziell zum Durchfahren der teilweise kleineren Schleusen der Wasserstraßen im Fahrtgebiet zwischen Elbe und Oder konstruiert. Wie aus der überlieferten Bauakte zu erkennen, hatten Ausrüstung und Einrichtung des für 74 Passagiere zugelassenen Schiffes einen hohen luxuriösen Standard. Der Antrieb bestand aus zwei zeitgemäßen modernen „Pump-Jet-Anlagen" mit zusammen 430 kW für die Fahrt in sehr flachen Gewässern. Der Neubau KÖNIGSTEIN war das letzte in Bodenwerder neu erbaute Flussschiff (!) Danach entstanden hier nur noch Küstenmotorschiffe.

Mit diesen sieben Aufträgen von Schiffsneubauten und einem Großumbau waren die Werftanlagen komplett ausgelastet, sodass die anfangs getätigten Investitionen voll zur Geltung kamen. Dieses machte den Ausblick in die nächsten Jahre durchaus erfolgversprechend.

Neue Zusammenschlüsse

Der große „Anfangserfolg" sollte aber nicht über die angespannte Werftsituation in Deutschland hinwegtäuschen. Ein langfristiges Konzept für die Zukunft – auch für den Werftstandort Bodenwerder – war in der aktuellen Situation kaum möglich. Es schien zunächst nur bei mehr oder weniger erfolgreichen Einzellösungen zu verbleiben.

Eine Zusammenarbeit mehrerer Werften gleicher Größenordnung untereinander könnte eine mögliche Lösung werden. Explizit hierzu versprach sich *Wolfram Fritze* als Geschäftsführer der *Arminius Werke* „*...eine positive Ausstrahlung für den Werftstandort Bodenwerder...*"

1992 ergaben sich Verhandlungen zwischen der *Stinnes AG* und den *Arminius Werken GmbH* zwecks Übernahme der *Cassens Werft* in Emden und der *Weserwerft GmbH* in Minden. Diese wurden dann 1992 und 1993 umgesetzt.[119] Am 1.1.1993 übernahm die *Arminius Werke GmbH* die gesamten Geschäftsanteile der *Weserwerft GmbH*. Damit sollten die früher immer

Abb. 149: Das fertige Kabinenschiff KÖNIGSTEIN vor der Werft in Bodenwerder – auf der Helling entsteht bereits der Neubau eines Küstenmotorschiffes

wieder eingetretenen Nachteile des Standortes Bodenwerder, speziell mit dem Wasserstand der Oberweser, abgemildert werden.

Entsprechende Veränderungen in den Geschäftsstrukturen1992 und 1993 führten auch zur Übernahme der Geschäftsanteile der *Werftunion Verwaltungs GmbH* durch die *Arminius Werke GmbH*. Der Geschäftssitz wurde nach Bodenwerder verlegt.

Eine weitere Neugründung erfolgte 1993: die Firma *Arminius Werke Elektro- und Stahlbau GmbH*, deren Kapital ebenfalls von den *Arminius Werken GmbH* gehalten wurde. Diese neue Firma sollte insbesondere den Bereich Industrieservice und die Fertigung von Stahlkomponenten übernehmen, einem bereits beim Neustart 1989 definierten ergänzenden Standbein zukünftiger Entwicklung. Leider war auch dieser Markt sehr schwierig, da nicht nur ein erheblicher Kostendruck verhanden war sondern die anders gearteten Fertigungsanlagen einer Werft keine Chance für eine kostendeckende Fertigung boten.

Geschäfte mit Russland

Durch Gespräche mit einem Makler anlässlich der Ablieferung des Neubaus NESSAND 1991 entstanden intensive Kontakte zur russischen Reederei *White Sea & Onega Shipping Company* in Petrozavodsk, welche eine recht große Flotte an Binnen- und Seeschiffen betrieb. [120] Hier war ein erheblicher Bedarf an Neubauten vorhanden. Dieses führte noch 1991 zur Übernahme des in Bodenwerder fertig gestellten Neubaus ONEGO, welcher zwar von einem deutschen Reeder bestellt wurde, aber bei dem die Finanzierung geplatzt war. Entsprechend der beschlossenen Zusammenarbeit entstanden Verträge zum Neubau von verschiedenen Küstenmotorschiffen für den russischen Binnen-See-Verkehr mit einer Tragfähigkeit von jeweils ca. 2.300 tdw. Ausschlaggebend für die Schiffsabmessungen waren u.a. die Abmessungen der „Weißmeerschleusen“ mit 96 x 13,50 m, da die Schiffe bis weit ins Binnenland hinein fahren sollten.

Die russische Reederei bestellte daraufhin noch weitere Neubauten dieses Prototyps. Dieses führte zu einer sehr guten Auslastung in Bodenwerder. Insgesamt baute die Werft zwischen 1991 und 1995 neun Schiffe

Abb. 150: Das erste direkt für den neuen Kunden aus Russland in Bodenwerder gebaute Küstenmotorschiff – VYK – in der Ostsee

mit einer Tragfähigkeit von jeweils ca. 2300 tdw für die russischen Eigner. Sie hatten eine Länge über Alles von 81,44 m, eine Breite von 11,30 m sowie eine Seitenhöhe von 5,40 m. Das waren für eine in früheren Zeiten auf den Bau von Binnenschiffen ausgerichteten Werft im Binnenland „gewaltige“ Abmessungen, sodass die Werftanlagen sich sehr bald als zu klein erwiesen.

Durch den Bau dieser Schiffe kam es infolge auch zu Kontakten zu weiteren russischen Reedereien, wie beispielsweise der *North Western River Shipping Comp.*, *Irtysh Shipping Comp.* und *Wolgo Don River Shipping Comp.* Diese bestellten 1996 Neubauten mit noch größeren Abmessungen mit einer Länge über Alles von 88,35 m, einer Breite von 12,30 m und einer Seitenhöhe von 5,70 m mit jeweiligen Tragfähigkeiten von 3.000 tdw. Bereitete der Vorgängertyp schon Schwierigkeiten bei der Überführung zur Nordsee, so entstanden nun kaum lösbare Probleme. Während der kleinere Typ nach Demontage des Deckshauses und weiterer kleinerer Teile noch nahezu „als Ganzes“ die Werft verlassen konnte, so waren bei dem größeren Typ zusätzlich die Demontage von Teilen des Schiffskörpers erforderlich. Für die endgültige Komplettierung jedes Neubaus ergab die *Cassens Werft* in Emden sehr gute Gelegenheiten.

Für die *White Sea & Onega Shipping Company* sowie Reedereien unter anderen Namensbezeichnungen sind in Bodenwerder folgende Küstenmotorschiffe neu gebaut worden:

1991 Neubau Nr. 10522 – ONEGO
1992 Neubau Nr. 10523 – VYK
1993 Neubau Nr. 10524 – SEG
1993 Neubau Nr. 10525 – MEG
1994 Neubau Nr. 10526 – KENTO
1994 Neubau Nr. 10528 – KERET
1995 Neubau Nr. 10529 – TULOS
1995 Neubau Nr. 10530 – KOVERA
1995 Neubau Nr. 10531 – KELAVARI
1996
1996 Neubau Nr. 10535 – IRTYSH 1
1996 Neubau Nr. 10541 – IRTYSH 2

Abb 151: Küstenschiffsneubau KERET bei der Überführung von Bodenwerder weserabwärts nach Bremen – auf der Strecke sind viele niedrige Brücken zu passieren

Darüber hinaus wurde 1992 die Werft *Onega Arminius Shipbuilders* in Petrozavodsk von *White Sea & Onega Shipping* und den *Arminius Werken GmbH* als Joint Venture gegründet. Hier war der Hintergrund, in Zukunft größere Serien von gleichen Neubauten sowohl auf den deutschen Werften sowie in Petrozavodsk zu bauen. Damit sollte über einen Mischpreis die Wettbewerbsfähigkeit auf dem europäischen Markt möglich sein.

Zusätzlich lieferten die *Arminius Werke GmbH* Materialpakete für 4 Neubauten nach Russland, woraus unter Anleitung von Fachkräften aus Deutschland diese Küstenmotorschiffe gebaut wurden. Parallel zu diesem Neubauprogramm waren die Werftanlagen in Petrozavodsk komplett erneuert und entsprechend europäischem Standard mit einer großen Schiffbauhalle ausgebaut worden.

Das erste Schiff – SANDAL – konnte bereits im Oktober 1993 abgeliefert werden! Mit einer Ladung

Abb. 152: Entwurfsplan zur neu entstehenden Schiffswerft in Petrozavodsk

von 2.450 m^3 Schnittholz führte die fünftägige Jungfernreise vom Ladoga-See durch den Nord-Ostsee-Kanal nach Emden. Wie die Emder Zeitung aktuell berichtete, war hiermit nicht nur eine neue Transportrelation entstanden, sondern auch der richtungsweisende erfolgreiche Beginn der Zusammenarbeit zwischen den *Arminius Werken GmbH* aus Bodenwerder und der russischen Reederei aus Petrozavodsk dokumentiert.

Die sich ständig entwickelnden Beteiligungen, die über das eigentliche Werftgeschehen in Bodenwerder weit hinaus gingen, führten 1993 zur Neugründung der *Arminius Werke Handels- und Beteiligungs GmbH*, deren Kapitalanteile von den *Arminius Werken GmbH* gehalten wurden. Zur Hauptaktivität der neuen Gesellschaft wurde die Beteiligung an der *Onega-Arminius-Shipbuilding* in Russland von den *Arminius Werken GmbH* übernommen. Ferner erfolgte eine Beteiligung an der *Novo-Nevskaya Shipyard* in St. Petersburg. Dazu lieferten die *Arminius Werke GmbH* ein weiteres Materialpaket für den Neubau eines Küstenmotorschiffes an diese Werft. Unter Anleitung von Fachkräften aus Bodenwerder entstand dort der Neubau OYAT (Bodenwerder Baunummer 10534). Er wurde an die Reederei *White Sea Onega Shipping* abgeliefert.

Abb. 153: Stapellauf des 1995 unter der Bau Nr. 003 neu erbauten Küstenmotorschiffes LEZHEVO auf der Werft *Onega-Arminius-Shipbuilding* (OAS) in Petrozavodsk; für dieses Schiff lieferten die *Arminius Werke* in Bodenwerder umfangreiche Materialpakete und unterstützten den Bau des Schiffes mit Fachkräften

Abb. 154 – 157: Ein großes Küstenmotorschiff – Neubau 10535 IRTYSH I – entsteht auf der Helling II in Bodenwerder

Die Reedereien *Baltic Forest Line GmbH* und *Arminius Schiffahrts GmbH*

Nachdem sich 1995 abzeichnete, dass das Engagement mit Russland sich zukünftig nicht so weiter entwickeln würde, sahen sich die Gesellschafter der *Arminius Werke GmbH* nach Alternativen um. Nach der Ablieferung des letzten Neubaus – IRTYSH 2 – gab es keine Aufträge zu kostendeckenden Preisen auf dem Markt. Die wenigen Schiffe dieser Größenordnung für deutsche Rechnung entstanden zu Billigpreisen in den Ostblockländern und später auch in China. Die Notlösung fand die Geschäftsführung durch die Gründung einer neuen Reederei. Somit entstand 1995 die Reederei *Baltic Forest Line GmbH* mit den Partnern *Werftunion Verwaltungs GmbH* und *Pohl Shipping Schiffahrtsgesellschaft mbH*, welche jeweils 50% der Kapitalanteile erwarben.

Sie bestellten Anfang 1996 bis zu 10 Schiffe vom neu entwickelten Typ „Euro Cargo“, eine Weiterentwicklung des größeren in Bodenwerder für Russland gebauten Schiffes. Vier Schiffe waren feste Bestellungen. Die Option für die anderen sechs Küstenfrachter sollten schrittweise eingelöst werden. Während des Baus des ersten Schiffes forderte der Charterer jedoch eine höhere Eisklasse E2. Die stärkere Bauweise brachte den niedrigst möglichen Leertiefgang auf 1,80 m. Der dafür erforderliche Wasserstand von 1,90 m ließ sich auf der Oberweser bis Hameln aber nur unter optimalsten Bedingungen erreichen. Für bestimmte Ablieferungstermine kalkulierbar war er nicht!

Beim ersten Neubau BALTIC SKIPPER (Bau-Nr. 10547) ließen sich die Gegebenheiten nicht mehr ändern. Auch mit dem höheren Aufwand für die Eisklasse E2 musste der 3.110 tdw-Neubau die Werft in Richtung See kurzfristig verlassen. Zur Fertigstellung gelangte das Schiffskasko mit Schlepperhilfe nach Emden. Dort erfolgte auch die Schiffstaufe und die Übergabe an die Reederei. Die 1995 gegründete Reederei wurde bereits 2002 wieder geschlossen, da es bei *Pohl Shipping* in Hamburg Veränderungen gab, sodass das angedachte Konzept nicht mehr fortgeführt werden konnte. Die Schiffe wurden an andere Eigner verkauft.

Zusätzlich pflegte die Werftleitung Kontakte zur Reederei *Hermann Buss GmbH*. Die 1999 gegründete *Arminius Schifffahrtsgesellschaft mbH* entwickelte in zusammen mit der *Cassens Werft* einen universell einsetzbaren Frachter für ca. 4.600 tdw und 335 TEU mit den Abmessungen 99,95 m Länge, 16 m Breite und 5,10/7,35 m Seitenhöhe. Zu wettbewerbsfähigen Preisen konnten solche Schiffe wohl nur in China kontrahiert werden. Allerdings sprang unmittelbar vor der entscheidenden Unterschrift ein Interessent für zwei Schiffe ab. Um den Gesamtauftrag nicht zu gefährden, übernahm die *Intercoral Maritime Comp. Ltd.*, Limassol/Zypern – eine Tochtergesellschaft der *Arminus Schifffahrtsgesellschaft mbH* – zwei Schiffe aus dieser Serie (BORNHOLM und GOTLAND). Die *Zhoushan Shipyard* lieferte insgesamt fünf Schiffe BORNHOLM, GOTLAND, ALSEN, LOLLAND und FALSTER.

Das Ende des Werftstandortes Bodenwerder

Trotz aller Bemühungen, den Schiffbau in Bodenwerder weiterhin aufrecht zu erhalten, sprach die Marktentwicklung komplett dagegen. Moderne große Binnenschiffe, speziell für die internationale Rheinschifffahrt, wurden bis auf sehr geringe Ausnahmen nicht mehr in Deutschland gebaut. Sie entstanden größtenteils als „Kasko" in Serbien, Rumänien, Tschechien und Polen. Dort lagen die Herstellungskosten insbesondere im Bereich der Löhne erheblich unter dem Niveau in Deutschland. Clevere niederländische Werftbetriebe hatten daraufhin ihren Produktionsschwerpunkt vom kompletten Neubau eines Schiffes auf die Endausrüstung der angelieferten Kaskos mit einem effizienten Baukastensystem umgestellt. Gleichzeitig übernahmen immer mehr niederländische Unternehmen den Betrieb der Schiffe sowohl in den Niederlanden selbst als auch im internationalen Verkehr auf dem Rhein: *„...die Holländer wurden zum Haupttransporteur Europas..."*

Selbst die mit großer Hoffnung verbundene per Gesetz verordnete Umstellung der bisherigen einfachen Tankschiffe zu weitaus sicheren „Doppelhüllenschiffen" bis zur Jahreswende 2018 ging komplett an den deutschen Binnenschiffswerften vorbei. Neben den bereits erwähnten osteuropäischen Werften kamen umfangreiche Kaskolieferungen zu unvorstellbar niedrigen Preisen ebenfalls aus China nach Rotterdam. Sie alle wurden in den Niederlanden komplettiert und wurden auch für deutsche Reedereien in Fahrt gebracht. Nur wenige Neubauten entstanden gleichzeitig auf Werften in den Niederlanden.

Für die Schiffswerft in Bodenwerder bedeutete diese Tendenz im Binnenschiffbau nur noch der Ausweg auf einen neuen Schiffstyp für andere Fahrtgebiete, den Neubau von Küstenmotorschiffen. Hier bestand durchaus ein Bedarf an kleineren, auch flussgängigen, Schiffen. Dieser Markt jedoch war schnell gesättigt. Auch zeichnete sich bereits ab 1996 der Übergang zu noch größeren Schiffen ab. Auslöser war der wachsende Containerverkehr, insbesondere im osteuropäischen Raum der Ostsee.

Der Standort Bodenwerder geriet mehr und mehr in eine schwierige Situation. Schlechte Wasserstände, niedrige Brückendurchfahrtsmaße und die bogenförmige Schleuse in Hameln zwangen zu unnormalen und damit zu höchst kostenintensiven Maßnahmen. Aufgrund der gebogenen Schleusenkammer in Hameln mussten Bereiche der Steuerbord-Bordwand im vorderen Schiffsbereich auf ca. 35 m Länge wieder ausgebaut werden. Auch Teile des höheren Vorschiffs waren wegen der geringen Brückenhöhen wieder zu demontieren.[121] Erst nach Abschluss dieser „Hilfsmaßnahmen" konnte das Schiff seine Überführungsreise weserabwärts über Bremerhaven nach Emden antreten – wenn denn auch genügend Wasser im Weserfluss vorhanden war. Hierfür war die Zugabe von Wasser aus der Edertalsperre in Form einer Welle erforderlich. Bereits drei Tage vor der geplanten Überführungsfahrt wurde Wasser aus der Talsperre abgelassen, um damit zur gewünschten Zeit im 200 km entfernten Bodenwerder den Wasserstand auf 1,85 m zu erhöhen. Dazu hatte das Wasser- und Schifffahrtsamt Hann. Münden ein spezielles Ablaufprogramm entwickelt.[122] Dieses war im Prinzip die Grundidee bei der Planung der Anlage um 1905 zur Ermöglichung der Weserschifffahrt überhaupt gewesen.[123] Es mehrten sich aber bereits zunehmend Proteste aus dem Tourismusbereich, die seit Jahrzehnten immer wieder versuchten, schwankende Wasserstände im Ederstausee zu verhindern. Besonders protestierten Gastwirte, Surflehrer, Segler und Fahrgastschifffahrtsbetriebe, die bereits ein Gutachten der Universität Trier initiierten.

Insgesamt gesehen sind der Werft in Bodenwerder erhebliche Zusatzkosten entstanden, die im Wettbewerb in keiner Weise zu kompensieren waren. Außerdem zeichnete sich der Trend zu noch größeren Schiffen in der Küstenschifffahrt schneller ab als er-

Abb. 158 – 161: Überführung des Küstenschiffsneubaues Nr. 10532 – **ATAMAN GOLOVATIJ** mit den größten Schiffsabmessungen, Länge = 88 m, Breite = 12,30m, auf der Fahrt weserabwärts – deutlich erkennbar die erforderlichen Demontagen der Bordwand, und der Back; alle Teile sind während der Überführung im Laderaum zwischengelagert – das Schiff fährt mit gedrosseltem eigenen Antrieb und wird von zwei Schleppern unterstützt

wartet. Die Schiffe wurden insbesondere breiter, höher und erforderten bei steigendem Eigengewicht eine größere Wassertiefe auf der Oberweser. Als dann 1997 mit dem Neubau Nr. 10547 – BALTIC SKIPPER – die Kosten und auch technischen Probleme noch weiter ausuferten, fasste am 8. August 1996 die Gesellschafterversammlung der *Arminius Werke GmbH* den schwerwiegenden Beschluss:

… die Schiffbauproduktion in Bodenwerder zu der den Arminius Werken GmbH nahestehenden Schiffswerft Cassens GmbH in Emden zu verlagern…“ [124]

Somit wurde die Bau Nr. 10547 das letzte in Bodenwerder begonnene Schiff. Die Fertigung hier an der Weser musste abgebrochen werden. Alle im Bau befindlichen Teile sind fast ein Jahr später – im Juli 1997 – in die zwei bereits fertig gestellten Sektionen des Laderaums verladen worden. Diese im Ringstoß noch nicht verschweißten Bauteile wurden provisorisch schwimmfähig gemacht und lose miteinander verbunden. Mit komplett fehlendem Hinterschiff inkl. der Aufbauten und Teilen des Schanzkleides auf dem Backdeck gelang die komplizierte Überführung der zwei Sektionen unter Assistenz zweier Schubboote des *WSA Braunschweig*.[125]

Die Schließung der Werft sollte am 1. Oktober 1996 erfolgen. Offensichtlich kam die Entscheidung sehr kurzfristig, schien aber die alleinige Möglichkeit zur Abwehr einer drohenden Insolvenz zu sein. Auch das finanzielle Engagement von Kommunal- und Landespolitik in Form von Bürgschaften bot plötzlich keine Hilfe mehr für den Werftstandort Bodenwerder. Beide damals wichtige Auftragsbereiche – die Binnenschifffahrt und die flussgängige Küstenschifffahrt – waren in Deutschland nicht mehr gefragt.

Infolge des Beschlusses mussten alle Anlagen in Bodenwerder stillgelegt, Vorratslager und Gerätschaften verkauft werden. Das ebenfalls geringfügige Reparaturgeschäft konnte zur *Weserwerft* nach Minden verlagert werden. Den ca. 70 hierdurch betroffenen Mitarbeitern wurde soweit möglich ein Ersatzarbeitsplatz in Emden angeboten. Die *Arminius Elektro- u. Stahlbau GmbH*,

Abb. 162 + 163: In der Schleuse Hameln – deutlich erkennbar der offene Ringstoß in der Bordwand

NZ 30.8.96

Das letzte Schiff verließ die Münchhausenstadt

tz BODENWERDER/ HAMELN. Die fast 100jährige Schiffbau-Tradition der Münchhausenstadt ging gestern in aller Frühe zuende, als zwei insgesamt 68 Meter lange und rund 12 Meter breite Sektionen eines 3 000-Tonnen-Großraumschiffes von zwei Schubschleppern des Wasser- und Schiffahrtsamtes Richtung Hamelner Schleuse gezogen wurde. Es war der letzte Neubau, der die Helling weserabwärts verließ. Bis Jahresende werden alle 72 Beschäftigten der Arminius-Werke arbeitslos sein.

Stahltrossen verbanden die beiden Bauteile, die mit einem Tiefgang von 1,20 Meter problemlos die Hamelner Schleuse passieren konnten. Auf der Weser-Werft in Minden werden beide Sektionen zusammengeschweißt, bevor das Schiff die Cassens-Werft in Emden ansteuert. Hier wird der Bau durch ein Hinterschiff mit technischer Ausrüstung und Wohnungen auf 82,50 Meter Gesamtlänge ergänzt. Das Mehrzweckschiff soll Mitte November an einem deutschen Reeder ausgeliefert werden. Es ist für den Transport von Papierrollen auf Nord- und Ostsee vorgesehen.

Die „Jungfernfahrt" dieser Schiffsteile beendet eine lange Werft-Tradition und eine eher kurze Geschichte der Arminius-Werke. „Wir sind stolz darauf, daß wir ohne besondere Zuschüsse siebeneinhalb Jahre erfolgreich arbeiten konnten", so der geschäftsführende Gesellschafter Wolfram Fritze. Er hatte '89 die im Jahr 1902 gegründete Arminiuswerft übernommen.

Millimeterarbeit: Der letzte Schiffsneubau passierte gestern morgen die Hamelner Schleuse. *Foto: Dana*

Abb. 164: Die Dewezet berichtet am 30.8.1996 über die Passage der zwei Laderaumsektionen durch die Schleuse Hameln

die *Arminius Handels- u. Beteiligungs GmbH* und die *Werftunion GmbH* jedoch behielten ihren Sitz in Bodenwerder. Gleichzeitig erfolgte eine Neuordnung der Kapitalanteile der beteiligten Finanzgruppierungen.

Trotz der äußerst schwierigen Situation wurde mit der Gründung der *Schiffswerft Bodenwerder GmbH* noch einmal der Versuch unternommen, die Werftanlagen mit Leben zu erfüllen. Erste Projekte entwickelte zur Jahreswende 1996/1997 das Arbeitsamt Hameln zusammen mit dem Landkreis im Rahmen einer „konzertierten Aktion".[126] Zunächst für den Zeitraum vom 1. Oktober 1997 bis zum 30. Juni 2000 konnte mit einer Förderung durch das Land Niedersachsen und der *Europäischen Union* der „soziale" Betrieb für die Beschäftigung von Langzeitarbeitslosen bestehen. Die erforderlichen Räumlichkeiten und die Helgenanlagen mit dem großen Kran wurden von den *Arminius Werken GmbH* „angemietet". Somit fanden 16 Mitarbeiter eine Beschäftigung in diesem Bereich. Gleichzeitig blieb damit der Schiffbauplatz mit seinen Helgen- und Krananlagen als einziger Werftstandort zwischen Hann. Münden und Minden erhalten. Dieses erschien für die *Oberweser Dampfschifffahrts Gesellschaft* mit ihrem großen Schiffspark und dem Landkreis für die Reparatur an den verschiedenen Fähren sehr wichtig. Die neue Firma führte sodann verschiedene kleinere Reparaturaufträge durch. Es folgten auch größere Aufträge in den Jahren 1998 bis 2000. Dazu zählte zunächst ein großer Umbau eines kleineren Gütermotorschiffes FRANK-DIETER des Schiffseigners *Dieter Thünen* aus Rheinberg zu einem Containerschiff. Der gesamte Laderaumbereich wurde mit weitaus größeren Abmessungen neu gebaut und durch Angleichung der Form an das Vor- und Hinterschiff angeschlossen. Die neuen Abmessungen mit einer Länge von 80 m und einer Breite von 9,50 m entsprachen dem aktuellen Typ der Rheinschifffahrt. Die Tragfähigkeit stieg auf 1.446 t.[127] Gleichzeitig baute die Werft drei offene Prähme für das Wasser- und Schiffahrtsamt Braunschweig und anschließend einen Anlegeponton für die Baufirma *Matthäi* in Verden.

Ein weitaus größeres Projekt war der Umbau und die Modernisierung des speziell für die Oberweser 1970 auf der Werft *Rasche* in Uffeln gebauten Fahrgastschiffes KARLSHAFEN. Während der Arbeiten ereignete sich leider ein großes Unglück. Möglicherweise durch Brenn- und Schweißarbeiten verursacht

Abb. 165: Der Abbruch der Werftanlagen hat begonnen: die Slipanlage ist stillgelegt, die alte Schiffbauhalle mit Nebengebäude ist verschwunden – die Fläche diente zunächst als Zwischenlager für Baustoffe

brach ein Feuer aus. Dieses griff sehr schnell um sich und vernichtete fast das gesamte Schiff. Die anschließende Schadensbeseitigung, durch Versicherungen nahezu abgedeckt, verursachte jedoch auch erhebliche Kosten für die Werft. Die wirtschaftliche Lage für die Zukunft des Werftstandortes sah nicht besonders vielversprechend aus.

Darüberhinaus konnte sich die wirtschaftliche Situation im deutschen Schiffbau zukünftig kaum verbessern. Dieses betraf den Standort Bodenwerder aufgrund seiner Randlage noch besonders schwer. Daher erfolgte nach Ablauf des Förderungszeitraums durch einen Gesellschafterbeschluss zum 30. Juni 2000 das endgültige Ende des Werftstandortes Bodenwerder. Allen Beschäftigten wurde gekündigt. Die Werftanlagen mitsamt dem Gelände standen zur Disposition.

In dieser für den Schiffbau in Bodenwerder aussichtslosen Situation begann bereits in der zweiten Jahreshälfte 2000 der Teilabbruch einiger nicht mehr nutzbarer Schuppenanlagen sowie der in die Jahre gekommenden unteren Schweißhalle. Die drei neueren Hallen, große Schiffbauhalle, Brennhalle, Spantenbiegehalle, konnten zunächst an die benachbarte Firma *RIGIPS GmbH* vermietet werden. Die ältere Halle für Schlosserei und Schweißerei wurde weiterhin von der *Arminius Werke Elektro- und Stahlbau GmbH* genutzt. Zusammen mit dem imposanten Verwaltungsgebäude von 1922 und dem Trafogebäude sind drei Bauwerke zur Zeit die einzigen erkennbaren Überreste einer großen Epoche des Schiffbaus in Bodenwerder. Alle anderen Anlagen – insbesondere die beiden wichtigen Hellinge I+II mitsamt dem Brückenkran – wurden bis zum Jahre 2005 demontiert, das ehemalige Werftgelände eingeebnet. Das außerhalb der Werft gelegene ehemalige Sägewerk war bereits 1995 verkauft worden und dient heute als Reithalle.[128]

Abb. 166: Das herausragende Verwaltungsgebäude von 1922 hat alle Zeiten überdauert und steht heute als Mahnmal an eine große Zeit des Schiffbaus in Bodenwerder

Der Name ARMINIUS lebt weiter

Abb. 167: Logo der *Arminiusschiffahrtsgesellschaft mbH* – durch Vermittlung von Schiffsneubauten ist der Name ARMINIUS weltweit bekannt

Der Name ARMINIUS war über 70 Jahre mit dem Schiffbau in Bodenwerder verbunden. Die Werft hatte mit dieser Namensbezeichnung nicht nur den zweiten Weltkrieg erfolgreich überstanden, sondern entwickelte sich trotz erheblicher Standortnachteile über Jahrzehnte zu einer leistungsfähigen Schiffswerft für den Neubau großer moderner Binnenschiffe. Diese markierten Meilensteine insbesondere in der internationalen Rheinschifffahrt.

Als in wirtschaftlich schlechten Zeiten, bedingt durch die stark rückläufige Nachfrage nach Binnenschiffen, auch die Situation der *Arminius Werke GmbH* in unruhiges Fahrwasser geriet, musste bereits ab 1992 über Alternativen entschieden werden. Daraus entstand parallel zum eigentlichen Werftbetrieb 1992 die Beteiligung an der Werft *Onega Arminius Shipbuilding* (*OAS*) in Petrozavodsk (Russland), 1993 die *Arminius Werke Handels- und Beteiligungs GmbH* sowie die *Arminius Werke Elektro- und Stahlbau GmbH*. Es folgte 1999 die *Arminius Schiffahrtsgesellschaft mbH* zwecks Vermittlung von Schiffsneubauten in China.

Diese Entwicklung setzte sich nach der Jahrtausendwende zunächst mit der Beteiligung der *Arminius Werke GmbH* an der 2001 in Insolvenz geratenen Schiffswerft *J.G. Hitzler* in Lauenburg an der Elbe fort.[129] Nach Ansicht der Verantwortlichen könnten „*...über die drei Standorte Lauenburg, Emden und Bodenwerder...sie in Norddeutschland nahezu flächendeckend die Kunden bedienen...*" Erneut war ein Werftenverbund entstanden, der „*...für jede Schiffsgröße bis 12.000 tdw die optimale Lösung anbieten kann...*"
Es folgte 2003 die Gründung der *Arminius Marine Service GmbH* und 2007 der *Arminius Reederei – erste Verwaltungs GmbH*.

Als 2013 alle restlichen Gebäudeteile auf dem Werftgelände abgerissen wurden, gründete *Dirk Pfaff* eine neue Metallbaufirma für den gewerblichen und privaten Bereich auf einem anderen Gelände in Bodenwerder. Mit verändertem Logo hat diese wiederum den Namen ARMINIUS im Firmentitel: **ARMINIUS Metall- und Industrieservice GmbH**.

Wenngleich die jeweiligen Firmenzusammenhänge aufgrund finanzieller Lageentscheidungen mehrfach sich geändert haben, so ist der Name ARMINIUS noch heute (2023) im maritimen Bereich vertreten. Äußeres Zeichen ist die immer wieder gleichartige Flagge mit den oberen und unteren roten Streifen der früheren *WTAG* und dem weißen Mittelfeld für das jeweilige Symbol.

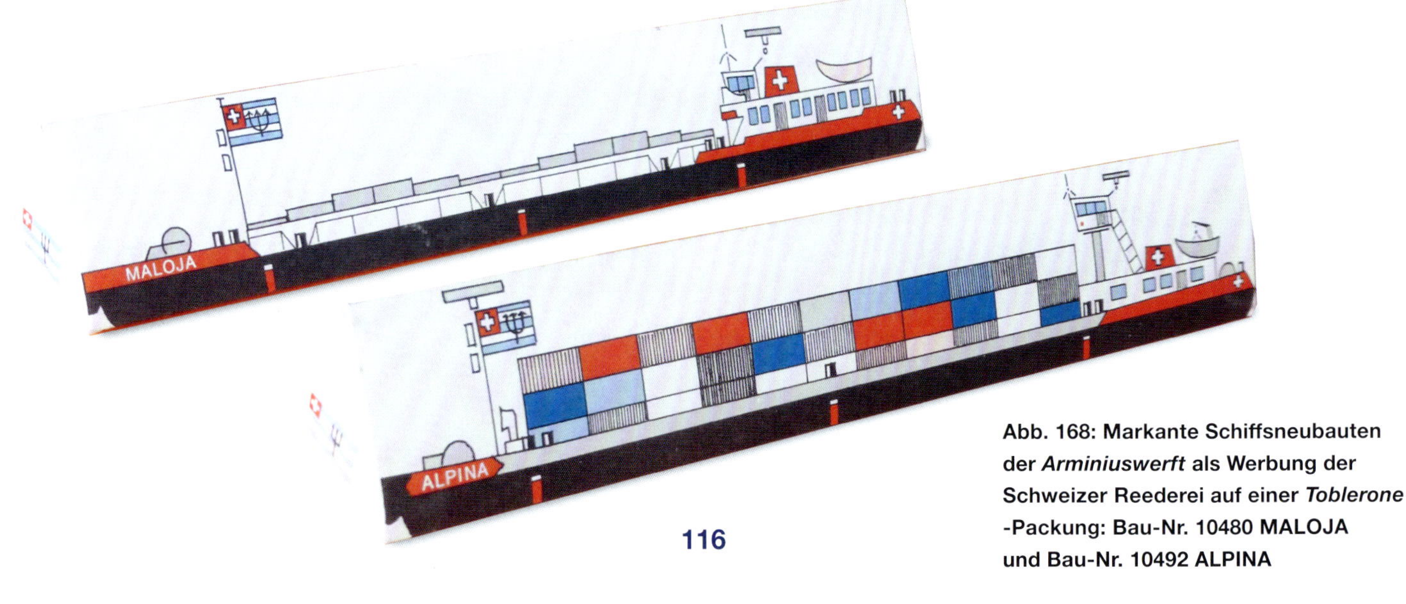

Abb. 168: Markante Schiffsneubauten der *Arminiuswerft* als Werbung der Schweizer Reederei auf einer *Toblerone*-Packung: Bau-Nr. 10480 MALOJA und Bau-Nr. 10492 ALPINA

Anmerkungen:

1 die Bezeichnung „Eisen“ für das neue Schiffbaumaterial entstammte zunächst dem allgemeinen Sprachgebrauch als Abgrenzung zum bisher verwendeten Holzmaterial; bedingt durch verfeinerte Herstellungsverfahren entstanden in der Folgezeit unterschiedliche Qualitäten; so unterschieden die „Bauvorschriften für Flussfahrzeuge auf dem Stromgebiet der Elbe…..“ von 1905 bereits in „Schweißeisen“ und „Flußeisen“ bei Frachtschiffen mit *eisernem* Boden und *eisernen* Borden; auch der *Germanische Lloyd* spricht 1920 in seinem Regelwerk über Klassifikation und Bau *flußeiserner* Binnenschiffe; erst mit Einführung von DIN-Normen – hier die DIN 1611 – in den 1930/40er Jahren begann die Festlegung einheitlicher Qualitätsbezeichnungen mit dem Kennzeichen *ST* für *Stahl;* im Schiffbau wurde daraufhin die Stahlgruppe *ST 42* am häufigsten verwendet; eine verbindliche Bezeichnung des Materials als ***STAHL*** begann erst nach dem Ende des 2. Weltkrieges – beispielweise beim *Germanischen Lloyd* in den „Vorschriften für Klassifikation und Bau von stählernen Binnenschiffen“ 1953; im Volksmund jedoch bestand die althergebrachte Bezeichnung „Eisen“ noch bis zum Ende des 20. Jahrhunderts

2 ein umfangreicher Originalschriftverkehr zur Anlage der „neuen“ Fabrik und angegliederter Schiffswerft mit dem Magistrat in Bodenwerder, der königlichen Gewerbeinspektion in Linden sowie anderen Behörden zusammen mit einem Lageplan, dat. November 1915, mit wesentlichen Angaben zum Werftplatz und der Stuhlfabrik in: Kreisarchiv Landkreis Holzminden

3 Originalblatt der „Deister- und Weserzeitung“, Nr. 302, 55. Jahrg., Hameln, Sonnabend, den 27. Dezember 1902 in Kreisarchiv Landkreis Holzminden

Abb. 169

4 der Personenraddampfer KAISER WILHELM ist nach 70 Jahren Einsatz auf der Oberweser am 15. Oktober 1970 am Anleger in Hameln vom *Verein zur Förderung des Lauenburger Elbschiffahrtsmuseums e.V.* als Museumsschiff erworben worden und fährt seitdem auf der Elbe von Lauenburg aus als „erste deutsche Museumsdampferlinie“ in nahezu unverändertem Zustand bis heute

5 teilweise zitiert aus: handschriftliche Aufzeichnungen eines namentlich Unbekannten, der 1894 bei Christian Pape in Kemnade als Zimmerergeselle angefangenen hatte – vmtl. 1927 zum 25 jährigen Jubiläum der Werft aus der Erinnerung aufgeschrieben – Aktenbestand „Arminius“ im LEA

Jubiläum

6 verschiedene Originale von amtlichen Auflistungen zum Betrieb von Christian Pape in: Kreisarchiv Landkreis Holzminden

7 Ostersehlte, Christian: *Ab Bremen weseraufwärts: die Bremer Schleppschiffahrts-Gesellschaft (BSG) 1886-1937*, unveröffentlichtes Manuskript, Bremen, 2019

8 Aktennotizen zur Arminiuswerft, Aktenbestand LEA und Kreisarchiv Landkreis Holzminden

9 eine provisorische Zusammenstellung der Neubauten in diesem Zeitraum ist dem „Verzeichnis der neu erbauten Schiffe" im Anhang zu entnehmen; Basis dazu ist die Auswertung der Rheinschiffsregister 1926 + 1956 sowie den anschließenden IVR-Registern *„Internationale Vereinigung des Rheinschiffsregisters"*, Köln, Jahrgänge 1972-1999

10 siehe Anmerkung Nr. 7

11 siehe: „Beglaubigte Abschrift aus dem Handelsregister" Abtlg. B, Nr.5, aus dem Jahre 1912, Aktenbestand „Arminius", LEA und „Auszug aus dem Verzeichnisse der Gewerbeanmeldungen vom 3. Dez. 1912" Aktenbestand im Kreisarchiv Landkreis Holzminden

12 für diesen Verkehr ließ die Bremer Firma „Hagens, Anthony & Co." bei der „Norddeutschen Maschinen- und Armaturenfabrik GmbH" in Bremen drei spezielle Heckraddampfer – EXPRESS I bis III – erbauen; sie waren 57 m lang und 7,80 m breit und hatten bei einem Tiefgang von nur (!) 1,20 m eine Tragfähigkeit von 250t; eine detaillierte Darstellung inkl. verschiedener Zeichnungen findet sich in: *Schiffbau, Zeitschrift für die gesamte Industrie auf schiffbautechnischen und verwandten Gebieten*, Berlin, vom 25. Okt. 1911, S. 41-45 nebst 3 Tafeln (Zeichnungen)

13 bei den genannten 2 Schiffswerften handelt es sich um die Werft *Gebr. Sachsenberg AG* in Roßlau und die *Dresdner Maschinenfabrik & Schiffswerft Übigau AG* in Dresden-Übigau

14 Selbstdarstellung der *Münsterische Schiffahrts- und Lagerhaus-Aktien-Gesellschaft, Münster in Westfalen*, in: Soldan: *Die Wasserwirtschaft Deutschlands und ihre neuen Aufgaben*, Band III, Berlin, Hobbing, 1925, Seiten 1181-183

15 siehe Löbe, Karl: *Das Weserbuch – Roman eines Flusses*, Hameln,1968, Seiten 103-105

16 das ausgewertete Werftfoto ist abgedruckt in: Soldan: *Die Wasserwirtschaft Deutschlands und ihre neuen Aufgaben*, Band III, Berlin, Hobbing, 1925, Seite 183; ferner Originallagepläne von Okt. 1928 und Juli 1930 im Bestand LEA 155 / ID 3962

17 siehe *Jubiläumsschrift Westfälische Transport-Aktien-Gesellschaft WTAG 1897 – 1957*, Dortmund, 1957, Seite 44

18 weitere Daten zum Schiff in: *Germanischer Lloyd: Internationales Register 1924*, Berlin, 1924

19 es handelt sich hier um die „N.V. Nederrijnsche Scheepvaart-Matschappij – Rotterdam", 1918 hervorgegangen aus der Niederlassung der WTAG als Tochtergesellschaft mit den Schiffsneubauten RIJNTRANS 13, 17, 18 sowie die „Niedersächsischen Verfrachtungsgesellschaft mbH", Hannover mit dem Frachtkahn BRAUNSCHWEIG No. 1

20 eine Kurz-Veröffentlichung findet sich in: *Zeitschrift für Binnenschiffahrt*, Berlin, 1926, Seite 571

Abb. 170

21 Tabellen mit detaillierten Angaben finden sich in: Schreiber, Erich: *Handbuch für die Deutsche Binnenschiffahrt 1929/30*, Seiten 42 – 44

22 ein Satz technischer Zeichnungen, speziell zur Gestaltung des Schiffskörpers, befindet sich im Bestand LEA Nr. 154.1

Archiv — plan: Zeichnungen zu Schiff

Zeichnungsnr	Bezeichnung	Typ	Standort
III/1	hintere Wohneinrichtung	p	154.1
II/2	Wellenrohr	p	154.1
8	Außenhaut (mit Spantenriß Hinterschiff)	p	154.1
9	Außenhaut (mit2 Ergänzungsblätter)	p	154.1
10	Schott Spt.9 (2x)	p	154.1
11	Schott Spt. 21 (2x)	p	154.1
12	Schotte Spt. 50, 68, 98	p	154.1
13	Schott Spt. 118	p	154.1
14	Schott 124 und Kettenkasten (2x)	p	154.1
11	Schott Spt. 21	p	154.1
15	Herften Spt. 50, 68, 98	p	154.1
16	Spanten 36 - 112 (Hauptspant)	p	154.1
17	Rahmenspanten 31, 41, 79, 89 und Gebinde	p	154.1
18	Spanten -3 bis 35 (3x)	p	154.1
19	Spanten 113- 128	p	154.1
21	Hinterdeck	p	154.1
22	Vorderdeck	p	154.1
25a	Hintere Roof (Bl. 2)	p	154.1
25b	Hintere Roof (Bl. 2)	p	154.1
26	Vordere Roof	p	154.1
27	Motorenfundament	p	154.1
28	Steuerhaus	p	154.1
28a	Steuerhaus Oberteil (2x)	tp	154.1
30	Großer Steuerständer 7 Einbau der Wellen	p	154.1
37	Schottstopfbuchse für120mm Welle	p	154.1
III/2	Einichtung der Matrosenwohnung	p	154.1
II/3	Wellenbock	p	154.1
II/1	Ruderhacke	p	154.1

Schiffstyp: Gütermotorschiff — Werf: C. Pape, Bodenwerder — Baunr: 135, 136
Schiffsname: MINDEN 5 — Eigentümer: Mindener Schiffahrt AG, Minden

23 der „Zentral-Verein für deutsche Binnenschiffahrt e.V." hatte bereits Ende 1930 damit begonnen, zusammen mit den Sachverständigen aus Binnenschifffahrt, Werften und Motorenherstellern für den Bau von Binnenschiffen für Deutschlands Wasserstraßen besonders geeignete Schiffstypen zu definieren; der Haupttyp „Gustav Koenigs", hervorgegangen aus dem früheren „Dortmund-Ems-Kanal Typ", sollte 71% der Gesamtstrecke des Wasserstraßennetzes befahren können

24 siehe „Beglaubigte Abschrift – Handelsregister" des Amtsgerichts in Eschershausen, Abtlg. B, Band 1 Nr. 8; im Aktenbestand „Arminius", im LEA

25 siehe „Katasterblatt für gewerbliche Anlagen" der Stadt Bodenwerder für das Jahr 1930/31, in: Kreisarchiv Landkreis Holzminden

26 eine detaillierte Beschreibung des Umbaus befindet sich in: *Zeitschrift für Binnenschiffahrt*, 1932, Heft 12, Seiten 300-301

27 siehe Böhm, Karl: Die Reichszuschüsse für die Instandsetzung von Binnenschiffen, in: *Zeitschrift für Binnenschiffahrt*, 1934, H. 10/12, S. 231-233

28 siehe hierzu: Koerbel, W.: Entwicklung des Binnenschiffs unter dem Einfluß des Mittellandkanals, in: Zeitschrift *Werft-Reederei-Hafen*, Heft 20, 1938, S. 305-310

29 siehe Anmerkung Nr. 17, Seite 56

30 eine technische Beschreibung der neuen Antriebsart findet sich in der Zeitschrift *Werft-Reederei-Hafen* vom 15.8.1927, Seiten 247 – 249: Schmidt, K.: *Feste Brennstoffe in Schiffsgasanlagen*, KHD Köln

31 eine 12-seitige „Kosten-Übersicht", vermutlich nach Abschluss der Arbeiten erstellt, mit vielen Einzelpreisen befindet sich im Aktenbestand „Arminius", LEA A-3255

32 bei dem „Schlepper" handelt es sich um den 1892 bei *Janssen & Schmilinski* in Hamburg für Otto Wichmann als Bau Nr. 303 gebauten Schraubendampfer EMMA mit einer Länge von 18,30m; nach einem Verkauf Ende 1907 fuhr dieser für die *Alsterdampfschiffahrts-Gesellschaft* in Hamburg auf der Alster; im Juni 1938 erfolgte der Ankauf durch die Arminiuswerft vorm. Pape in Bodenwerder; dort erfolgte die Motorisierung zunächst auf 100 PSe und die Eintragung in das Binnenschiffsregister Hameln; im April 1943 musste das Schiff an das Reichsverkehrsministerium abgegeben werden zum Einsatz bei der *Weichselschiffahrt GmbH* in Schröttersburg (Quelle: Binnenschiffsregister Hamburg – Nr. 11714)

Abb. 171

33 siehe Schriftverkehr Arminiuswerft →Wasserbauamt Hameln mit Baubeschreibung und Lageplan, Aktenbestand „Arminius", LEA A-3256

34 die Erweiterung der Slipanlage (später als Helling II bezeichnet) erfolgte Mitte 1943 zunächst als „provisorische Aufslipanlage", siehe Aktenbestand „Arminius", LEA A-3256

35 siehe Aktenbestand „Arminius", LEA A-3249

36 siehe Aktenbestand „Arminius", LEA A-3256

37 siehe Hamann, Andreas: *Die Binnenschifffahrt auf mitteldeutschen Gewässern*, Lauenburger Hefte zur Binnenschifffahrtsgeschichte, Heft 18, Lauenburg, 2022, Seiten 31-34

38 siehe hierzu: Meyer, August: *Rüstungsproduktion in Bodenwerder*, Braunschweig, Steinweg, 1994, Seite 199

39 siehe Brief vom 17.11.1942 an Erich Schreiber, „Reichsverkehrsgruppe Binnenschiffahrt" in Berlin, siehe Aktenbestand „Arminius" im LEA A-3255

40 siehe Briefverkehr mit dem „Sonderausschuß Küsten- und Flußschiffe" und der Reichsverkehrsgruppe „Binnenschiffahrt" Berlin, siehe Aktenbestand „Arminius" im LEA A-3255

41 eine Zeichnung mit detaillierten Bauangaben befindet sich im Aktenbestand „Arminius", LEA 155/ ID3962

42 Schriftverkehr und Vorbescheid des „Reichsministeriums Speer" in: Aktenbestand im Niedersächsischen Landesarchiv, Hannover, Azz. NLA Hann. 140 Hildesheim Acc.47/63Nr.594

43 Die Fa. „C. Müller KG – Maschinenfabrik und Eisengiesserei" in Forst über Holzminden fertigte auch in späteren Jahren die Slipwinden für die mehrfach erweiterte Helgenanlage der Arminiuswerft; bekannt geworden ist die Fa. „Müller KG" in den 1950er Jahren mit der Entwicklung motorgetriebener Bugankerwinden für Binnenschiffe des Typs „Gustav Koenigs" unter der Bezeichnung „WESARIA" – siehe auch Firmenprospekte im Aktenbestand „Arminius" im LEA

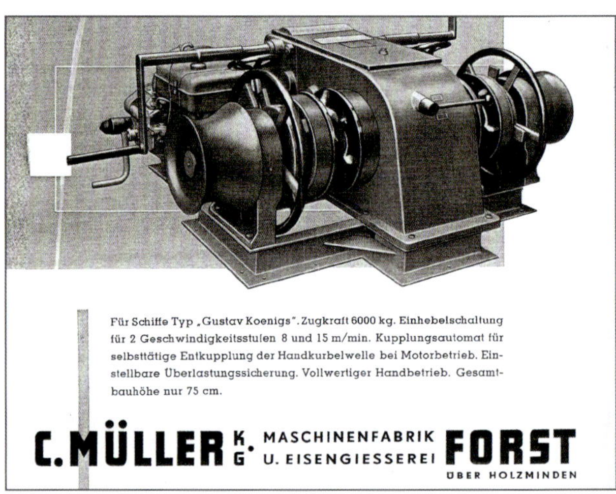

Abb. 172

44 siehe Schriftverkehr im Aktenbestand „Arminius", LEA A-3256

45 Berichte und Aktenvermerke der *Arminiuswerft*, Herren *Kölven* und *Klenke*, an die *WTAG* in Dortmund, im Aktenbestand „Arminius", LEA

46 zitiert aus dem Antrag der *Arminiuswerft GmbH* und der Baufirma *Hr. Sauerland* vom 10. November 1943, im Aktenbestand „Arminius", LEA A-3256

47 persönliche Erinnerungen von *Arthur Brennecke*, Bodenwerder

48 siehe Brief der „Deutschen Eisenbahn-Betriebs-Gesellschaft", Berlin vom 29. Dezember 1944, im Aktenbestand „Arminius" im LEA A-3248

49 Für den Zeitraum April/Mai 1944 werden detaillierte Aufstellungen im Schriftverkehr zwischen der Arminiuswerft und dem Gewerbeaufsichtsamt Hildesheim genannt; siehe Aktenbestand Niedersächsisches Landesarchiv, Hannover, Azz. NLAHann. 140 Hildesheim Acc.47/63 Nr.595.

In der Studie *Das nationalsozialistische Lagersystem* (CCP – Catalogue of Camps and Prisons), hrsg. von Martin Weinmann,

Frankfurt/M.,1998, werden für die Arminiuswerft 300 Personen aus einem „Zivillager – CWC“ genannt

50 ein Lageplan der Arminiuswerft und ein Aktenvermerk des Gewerbeaufsichtsamtes Hildesheim in: Niedersächsisches Landesarchiv, Hannover, Azz.NLAHann. 140 Hildesheim Acc.47/63Nr.595; alle Baracken waren noch bis 1989 auf dem Werftgelände vorhanden, bevor sie endgültig abgebaut wurden (Mitteilung von *Jürgen Freudenberg*)

51 siehe Bericht der *Arminiuswerft* an den Vorstand der WTAG in Dortmund vom 25. September 1943 (K/B), im Aktenbestand „Arminius“, LEA A-3255; eine weitergehende Auflistung in: Brief *Arminiuswerft* vom 9.5.1944 an das Gewerbeaufsichtsamt Hildesheim, siehe Aktenbestand Niedersächsisches Landesarchiv, Hannover, Azz.NLAHann. 140 Hildesheim Acc.47/63Nr.595

52 siehe „Bericht über eine Besichtigung der Firma *Arminiuswerft* GmbH, Bodenwerder/Weser“ durch das Gewerbeaufsichtsamt Hildesheim vom 22.5.44 sowie gleichlautende Mitteilung der Arminiuswerft vom 9.5.44, siehe Aktenbestand Niedersächsisches Landesarchiv, Hannover, Azz.NLAHann. 140 Hildesheim Acc.47/63Nr.595

53 Ferner findet sich eine detaillierte Beschreibung der Situation der auf der Arminiuswerft tätigen Fremdarbeiter in: Creydt, Detlef: *Lager der Samtgemeinde Bodenwerder – Zwangsarbeits-, Zivilarbeits- und Kriegsgefangenenlager der Arminiuswerft GmbH*, veröffentlicht in: Creydt, D. / Meyer, A.: *Zwangsarbeit für die Rüstung im südniedersächsischen Bergland*, Braunschweig, 1994, Seiten 202-213

54 persönliche Erinnerung von *Arthur Brennecke*; die Bunker sind auch in der Lageplanzeichnung der Arminiuswerft vom 31.3.1953 noch verzeichnet, siehe Aktenbestand „Arminius“, LEA ID 3962 Nr. 155

55 siehe Anm. 17, Seite 59

56 Detailangaben zu den Aufgaben der Reparaturkommissionen finden sich in: *Merkblatt über Binnenschiffs-Reparaturen*, vom August 1947 und einer Untersuchung des „Verbandes Deutscher Schiffswerften e.V.“, Hamburg vom November 1947 – im Aktenbestand „Arminius“ im LEA

57 für den Zeitraum der Fremdnutzung versuchte die Arminiuswerft eine Nutzungsentschädigung entsprechend eines Runderlasses des „Niedersächsischen Ministers der Finanzen“ vom 23.Juni 1947 zu erhalten; entsprechende Unterlagen in: Aktenbestand Niedersächsisches Landesarchiv Abteilung Stade; Azz Rep.180Mil.Nr.205

58 entsprechende Berichte zur Motorisierung der WTAG-Flotte befinden sich in: *Zeitschrift für Binnenschiffahrt*, 1955, Heft 9, Seite 318 und in: *HANSA – Zeitschrift für Schiffahrt*, Schiffbau, Häfen, 1955, Seite 1702; darin wird über eine Anzahl von 63 umgebauten Schleppkähnen berichtet

59 *Hermann Kellermann*, geb.1875, war Generaldirektor der „Gutehoffnungshütte“ und Mitglied des Aufsichtsrates der WTAG ab 1936 sowie Vorsitzender des Aufsichtsrates der MSLAG zwischen 1936 und 1943 und wieder ab 1954; in seine Amtszeit fiel der großzügige Flottenaufbau Ende der 1930er Jahre

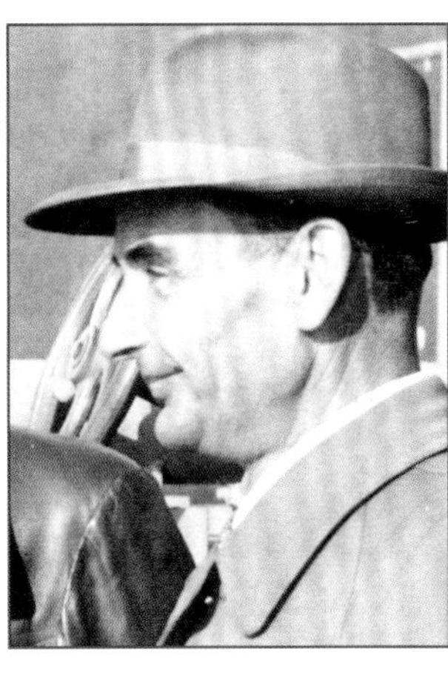

Abb. 173

60 lt. Angaben in: *WER gehört zu WEM – Mutter- und Tochtergesellschaften von A-Z der Commerz- und Disconto Bank AG für das Jahr 1954* waren an der WTAG beteiligt: 50% „Montan Verwaltungs GmbH“, Essen; 13,7% „Dortmund-Hörder Hüttenunion AG“, Dortmund; 10,7% „Hoesch Werke AG“

61 eine Beschreibung des Projektes in: *Zeitschrift für Binnenschiffahrt*, 1952, Heft 6, Seiten 168/169

62 aus Anlass der Übergabe des Schiffes OSWALD druckte die Fa. „C.W. Niemeyer“ in Hameln eine Festschrift mit

Abb. 174

„launigen" aktuellen Beiträgen; Freiherr von Münchhausen, die Symbolfigur Bodenwerders, war mit von der Partie; im Aktenbestand „Arminius" im LEA A-3258

63 siehe Pachtvertrag von 1917: *„..Der Magistrat der Königlichen Haupt- und Residenzstadt Hannover erhält die Erlaubnis zur Anlage und Benutzung einer Uferladestelle zwischen Km 163,53 und 163,72 an der Südseite des Ems-Weser-Kanals..."* Aktenbestand im Stadtarchiv Hannover, Stadt A H1.HR.07 Nr. 1363

64 siehe Schriftverkehr im Aktenbestand im Stadtarchiv Hannover, Stadt A H1.HR.07 Nr. 1363

65 siehe Erinnerungsbericht *Arthur Brennecke*

66 siehe Brief der Arminiuswerft vom 1. Juni 1959 in: Aktenbestand im Stadtarchiv Hannover, Stadt A H1.HR.07 Nr. 1363

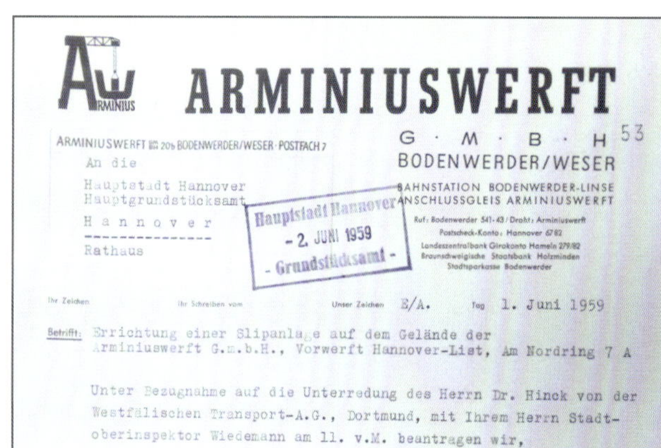

ARMINIUSWERFT
G · M · B · H 53
BODENWERDER/WESER

ARMINIUSWERFT 20b BODENWERDER/WESER · POSTFACH 7

An die
Hauptstadt Hannover
Hauptgrundstücksamt
H a n n o v e r
Rathaus

Hauptstadt Hannover
- 2. JUNI 1959
- Grundstücksamt -

BAHNSTATION BODENWERDER-LINSE
ANSCHLUSSGLEIS ARMINIUSWERFT
Ruf: Bodenwerder 541-43 / Draht: Arminiuswerft
Postscheck-Konto: Hannover 6782
Landeszentralbank Girokonto Hameln 279/82
Braunschweigische Staatsbank Holzminden
Stadtsparkasse Bodenwerder

Ihr Zeichen | Ihr Schreiben vom | Unser Zeichen E/A. | Tag 1. Juni 1959

Betrifft: Errichtung einer Slipanlage auf dem Gelände der Arminiuswerft G.m.b.H., Vorwerft Hannover-List, Am Nordring 7 A

Unter Bezugnahme auf die Unterredung des Herrn Dr. Hinck von der Westfälischen Transport-A.G., Dortmund, mit Ihrem Herrn Stadtoberinspektor Wiedemann am 11. v.M. beantragen wir,

Abb. 175

67 siehe Expertenbericht Nr. 2044/58 des *Expertbüros Kurt Gassner* in Hannover vom 3. August 1958 zur Errichtung einer Slipanlage der Arminiuswerft in Hannover-List; K. Gassner untersucht mit Zeichnung und Berechnungen die Möglichkeit einer neuartigen Auflandnahme mittels hydraulischer Hebebühne, kombiniert mit landseitigen Slipwagen, Aktenbestand „Arminius" im LEA

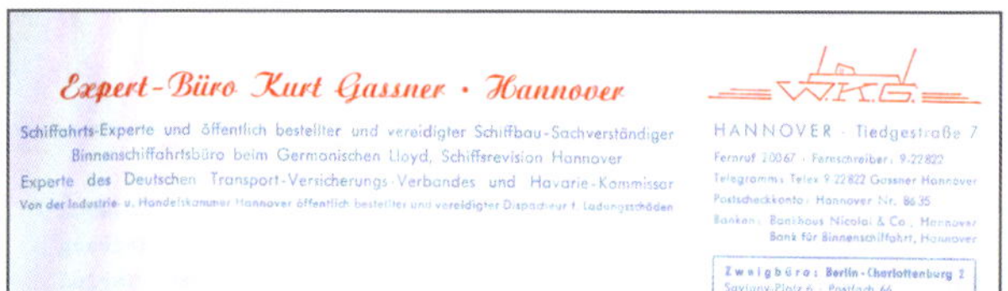

Expert-Büro Kurt Gassner · Hannover

Schiffahrts-Experte und öffentlich bestellter und vereidigter Schiffbau-Sachverständiger
Binnenschiffahrtsbüro beim Germanischen Lloyd, Schiffsrevision Hannover
Experte des Deutschen Transport-Versicherungs-Verbandes und Havarie-Kommissar
Von der Industrie- u. Handelskammer Hannover öffentlich bestellter und vereidigter Dispacheur f. Ladungsschäden

W.K.G.

HANNOVER · Tiedgestraße 7
Fernruf 20067 · Fernschreiber: 9 22822
Telegramm: Telex 9 22822 Gassner Hannover
Postscheckkonto: Hannover Nr. 8635
Banken: Bankhaus Nicolai & Co., Hannover
Bank für Binnenschiffahrt, Hannover

Zweigbüro: Berlin-Charlottenburg 2
Savigny-Platz 6 · Postfach 66

68 in dem Buch *Stadtlandschaft und Brücken in Hannover* herausgegeben von der WSD-Mitte 2000 findet sich auf Seite 58 ein undatiertes Foto der *Arminiuswerft* Hannover, welches auf der Slipanlage ein fast fertiges Schiffskasko von rd. 67 m Länge zeigt; weitergehende Informationen sind nicht bekannt – gleiches findet sich auch im Jubiläumsbuch der WTAG 1957 und in: Schirsching, Jürgen: *Schifffahrt auf dem Mittellandkanal*, Erfurt, 2017, Seite 65

69 ***Gustav Koenigs***, geb. 1882 in Düsseldorf wurde bereits am 16.4.1920 als „Geheimer Regierungsrat" in das Preuß. Ministerium für öffentliche Arbeiten berufen. Im Alter von erst 38 Jahren wurde ihm am 1.4.1921 als Ministerialdirigent die Leitung der Verkehrsabteilung im neu gegründeten Reichsverkehrsministerium übertragen. Später erfolgte die Ernennung zum Staatssekretär dieses Ministeriums. In dieser Funktion hatte er sich mit großem Geschick und persönlichem Einsatz um die Belange der Binnenschifffahrt erfolgreich gekümmert. Zu seinem Gedenken benannte der „Zentralverein für Deutsche Binnenschiffahrt e.V." den ersten Neubauentwurf der Typenserie nach ihm.

70 siehe hierzu: *Zeitschrift für Binnenschiffahrt*, 1958, Heft 11, Seiten 443/444

71 technische Daten in: Rheinschiffs Register, 1956

Abb. 176

72 die baulichen Regelwerke finden sich neu zusammengestellt in: Germanischer Lloyd – *Vorschriften für Klassifikation und Bau von stählernen Binnenschiffen*, Hamburg, 1953, - Abschnitt 16 Tankschiffe; hier wurden sowohl die baulichen Abmessungen zur wahlweisen Bauart in Längs- oder Querspantenbauweise, die Schweißtechnik, Sicherheitsregeln und Tankschiffs spezifische Ausrüstungen geregelt; alle neu erbauten Tankschiffe müssen klassifiziert werden – z.B. GL+100A4 I „Tankschiff"

73 bei den beiden Werften handelt es sich um die „Ernst Menzer Werft" in Geesthacht, welche 1951 unter der Bau Nr. 414 das Tankschiff LUISE CHARLOTTE an die „Luise Schiffahrts-Gesellschaft" ablieferte und die Werft „J. G. Hitzler" in Lauenburg, welche ebenfalls 1953 mit der Bau Nr. 533 das Tankschiff INGEBORG SUHL für den Eigner Wilhelm Suhl erbaute

74 Notizen teilweise aus der Erinnerung von *Arthur Brennecke* im Aktenbestand „Arminius" im LEA

75 das Gründungsdatum der Werft durch *Chr. Pape* variiert über viele Jahre in verschiedenen Darstellungen, insbesondere der unterschiedlichen Geschäftsführungen, zwischen 1902 und 1903; eindeutig festgelegt ist der Beginn der Arbeiten am Standort in Bodenwerder am Rühler Weserufer durch die „Strompolizei-Erlaubnis" vom 13. März und 16. Mai 1902 und einem Zeitzeugenbericht; die Bauarbeiten zur nötigen Slipanlage müssen spätestens Anfang 1903 beendet gewesen sein, sodass das erste Schiff – der Weserdampfer BISMARCK – auf Land gezogen werden konnte, gefolgt von weiteren Reparaturschiffen; somit ist als Gründungsjahr der Werft „Pape / später Arminius" das Jahr 1902 festzulegen; das Jahr 1903 kann separat auch als das Jahr der „ersten Nutzung der Slipanlage" gewertet werden!

76 eine detaillierte technische Beschreibung des Schiffes WESERBERGLAND in: *HANSA – Zeitschrift für Schiffahrt, Schiffbau, Häfen*, 1967, Heft 17, Seiten 1473/74, und in: *Die Weser – Monatsschrift des Weserbundes e.V.*, Bremen, 1967, Nr. 6 und Zeichnungsbestand des LEA U31.26 / ID 4015

77 siehe: Viel Wind um Fertighäuser, in: *HANSA – Zeitschrift für Schiffahrt, Schiffbau, Häfen*, 1963, Nr. 17, Seite 1663

78 ein Werbeprospekt „Leben wie ein König im Ferienhaus" der Arminiuswerft enthält viele Details in Form von Zeichnungen und Fotos bereits erbauter Häuser – eine Anlehnung an größere Schiffskajüten ist unverkennbar; zur Werbung standen auf dem Werftgelände Musterhäuser zur Verfügung

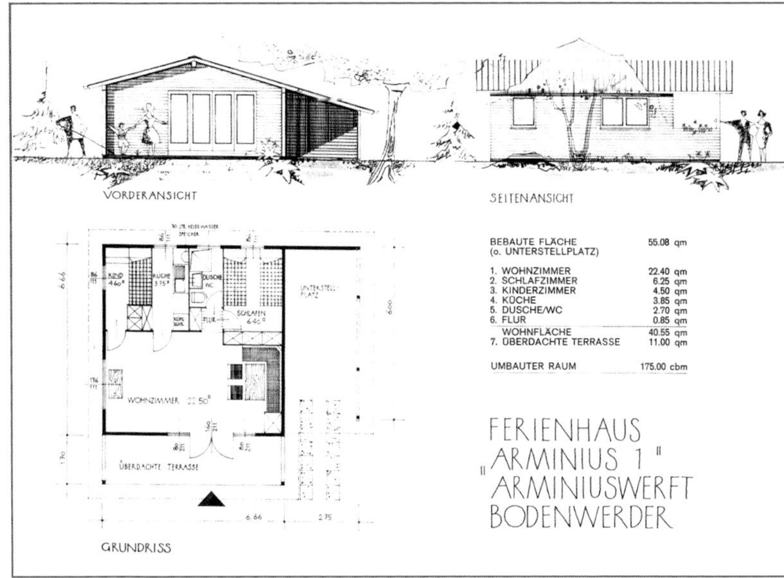

Abb. 177

79 die Länge der Schiffe im Berlin-Verkehr war durch das Ziel des Löschstandortes vorgegeben; dieser war nur durch das Passieren von Schleusen mit deren Abmessungen möglich; so konnte beispielsweise der Löschplatz „Tegel oberhalb" nur von Schiffen mit einer Länge von max. 69 m erreicht werden; die Festlegung der Schiffsbreite auf 9 m (genau 8,99 m) beruhte auf einem Regelwerk der DDR-Behörden

80 zitiert aus Pressebericht der Arminiuswerft zum Stapellauf des Neubaus Nr. 391 – TMS RAAB KARCHER 122 – am 7. Januar 1971; im Aktenbestand „Arminius" im LEA A-3258

81 die „Continue-Fahrt" wurde in der Rheinschifffahrt – speziell bei den großen Schubverbänden – entwickelt; hier ist das Schiff „rund um die Uhr" ohne Pausen im Einsatz; dazu bedarf es einerseits eines technisch erhöhten Aufwands in der Schiffsausrüstung mit nautischen Gerätschaften wie z.B. Radar, Funk, teilweiser Automatisierung der Maschinenanlagen und andererseits einer Neureglung in der Zusammenstellung der Schiffsbesatzung; das Schiff muss immer 3 komplette Besatzungen zur Verfügung haben, von denen jeweils 2 an Bord im 2 x 12 Stunden

Rhythmus im Dienst sind, während die 3. Mannschaft an Land in Freizeit sich befindet; nach 10 Tagen wird eine der beiden Bordbesatzungen von der dritten abgelöst; daher müssen an Bord die Wohnräume für 3 Besatzungen ausreichend und entsprechend eingerichtet sein

82 siehe hierzu Berichte in: *Deister- und Weserzeitung – Anzeiger für Bodenwerder* vom 19. November 1971, 17. März 1972: *Trotz Niedrigwasser gelangen Arminiuswerft zwei Stapelläufe* und vom 26. April 1972: *HANSA 3....weil die Weser noch zu flach war und das Schiff nicht selbstständig aufschwamm. Es mußte mit Hilfe eines über die Weser gespannten Seils mit der Heckankerwinde vom Wagen gezogen werden....*

83 Daten entnommen einer „Umfrage zur gegenwärtigen und zukünftigen Struktur sowie zum Investitionsbedarf der Binnenschiffswerften" des Verbandes Deutscher Schiffswerften, Hamburg, 1972, im Aktenbestand „Arminius" im LEA

84 zitiert aus einem Schreiben der *Arminiuswerft* an die WTAG Dortmund vom 21.1.1970, im Aktenbestand „Arminius" im LEA

85 siehe Notizen hierzu, wonach ein erstes Angebot bereits im Juni 1963 von der Fa. *Wissneth & Co* in Detmold ausgearbeitet wurde; dieses war nach geringfügigen Veränderungen 1970 die Grundlage der offiziellen Auftragserteilung, datiert 19. Juni 1970, mit einem Gesamtpreis von DM 395,000,– zzgl. 11% MWSt; im Aktenbestand „Arminius", LEA A-3257

86 Originalangebot der Fa. *Wissneth* vom 22.5.1970, im Aktenbestand „Arminius", LEA A-3257

87 siehe Bericht in *Deister- und Weserzeitung – Täglicher Anzeiger* vom 30. Dezember 1971

88 siehe Bericht in: *Deister-und Weserzeitung* vom 20. Juli 1972

89 die VEBA – „Vereinigte Elektrizitäts- und Bergwerks AG" wurde 1929 zur Aufnahme wirtschaftlich gefährdeter preußischer Staatsunternehmen mit Sitz in Berlin gegründet; 1948 erfolgte der Wiederbeginn der Geschäftstätigkeit als „Gesellschaft des Bundes" unter gleichem Namen; es erfolgten Teilprivatisierungen und Verkäufe sowie 1965 die Übernahme der „Stinnes AG"; 1970 kam es zu umfangreichen Beteiligungsverhältnissen und auch kompletten Übernahmen von Unternehmen des Energiesektors; unter der Bezeichnung „VEBA AG" wurde der Sitz der Gesellschaft nach Düsseldorf verlegt; 1987 erfolgte die vollständige Privatisierung durch den Bund

90 siehe Info-Brief der RHENUS-WTAG an deren Kunden über die organisatorische Neuregelung und zukünftige Firmierung vom 1. Oktober 1976, *Zeitschrift für Binnenschiffahrt*, 1978, Heft 6, Seite 210ff

91 siehe Info-Schrift der „Dettmer-Gruppe" zur Darstellung ihrer verschiedenartigen Aktivitäten, ohne Datum, im Aktenbestand im LEA

93 siehe hierzu „Abschiedsrede von *Nils Ahsbahs* bei seinem Ausscheiden als Geschäftsführer der Werft in Bodenwerder 1983", im Aktenbestand „Arminius" im LEA

94 der gesamte Bericht ist abgedruckt in: *Zeitschrift für Binnenschiffahrt*, 1978, Heft 6, Seite 210ff

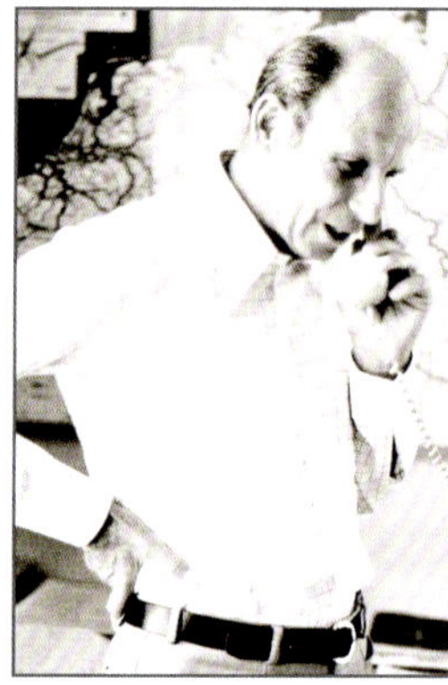

Abb. 178

95 eine detaillierte Beschreibung des Neubaus HOLZMINDEN mit Angaben zur Entwicklung der Oberweserflotte in: *Die Weser – Zeitschrift des Weserbundes e.V.*, Bremen, 1978, Nr. 5

Abb. 179

96 der Bremer Kapitän *Helmuth Möncke* hatte in den 1970er Jahren ein neues Seetransportsystem entwickelt, ein Containerschiff welches sowohl 500 Container an Deck als auch Leichter als Dockschiff aufnehmen konnte; das erste neu erbaute Typschiff – BACO LINER 1 – wurde im August 1979 von der Werft „Thyssen Nordseewerke Emden" in Emden abgeliefert; das Fahrtgebiet sollte Westafrika – speziell Lagos – sein; den ersten Satz der einschwimmbaren 12 Leichter lieferte die Arminiuswerft aus Bodenwerder; Detailangaben in: *Zeitschrift für Binnenschiffahrt*, 1979, Heft 8, Seiten 343-354 und 1979, Heft 9, Seite 397

97 siehe Döhrn, K.-J.: *Längs- und Querspantenbauweise von Binnenmotorgüterschiffen aus der Sicht der Festigkeit* und Flöter: *kann Längsspantenbauweise im Doppelboden bei Motorgüterschiffen kostengünstiger sein?* in: *Zeitschrift für Binnenschiffahrt*, 1980, Seiten 376 – 382

98 siehe Pressemitteilung der Werft vom 24.7.1968 zu diesem Neubau, im Aktenbestand „Arminius", LEA A-3261

99 für den Neubau LEOPARD mit Heimathafen „Basel" war die zur Dettmer-Gruppe gehörende Reederei „Rheinschiffahrtskontor" im Schiffsregister eingetragen

100 die Chinesen lieferten die fertig konservierten Kaskos vom Typ des „Einraum-Großmotorgüterschiffes" auf großen Seepontons in Mengen bis zu 12 Stück gestapelt frei Rotterdam zu einem „kg-Preis", welcher in Deutschland knapp die Beschaffungskosten des Rohmaterials direkt vom Stahlwerk entsprach (!).

101 siehe Baulisten der Werften in: Boie, Cai: *Von der Hanse kogge zum Containerschiff – 500 Jahre Schiffbau in Deutschland*

102 siehe Rundschreiben der „Werftunion GmbH & Co" vom September 1980 an alle Kunden, im Aktenbestand „Arminius", LEA A-3262

103 Koppelverbände bestehen aus einem mit hoher Motorleistung versehenen Motorgüterschiff, dem ein antriebsloser Schubleichter vorgespannt wird; je nach den Schiffsabmessungen können mit diesem System mehr als 5.000t Ladung transportiert werden; die Schiffsformation ist bei entsprechender Ausbildung der Laderäume besonders für den Transport von Massengütern und dem ständig zunehmenden linienmäßigen Containerverkehr geeignet; eine detaillierte Beschreibung des für diesen Verkehr neu erbauten Motorgüterschiffen UNSER FRITZ findet sich in: *Zeitschrift für Binnenschiffahrt*, 1981, Heft 6, Seite 198

104 eine technische Beschreibung des Schubbootes STINNES-SCHUB I findet sich in: Barg, Friedberg/Cambruzzi, Sandro: *Schubeinheiten und Koppelverbände der Binnenschiffahrt in Deutschland*, Herfort, 1991, Seiten 116-117

105 zitiert aus einem Lagebericht von W. Fritze vom 5.12.1987

106 ein Konvolut von Zeitungsberichten der *Deister- und Weserzeitung – Anzeiger für Bodenwerder* zur Thematik der Werftschließung befindet sich im Aktenbestand „Arminius" im LEA A-3261

107 siehe Berichterstattungen in: *Deister- und Weserzeitung – Anzeiger für Bodenwerder* 28. 4.1988, 15.6.1988, 9.6.1988, im Aktenbestand „Arminius" im LEA A-3261

108 Bericht von Hubert Windheuser, Betriebsratsvorsitzender der Arminiuswerft, in: *Deister- und Weserzeitung – Anzeiger für Bodenwerder* vom 27.4.1988

109 siehe Bericht in: *Deister-und Weserzeitung – Anzeiger für Bodenwerder* vom 27.Dezember1988, im Aktenbestand „Arminius" im LEA A-3261

110 Die Firma HANSA-Projekt wurde 1979 gegründet und hat ihren Firmensitz in Hamburg. Sie ist eine Unternehmungsgruppe für Industrieservice, Energie- und Elektrotechnik. Speziell für den erweiterten Aufgabenbereich der Arminius Werke GmbH, welcher nicht im Schiffbaubereich liegt, wurde sie hinzugezogen.

111 siehe Pressemitteilung der neuen Geschäftsführung vom 11.1.1989, im Aktenbestand „Arminius" im LEA A-3261

112 siehe Bericht in: *Deister- und Weserzeitung – Anzeiger für Bodenwerder* vom 2.+8. Juni. 1989, im Aktenbestand „Arminius" im LEA A-3261

113 eine detaillierte technische Beschreibung des ersten Neubaus in Bodenwerder nach dem Neustart findet sich in: *SUT Schifffahrt Hafen Bahn und Technik*, St. Augustin, 1989, Nr. 42, S. 78-79

114 *Jürgen Freudenberg* begann seine Tätigkeit bei „Arminius" bereits am 1. Oktober 1989 als technischer Leiter und arbeitete eng mit *Wolfram Fritze* – auch finanziell – zusammen; beide hatten 1992 die Geschäftsanteile der „Werftunion Verwaltung GmbH" erworben und agierten später gemeinsam beim Ankauf der Werftstandorte in Bodenwerder, Minden, Emden und im Zusammenhang mit den Geschäften in Russland;

Abb. 180 + 181

neben diesen beiden Herren sollte sich Herr *Meyer* um schiffbaufremde Aufträge kümmern, Herr *Brennecke* war für den kaufmännischen Bereich zuständig; Konstruktionschef war Herr *Denker* und Herr *Schwarz* fungierte als Betriebsleiter

115 siehe Meldung in: *Deister- und Weserzeitung – Anzeiger für Bodenwerder* vom 28.Februar 1990

116 siehe Notizen von *Arthur Brennecke*

117 ADNR *„Verordnung über die Beförderung gefährlicher Güter auf dem Rhein"*, hrsg. durch die Zentralkommission für die Rheinschifffahrt in Straßburg (ZKR); diese Verordnung ist ein europäisches Recht und gleichzeitig nach Verabschiedung auch deutsches Recht. Sie berücksichtigt die Besonderheiten der Binnenschifffahrt, entspricht aber in ihrer Struktur den anderen Verkehrsträgern. Das Regelwerk informiert über Pflichten der Beteiligten an der Gefahrgutbeförderung, den Anforderungen an die Kennzeichnung der Ladung (Dokumente) und die Beförderungsdurchführung sowie explizit über den Bau und die Ausrüstung der Schiffe sowie die Schulung der Besatzungen.

118 siehe Bauakte Arminius-Neubau 10516 – GBONGE – im Aktenbestand „Arminius" im LEA A-3260

119 siehe Meldung in der lokalen Presse (Dewezet?) vom 20.6.1992 *„Arminius-Chef Wolfram Fritze steigt bei zwei Werften in Emden und Minden ein"*, Aktenbestand „Arminius" im LEA A-3261

120 diese in den 1960er Jahren gegründete Reederei begann als erstes Unternehmen der UdSSR mit dem Transport von Importgütern aus europäischen Binnenhäfen zu Häfen in Russland. Die nach der politischen Wende in eine Aktiengesellschaft umgewandelte Gesellschaft bereederte ca. 300 Schiffe und verfügte darüberhinaus über mehrere Häfen am Ufer des „Onega-Sees" und der Wasserstraße zum „Weißen Meer". Das Schwergewicht des Geschäftes liegt auf dem Transport von Trockengütern im kombinierten Binnen-See-Verkehr. Ebenso gehören 2 Reparaturwerften zum Konzern. Die meisten Schiffe der Gesellschaft wurden auf Werften im Ostblock und in Finnland gebaut.

121 zur Überführung des Kümo-Neubaus ATAMAN GOLOVATIJ mit teilweise wieder demontierten Sektionen des Schiffskörpers siehe Bericht in: *Schiffahrt international* 1996, Nr. 8, S.24

122 siehe hierzu: *Informationen 1994 der Wasser- und Schifffahrtsdirektion Mitte*, S. A17ff

123 die Edertalsperre wurde von 1908 bis 1914 aufgrund des preußischen Wassergesetzes vom 1.4.1905 im Zusammenhang mit dem Ausbau eines großräumigen deutschen Binnenwasserstraßennetzes geplant; sie sollte vorrangig dazu dienen, durch Zuschusswasser die Schifffahrtsverhältnisse auf der Weser bis Hann. Münden und die Speisung des Mittellandkanals zu ermöglichen; Hochwasserschutz und Energiegewinnung sind bis heute weitere Aufgaben; die Talsperre wurde mit einem Kostenaufwand von 25 Mio. Goldmark erbaut; die Stauhöhe beträgt ca. 47 m, der max. Stauraum umfasst rd. 202 Mio. m^3

124 siehe Pressemitteilung der „Arminius Werke" vom 12.68.1996

125 die Überführung der 2 Sektionen ist dokumentiert in einer Fotoserie der Arminius Werke, Aktenbestand „Arminius" im LEA

126 siehe hierzu Bericht in: *Göttinger Tageblatt* vom 21. Jan. 1997

127 bauliche Details können dem Zeichnungsbestand im Elbschifffahrtsarchiv ID 4013 – U31.24 entnommen werden

129 persönliche Mitteilungen von *Jürgen Freudenberg* in 2021

130 die umfangreiche finanzielle Beteiligung an der Lauenburger Werft dauerte bis 2021; danach wurde die Werft an private Eigentümer verkauft

Abb. 182: 1955 – voll belegte Helling I mit dem Neubau Nr. 218 – WILHELM SCHAPHER und dem MS HEDWIG zur Reparatur

Anhang 1:

Ein Schiff entsteht

Die Arminiuswerft in Bodenwerder galt über viele Jahre hinweg als die bedeutendste Werft im Bau von Binnenschiffen. Es entstanden Tankmotor- und Motorgüterschiffe in größeren Serien. Sie sollten möglichst auf allen Wasserstraßen einsetzbar sein. Insbesondere die Rheinschifffahrt verlangte nach immer größeren Schiffen mit außergewöhnlichen Abmessungen und Einrichtungen. Die Werft an der Weser stellte sich diesen Aufgaben und baute für namhafte Großreedereien ständig neue Schiffe. Dazu zählten auch die beiden „Europa-Frachtschiffe" OTTO SPRINGORUM und ERNST KRAMER für die zur *RAAB KARCHER Reederei* gehörigen *Barhaina Reederei* in Basel. Sie stellten Prototypen für den Transport von Massengütern dar. Die Werft beschrieb diese beiden Neubauten in einem Informationsblatt wie folgt:

„...mit der Wasserwelle von der Edertalsperre am 18.10.1974 liefert die Arminiuswerft das Motorgüterschiff ERNST KRAMER – Bau-Nr. 10413 – ....ab. Es handelt sich dabei um ein Schwesterschiff des OTTO SPRINGORUM [Bau-Nr. 10412], *das die Werft bereits am 6.9.1974 verlassen hat. Die Schiffe haben die Abmessungen von 85,00 m Länge, 9,50 m Breite und einer Seitenhöhe von 3,20 m. Die Tragfähigkeit ... beträgt rund 1.830 t.....*

Das Schiff ist in einer [von der Arminiuswerft entwickelten] *Knickspantbauweise mit eisernem Doppelboden, seitlichen Wallgängen und Spiegelheck gebaut. Durch das von der Firma Anderberg & Pahl in Hamburg gelieferte Stapellukendeck für den Laderaum wird eine hundertprozentige Öffnung desselben erreicht. Die Betätigung des Lukendaches geschieht hydraulisch...*[Die Schiffe sind] *mit einem Einflächen-Universal-Schillingruder und einem dreiflügeligen Ostermann-Bronzepropeller ausgerüstet. Der Antrieb erfolgt durch einen KHD* [DEUTZ] *Dieselmotor, Type SBA 8M 528, der bei 900 Upm 1160 PS leistet....*

Die gesamten Wohnungen sind auf dem Hinterschiff untergebracht...[und für den Continuebetrieb eingerichtet] *Das Schiff ist ferner mit einem Einmannfahrstand, Radar, Funk- und Telefonanlage ausgerüstet.* [Beide Schiffe sind] *Fahrzeuge mit begrenzter Sicherheisteinrichtung nach ADNR und dürfen gefährliche Güter der ADNR-Klasse Id, Rn6130, Ziffer 1 und Klasse IIIa, Rn 31100, Ziff. 2a in Versandstücken befördern..."*

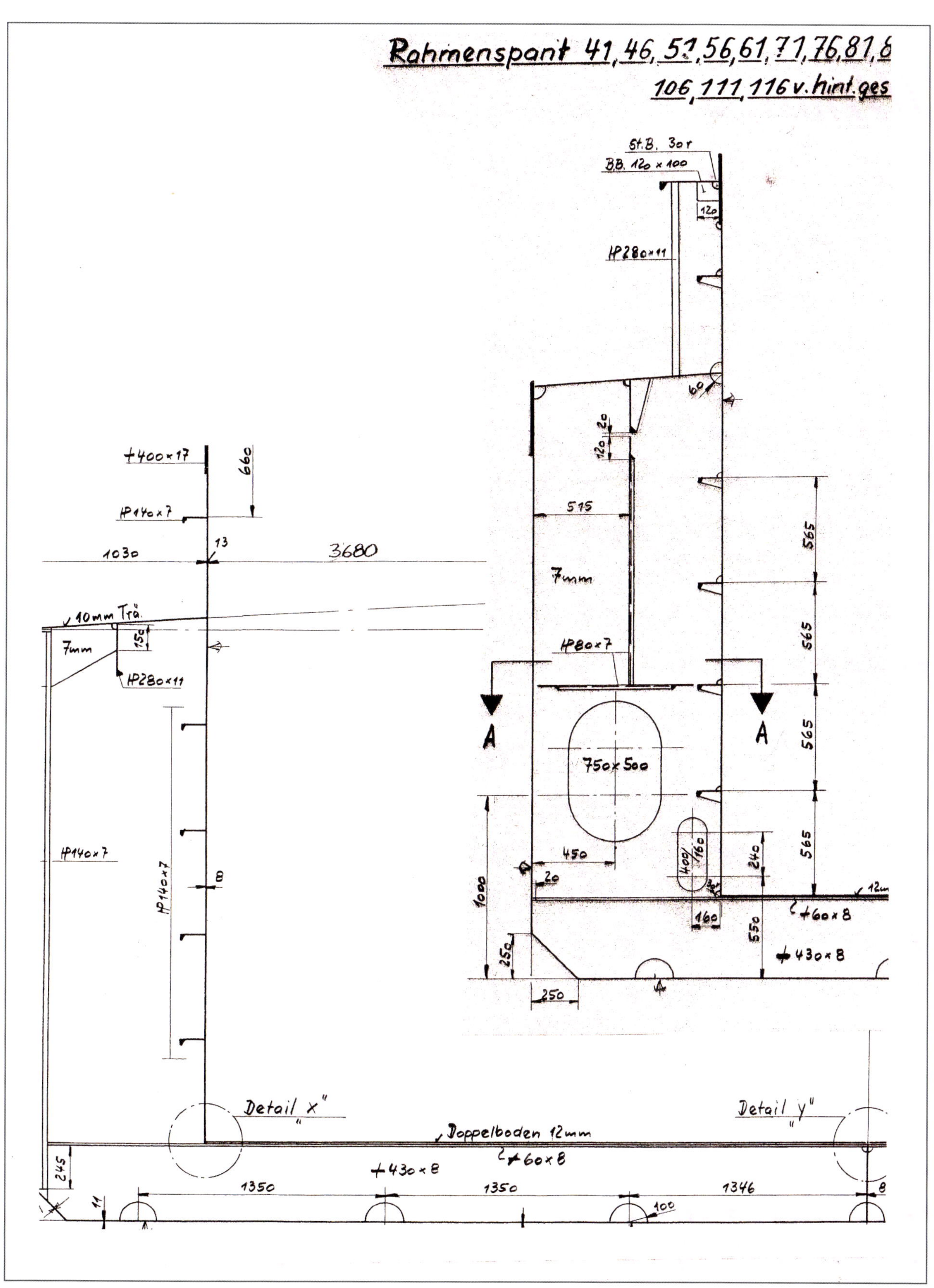

Zeichnung Hauptspant: Querschnitt durch den Laderaum mit Doppelboden, seitlichen Wallgängen, Lukensüll und Stapellukendeck

Während der Bauzeit der beiden genannten Schiffe hat der Geschäftsführer der Reederei, *Dieter Kemp*, umfangreiche Fotos in einem Album zusammengestellt. Hieraus ist in Teilen die nachfolgende **Bilderserie** entnommen:

1.) Planung der neuen Schiffe durch Reederei und Werft

2 + 3.) erste Bauteile sind mit der Brennmaschine ausgeschnitten

4 + 5.) Herstellung einiger Rahmenträger

6 + 7.) Großsektionen entstehen in der Schiffbauhalle

8 + 9.) Das Maschinenfundament wird als Großkolli gebaut

10 + 11.) der Schiffsboden ist auf dem Helling II ausgelegt und wird durch weitere Sektionen ergänzt

12.) ein Seitenkolli wird zum Schiff transportiert

13 – 16.) die Maschinenraum Sektionen werden im Heck des Neubaus montiert

17.) Richtarbeiten an Bord „von Hand" mit einem Brenngeschirr

18.) Einzelteile für die Rohrleitungen entstehen in der Werkstatt

19.) in der Werkstatt wird die Schraubenwelle auf einer Drehbank hergestellt

20.) das Ruder und der Schiffspropeller sind montiert

21.) an Bord wird die Antriebsanlage des Schiffes komplettiert

22.) auch die Bordelektrik entsteht

23 + 24.) nach einem unspektakulären Stapellauf liegt das neue Schiff an der Werft zur Endausrüstung

25.) Ausbau der Kajüten im Hinterschiff

26.) die fertige Wohnung

27.) Übergabe des neuen Schiffes durch Werftdirektor *Niels Ahsbahs* an Reedereigeschäftsführer *Dieter Kemp*

28.) Flaggenwechsel Werft / Reederei

1

2

3

4

5

6

7

8

9

10

11

12

13

14

15

16

17

18

19

20

21

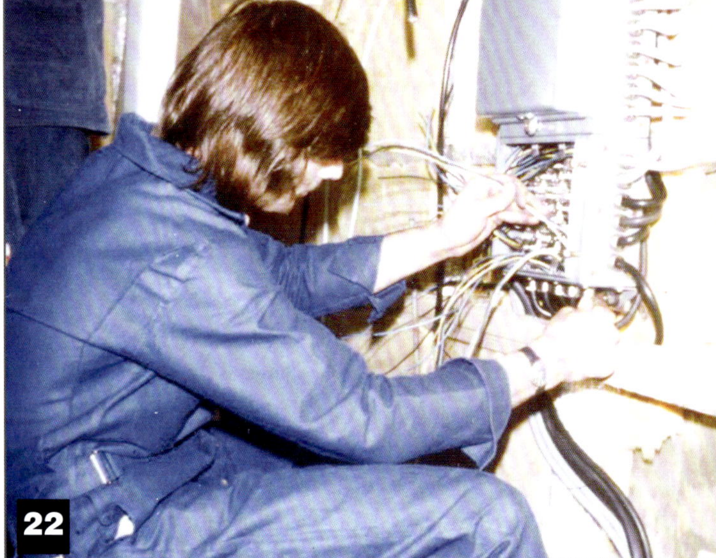
22

23

24

25

26

27

28

Christian Pape
Arminiuswerft
Arminius Werke

Verzeichnis der neu erbauten Schiffe

Baunr. Baujahr	**Name** Schiffstyp Auftraggeber	LüA / Lpp [m] BSpt [m] H [m]	Tragf. (t) Tiefg.[m] Verm.	**Hauptmotor Typ** Baujahr Hersteller Nennleistung
(---)	**PANTHER** Schleppkahn Mindener Schleppschiffahrts-Gesellschaft, Minden			
(---) 1903	**PLUTO** Schleppkahn Mindener Schleppschiffahrts-Gesellschaft, Minden			
(---) 1905	**MINDEN 47** Schleppkahn Mindener Schleppschiffahrts-Gesellschaft, Minden	58,23 8,75	633 1,89	
(---) 1905	**MINDEN 50** Schleppkahn Mindener Schleppschiffahrts-Gesellschaft, Minden	58,50 8,82	603 1,86	
(---) 1905	**BAKU** Schleppkahn Erich Blank, Minden	58,37 8,63 2,12		

Neubau (---), Motorgüterschiff ERNST, 1906
gebaut als Schleppkahn MINDEN 41

Abb. 183

Neubau (---), 1907
Schleppkahn MINDEN 57

Abb. 184

Baunr. Baujahr	**Name** Schiffstyp Auftraggeber	LüA / Lpp [m] BSpt [m] H [m]	Tragf. (t) Tiefg.[m] Verm.	**Hauptmotor Typ** Baujahr Hersteller Nennleistung
(---) 1906	**MINDEN 41** Schleppkahn Mindener Schleppschiffahrts- Gesellschaft, Minden	61,00 8,85	609 1,85	
(---) 1906	**MINDEN 51** Schleppkahn Mindener Schleppschiffahrts- Gesellschaft, Minden	59,28 8,60	651 1,85	
(---) 1907	**MINDEN 55** Schleppkahn Mindener Schleppschiffahrts-	59,30 8,60	604 1,84	
(---) 1907	**MINDEN 62** Schleppkahn Mindener Schleppschiffahrts-	59,23 8,63	619 1,88	
(---) 1907	**MINDEN 57** Schleppkahn Mindener Schleppschiffahrts- Gesellschaft, Minden			
(---) 1908	**ANNA** Schleppkahn	63,94 8,20	628 1,86	
(---) 1909	**MINDEN 93** Schleppkahn Mindener Schleppschiffahrts- Gesellschaft, Minden	62,76 8,78	705 1,99	
(---) 1909	**MÜNSTER 3** Schleppkahn Münsterische Lagerhaus-AG, Münster	66,95 8,15	922 2,37	

Baunr. Baujahr	**Name** Schiffstyp Auftraggeber	LüA / Lpp [m] BSpt [m] H [m]	Tragf. (t) Tiefg.[m] Verm.	**Hauptmotor Typ** Baujahr Hersteller Nennleistung
(---) 1909	**UNION II**			
(---) 1909	**HEINI** Schleppkahn H. Stührmann, Bremen	62,00 8,60 2,23		
(---) 1909	**WILDBERG** Schleppkahn			
(---) 1907	**WERRA** Schleppkahn Hermann Bierbaum, Minden	62,23 9,26	599 1,70	
(---) 1911	**OTTO** Schleppkahn Otto Hesse, Hannover		724	
(---) 1911	**HOHENZOLLERN** Schleppkahn		420	
(---) 1911	**UNTERWESER C** Schleppkahn		470	
(---) 1912	**MÜNSTER 4** Schleppkahn Münsterische Lagerhaus-AG, Münster	66,80 8,20	927 2,38	
(---) 1912	**MÜNSTER 5** Schleppkahn Münsterische Lagerhaus-AG, Münster	67,09 8,14	959 2,44	

Baunr. Baujahr	**Name** Schiffstyp Auftraggeber	LüA / Lpp [m] BSpt [m] H [m]	Tragf. (t) Tiefg.[m] Verm.	**Hauptmotor Typ** Baujahr Hersteller Nennleistung
(---) 1912	**FULDA** Schleppkahn Wilhelm Niemann, Ovenstedt	62,49 8,98	687 1,80	
(---) 1912	**BREMEN 112** Schleppkahn Bremer Schleppschiffahrts Gesellschaft, Bremen	61,00 9,28	727 1,85	
(---) 1912	**BREMEN 113** Schleppkahn Bremer Schleppschiffahrts Gesellschaft, Bremen	61,00 9,28	722 1,85	
(---) 1913	**CELLE No 30** Schleppkahn	57,91 8,15	434	
(---) 1914	**MINDEN 22** Schleppkahn Mindener Schleppschiffahrts Gesellschaft, Minden	60,00 8,34	594 1,78	
(---) 1914	**MINDEN 25** Schleppkahn Mindener Schleppschiffahrts Gesellschaft, Minden	60,00 8,33	582 1,79	
(---) 1915	**MINDEN 5** Schleppkahn Mindener Schleppschiffahrts-Gesellschaft, Minden	61,35 9,18	693 1,87	
(---) 1915	**MINDEN 6** Schleppkahn Mindener Schleppschiffahrts Gesellschaft, Minden	61,35 9,18	686 1,81	

Neubau (---), 1909 Schleppkahn WILDBERG, im Foto als Motorgüterschiff

Abb. 185

Neubau (---), 1923
Küstendampfer AUGUST BLUME

Abb. 186

Baunr. Baujahr	**Name** Schiffstyp Auftraggeber	LüA / Lpp [m] BSpt [m] H [m]	Tragf. (t) Tiefg.[m] Verm.	**Hauptmotor Typ** Baujahr Hersteller Nennleistung
(---) 1916	ohne Namen **(SG 2345)** Arbeitsprahm WSA Hann. Münden	21,80 5,80		
(---) 1917	**STADT MÜHLHEIM-RUHR** **DECKPRAHM No 1** Stadtverwaltung Mühlheim-Ruhr	24,00 5,59	102 1,35	
(---) 1917	**STADT MÜHLHEIM-RUHR** **DECKPRAHM No 2** Stadtverwaltung Mühlheim-Ruhr	24,00 5,59	102 1,35	
(---) 1917	**STADT MÜHLHEIM-RUHR** **DECKPRAHM No 3** Stadtverwaltung Mühlheim-Ruhr	24,00 5,59	102 1,35	
(---) 1923	**AUGUST BLUME** Küstenfrachtdampfer A. Blume, Rendsburg	50,46 8,51 4,54	576 681BRT	3 Zyl. Dampfmaschine 1892 Schichau, Elbing; 1923 umgebaut OEW, Hamburg, 550PSi Kessel 1922, Union-Gießerei, Königsberg, 12 atm; 170,7m² HF
(---) 1924	**UNION** Schleppkahn Ludwig Arnecke, Bremen	61,75 8,20	612	
(---) 1924	**MÜNSTER 19** Schleppkahn MSLAG, Münsterische Lagerhaus-Aktien-Gesellschaft, Münster	66,70 8,14	870 2,42	

Baunr. Baujahr	**Name** Schiffstyp Auftraggeber	LüA / Lpp [m] BSpt [m] H [m]	Tragf. (t) Tiefg.[m] Verm.	**Hauptmotor Typ** Baujahr Hersteller Nennleistung
(---) 1924	**MÜNSTER 20** Schleppkahn MSLAG, Münsterische Lagerhaus-Aktien-Gesellschaft, Münster	66,63 8,16	867 2,42	
(---) 1925	**MÜNSTER 21** Schleppkahn MSLAG, Münsterische Lagerhaus-Aktien-Gesellschaft, Münster	66,63 8,16		
95 1924	**RIJNTRANS No 13** Schleppkahn N.V. Rijn-en-Zee-Transport-Mij., Rotterdam (NL)	66,60 8,20/8,16 2,40	869	
96 1925	**BRAUNSCHWEIG No 1** Schleppkahn Niedersächsische Verfrachtungs Gesellschaft mbH, Hannover	66,67 8,16 2,40	965	
97 1925	ohne Namen Kiesprahm Wasserbauamt, Minden			
98 1925	**RIJNTRANS No 17** Schleppkahn N.V. Rijn-en-Zee-Transport-Mij., Rotterdam (NL)	66,67 8,16 2,41	942	
99 1926	ohne Namen Kiesprahm Wasserbauamt, Minden			
100 1925	**RIJNTRANS No 18** Schleppkahn N.V. Rijn-en-Zee-Transport-Mij., Rotterdam (NL)	66,67 8,16 2,41	942	

Baunr. Baujahr	**Name** Schiffstyp Auftraggeber	LüA / Lpp [m] BSpt [m] H [m]	Tragf. (t) Tiefg.[m] Verm.	**Hauptmotor Typ** Baujahr Hersteller Nennleistung
101 1926	**W.T.A.G. 115** Schleppkahn WTAG, Dortmund	66,67 8,16 2,42	962	
102 1926	**POLLE** Fähre Wasserbauamt, Hameln			
103 1926	ohne Namen Kiesprahm Wasserbauamt, Minden			
104 1927	**HIRDES** Kranponton			
105 1926	ohne Namen Kiesprahm Wasserbauamt, Minden			
106 1926	ohne Namen Bauprahm Wasserbauamt, Hoya			
107 1926	**S.G.D.E. 2** Schleppkahn Schleppschiffahrts-Gesellschaft Dortmund-Ems-GmbH, Leer	67,00 8,15 2,40	922 2,43	
108 1927	ohne Namen Bauprahm Maschinenbauamt, Minden			
109 1927	ohne Namen Bauprahm Maschinenbauamt, Minden			

Baunr. Baujahr	**Name** Schiffstyp Auftraggeber	LüA / Lpp [m] BSpt [m] H [m]	Tragf. (t) Tiefg.[m] Verm.	**Hauptmotor Typ** Baujahr Hersteller Nennleistung
110 1927	ohne Namen Bauprahm Maschinenbauamt, Minden			
111 1927	ohne Namen Bauprahm Maschinenbauamt, Minden			
112 1927	ohne Namen Bauprahm Maschinenbauamt, Minden			
113 1927	ohne Namen Bauprahm Maschinenbauamt, Minden			
114 1927	ohne Namen Bauprahm Maschinenbauamt, Minden			
115 1927	ohne Namen Wohnschiff Maschinenbauamt, Minden			
116 1927	ohne Namen Bauprahm Maschinenbauamt, Minden			
117 1927	ohne Namen Bauprahm Maschinenbauamt, Minden			
118 1927	**BREMEN 23** Schleppkahn („Weser“ Typ) Bremer Schleppschiffahrts-Gesellschaft, Bremen	66,86 8,18 2,30	772 2,08	

Baunr. Baujahr	**Name** Schiffstyp Auftraggeber	LüA / Lpp [m] BSpt [m] H [m]	Tragf. (t) Tiefg.[m] Verm.	**Hauptmotor Typ** Baujahr Hersteller Nennleistung
119 1927	**MERKUR** Motorgüterschiff Neederl. Rijn Schlepvaart Mij., Rotterdam (NL)	37,00 6,00 2,30	300	
120 1928	**MARS** Motorgüterschiff Neederl. Rijn Schlepvaart Mij., Rotterdam (NL)	37,00 6,00 2,30	300	
121 1928	**NEPTUN** Motorgüterschiff Neederl. Rijn Schlepvaart Mij., Rotterdam (NL)	37,00 6,00 2,30	300	
122 1928	**KASSEL** Schleppkahn A. Niemeyer, Oedelsheim	67,00 8,20 2,50	749 2,08	
123 1929	ohne Namen Hausboot			
124 1929	**DORTMUND** Motorgüterschiff WTAG, Dortmund	48,78 6,25 2,30	451 2,34	150 PS
125 1929	ohne Namen Bauprahm Maschinenbauamt, Minden			
126 1929	ohne Namen Bauprahm Maschinenbauamt, Minden			
127 1929	ohne Namen Bauprahm Maschinenbauamt, Minden			

Neubau 101, Motorgüterschiff M.S. HAMBURG, 1926 erbaut als Schleppkahn W.T.A.G. 115

Abb. 187

Neubau 136, Motorgüterschiff WESER 7, 1930 erbaut als MOTOR MINDEN 7

Abb. 188

Baunr. Baujahr	**Name** Schiffstyp Auftraggeber	LüA / Lpp [m] BSpt [m] H [m]	Tragf. (t) Tiefg.[m] Verm.	**Hauptmotor Typ** Baujahr Hersteller Nennleistung
128 1929	ohne Namen Bauprahm Maschinenbauamt, Minden			
129 1929	ohne Namen Bauprahm Maschinenbauamt, Minden			
130 1929	ohne Namen Bauprahm Maschinenbauamt, Minden			
131 1929	ohne Namen Bauprahm Maschinenbauamt, Minden			
132 1929	**BISMARCK** Schleppkahn Gustav Wange, Bevergen	67,00 8,20 2,50	945 2,43	
133 1929	**KONTRA** Schleppkahn A. Drogmann, Parey	66,70 8,20 2,50	980	
134 1929	**HAMELN** Motorgüterschiff Heinrich Meyer, Hameln	38,00 5,96 2,20	330	 100 PS
135 1930	**MOTOR MINDEN 5** Motorgüterschiff Mindener Schiffahrts AG, Minden	61,35 8,20 2,30	692 2,00	2 Dieselmotoren
136 1930	**MOTOR MINDEN 7** Motorgüterschiff Mindener Schiffahrts AG, Minden	61,35 8,20 2,30	692 2,00	2 Dieselmotoren

Baunr. Baujahr	**Name** Schiffstyp Auftraggeber	LüA / Lpp [m] BSpt [m] H [m]	Tragf. (t) Tiefg.[m] Verm.	**Hauptmotor Typ** Baujahr Hersteller Nennleistung
137 1933	**HIMMELPFORTEN** Schleppkahn („Breslauer-Maßkahn“) Wilhelm Kumnow, Hamburg	56,80 8,20 2,40	654 2,03	
138 1930	**SINA** Schleppkahn ... Gerdelmann, ...	67,00 8,20 2,40	950	
139 1931	**LOUISE** Schleppkahn	56,80 8,20 2,40	654	
140 1930	**FREIENTHAL** Schleppkahn Albert Bertz, Hamburg	56,80 8,20 2,40	654	
141 1931	**SCHWAN** Schleppkahn O. Kuhlmann, Wusteritz	56,80 8,20 2,40	654	
142 1930	**ALSTERTAL** Schleppkahn H. Westedt, Hamburg	56,80 8,16 2,40	654 2,43	
143 1930	**S.G.D.E. 3** Schleppkahn Schleppschiffahrts-Gesellschaft Dortmund-Ems-GmbH, Leer	66,88 8,18	965 2,42	
144 1931	**W.T.A.G. 86** Schleppkahn WTAG, Dortmund	67,00 8,20 2,50	995	
145 1931	ohne Namen Wohnschiff Wasserbauamt, Karlshafen			

Baunr. Baujahr	**Name** Schiffstyp Auftraggeber	LüA / Lpp [m] BSpt [m] H [m]	Tragf. (t) Tiefg.[m] Verm.	**Hauptmotor Typ** Baujahr Hersteller Nennleistung
146 1931	ohne Namen Wohnschiff Wasserbauamt, Karlshafen			
147 1931	ohne Namen Baggerschute Wasserbauamt, Karlshafen	23,50 5,50 1,65	120	
148 1931	ohne Namen Baggerschute Wasserbauamt, Hoya	23,50 5,50 1,65	120	
149 1931	**FREIHERR VOM STEIN** Personenschiff Stadt Dortmund	19,50 3,80 1,20	338 1,75	90 PS
150 1932	**W.T.A.G. 85** Schleppkahn WTAG, Dortmund	67,00 8,20 2,50	995 2,53	
151 1931	**DORTMUND** Feuerlöschboot Stadt Dortmund			
152 1932	ohne Namen Wohnschiff Wasserbauamt, Münster			
153 1932	ohne Namen Deckprahm Wasserbauamt, Münster			
154 1932	**EMDEN** Motorgüterschiff WTAG, Dortmund	67,00 8,20 2,65	990	Dieselmotor 1932 DEUTZ 360 PS

Abb. 189

Abb. 190

Baunr. Baujahr	**Name** Schiffstyp Auftraggeber	LüA / Lpp [m] BSpt [m] H [m]	Tragf. (t) Tiefg.[m] Verm.	**Hauptmotor Typ** Baujahr Hersteller Nennleistung
155 1934	**ERNST SCHILLING** Motorgüterschiff WTAG, Dortmund	67,00 8,20 2,65	990	Dieselmotor 360 PS
156 1934	**WILHELM HÖFER** Motorgüterschiff WTAG, Dortmund	67,00 8,16 2,65	933 2,49	Dieselmotor 360 PS
157 1934	**W 12** Wohnschiff Maschinenbauamt, Minden	17,50 5,00 0,80	 0,30	
158 1934	ohne Namen Wohnschiff Maschinenbauamt, Minden	17,35 4,80 0,80		
159 1935	**ANTON UNCKELL** Motorgüterschiff WTAG, Dortmund	67,00 8,20 2,65	990	Dieselmotor 250 PS
160 1935	**HERMANN BRAUNS** Motorgüterschiff WTAG, Dortmund	67,00 8,20 2,65	978 2,50	Dieselmotor 1935 DEUTZ 360 PS
161 1935	ohne Namen Fährboot Gemeinde Rühle	8,60 1,60 0,70		
162 1935	ohne Namen Vermessungsboot Wasserbauamt, Münster	15,85 4,00 0,70		

Neubau 159

Abb. 191

Neubau 156

Abb. 192

Baunr. Baujahr	**Name** Schiffstyp Auftraggeber	LüA / Lpp [m] BSpt [m] H [m]	Tragf. (t) Tiefg.[m] Verm.	**Hauptmotor Typ** Baujahr Hersteller Nennleistung
163 1936	ohne Namen Fliegerboot	5,10 1,70		
164 1936	ohne Namen Fliegerboot	5,10 1,70		
165 1936	ohne Namen Fliegerboot	5,10 1,70		
166 1936	ohne Namen Kohlenprahm Wasserbauamt, Münster			
167				
168 1936	**HANNA** Schleppkahn Emder Verkehrsgesellschaft AG, Emden	67,00 8,20 2,50	1059 2,53	
169 1936	**HANNOVER** Motorgüterschiff WTAG, Dortmund erstes Güterschiff mit „Antrazit-Gas-Antrieb“	67,00 8,18 2,65	980	Gaskraftanlage 1936 DEUTZ 1936 250 PS
170 1936	**HILDESHEIM** Motorgüterschiff WTAG, Dortmund	67,00 8,18 2,65	932 2,52	250 PS
171 1937	**S.G.D.E. 4** Schleppkahn Schleppschiffahrts-Gesellschaft Dortmund-Ems-GmbH, Leer	67,00 8,20 2,50	980	

Neubau 160

Abb. 193

Neubau 166

Abb. 194

Baunr. Baujahr	**Name** Schiffstyp Auftraggeber	LüA / Lpp [m] BSpt [m] H [m]	Tragf. (t) Tiefg.[m] Verm.	**Hauptmotor Typ** Baujahr Hersteller Nennleistung
172 1937	ohne Namen Ponton Deutsche Wehrmacht			
173 1937	ohne Namen Ponton Deutsche Wehrmacht			
174 1937	ohne Namen Ponton Deutsche Wehrmacht			
175 1937	**DUISBURG** Motorgüterschiff WTAG, Dortmund	67,00 8,20 2,65	980	Dieselmotor 300 PS
176 1937	**RUHRORT** Motorgüterschiff WTAG, Dortmund	67,00 8,20 2,65	968 2,52	Dieselmotor 1937 DEUTZ 300 PS
177				
178	??? **(NIEDERSACHSEN 5)** 1939	67,00 8,25		
179 1937	**HAMM** Motorgüterschiff WTAG, Dortmund	67,00 8,20 2,65	980	 300 PS
180 1937	**M.S. ESSEN** Motorgüterschiff WTAG, Dortmund	67,00 8,20 2,65	980	 300 PS

Baunr. Baujahr	**Name** Schiffstyp Auftraggeber	LüA / Lpp [m] BSpt [m] H [m]	Tragf. (t) Tiefg.[m] Verm.	**Hauptmotor Typ** Baujahr Hersteller Nennleistung
181 1937	**OSNABRÜCK** Motorgüterschiff WTAG, Dortmund	67,00 8,20 2,65	980	 300 PS
182 1937	**ERNST SCHWECKENDIECK** Motorgüterschiff WTAG, Dortmund	67,00 8,20 2,65	980	Dieselmotor 1938 MAN 300 PS
183 1937	**ADLER** Motorgüterschiff Ernst-Wilhelm Schulze, Bremen	53,00 6,20 2,30	460 2,17	Dieselmotor 1937 DEUTZ 300 PS
184 1938	**BUSSARD** Motorgüterschiff WTAG, Dortmund	53,00 6,20 2,30	500	 300 PS
185 1938	**HABICHT** Motorgüterschiff WTAG, Dortmund	53,00 6,20 2,30	500	 300 PS
186 1939	**W.T.A.G. 117** Schleppkahn WTAG, Dortmund	85,04 9,48 2,65	1461 2,51	
187 1939	**W.T.A.G. 118** Schleppkahn WTAG, Dortmund	85,00 9,50 2,65	1495 2,55	
188 1939	**MÜNSTER 30** Schleppkahn MSLAG, Dortmund	85,00 9,48 2,65	1498 2,50	

Baunr. Baujahr	**Name** Schiffstyp Auftraggeber	LüA / Lpp [m] BSpt [m] H [m]	Tragf. (t) Tiefg.[m] Verm.	**Hauptmotor Typ** Baujahr Hersteller Nennleistung
189 1939	**MÜNSTER 31** Schleppkahn MSLAG, Dortmund	85,00 9,48 2,65	1469 2,50	
190 1940	**W.T.A.G. 119** Schleppkahn WTAG, Dortmund	79,20 9,48 2,65	1303 2,50	
191 1940	**W.T.A.G. 120** Schleppkahn WTAG, Dortmund	85,00 9,48 2,65	1431 2,50	
192 1941	**W.T.A.G. 137** Schleppkahn WTAG, Dortmund	80,00 9,05 2,65	1255 2,50	
193 1942	**SPERBER** Motorgüterschiff WTAG, Dortmund	53,00 6,20 2,30	500	300 PS
194 1941	**W.T.A.G. 138** Schleppkahn WTAG, Dortmund	80,00 9,05 2,65	1248 2,50	
195 1941	**W.T.A.G. 139** Schleppkahn WTAG, Dortmund	80,00 9,05 2,65	1246 2,50	
196 1942	**W.T.A.G. 140** Schleppkahn WTAG, Dortmund	80,00 9,05 2,65	1250 2,50	
197 1942	**W.T.A.G. 141** Schleppkahn WTAG, Dortmund	80,00 9,05 2,65	1276 2,50	

Neubau 200, 1943 als Frachtkahn
W.T.A.G. 144 erbaut, 1964 motorisiert

Abb. 195

Neubau 206

Abb. 196

Baunr. Baujahr	**Name** Schiffstyp Auftraggeber	LüA / Lpp [m] BSpt [m] H [m]	Tragf. (t) Tiefg.[m] Verm.	**Hauptmotor Typ** Baujahr Hersteller Nennleistung
198 1942	**S.G.D.E. 5** Schleppkahn Schleppschiffahrts-Gesellschaft Dortmund-Ems-GmbH, Leer	80,00 9,05 2,65	1276 2,50	
199 1941	**W.T.A.G. 143** Schleppkahn WTAG, Dortmund	80,00 9,05 2,65	1260	
200 1943	**W.T.A.G. 144** Schleppkahn WTAG, Dortmund	80,00 9,05 2,65	1288 2,50	
201 1943	**W.T.A.G. 145** Schleppkahn WTAG, Dortmund	80,00 9,05 2,65	1259 2,50	
202				
203				
204				
205 1952	**M.S. BÜCKEBURG** Motorgüterschiff WTAG, Dortmund	67,00 8,20 2,50	881 2,50	4Te Dieselmotor 1952 MAN 600 PS
206 1953	**M.S. KARL DIEDERICHS** Motorgüterschiff WTAG, Dortmund	67,00 8,20 2,50	885 2,52	4Te Dieselmotor 1953 MAN 6 Zyl. 600 PS
207 1953	**EMS** Motorgüterschiff Schleppschiffahrts-Gesellschaft Dortmund-Ems-GmbH, Leer	67,00 8,20 2,50	885 2,50	4Te Dieselmotor 1953 MAN 600 PS

Baunr. Baujahr	**Name** Schiffstyp Auftraggeber	LüA / Lpp [m] BSpt [m] H [m]	Tragf. (t) Tiefg.[m] Verm.	**Hauptmotor Typ** Baujahr Hersteller Nennleistung
208 1953	**BRAKE** Motorgüterschiff WTAG, Dortmund	67,00 8,20 2,50	885 2,52	4Te Dieselmotor 1953 MAN 600 PS
209 1954	**W.T.A.G. 103** Schleppkahn WTAG, Dortmund	67,00 8,20 2,50	998 2,50	
210 1954	**W.T.A.G. 104** Schleppkahn WTAG, Dortmund	67,00 8,20 2,50	999 2,50	
211 1954	**W.T.A.G. 105** Schleppkahn WTAG, Dortmund	67,00 8,18 2,50	998 2,50	
212 1954	**W.T.A.G. 106** Schleppkahn WTAG, Dortmund	67,00 8,18 2,50	998 2,50	
213 1955	**W.T.A.G. 107** Schleppkahn WTAG, Dortmund	67,00 8,20 2,50	996 2,50	
214 1955	**W.T.A.G. 108** Schleppkahn WTAG, Dortmund	67,00 8,20 2,50	997 2,50	
215 1954	**M.S.L.A.G. - RUHRTANK 5** Tankmotorschiff MSLAG, Dortmund	67,00 8,20 2,50	921 2,50	4Te Dieselmotor 1954 MAN 6 Zyl. 600 PS
216 1954	**M.S.L.A.G. - RUHRTANK 6** Tankmotorschiff MSLAG, Dortmund	67,00 8,20 2,50	917 2,50	4Te Dieselmotor 1954 MAN 6 Zyl. 600 PS

Baunr. Baujahr	**Name** Schiffstyp Auftraggeber	LüA / Lpp [m] BSpt [m] H [m]	Tragf. (t) Tiefg.[m] Verm.	**Hauptmotor Typ** Baujahr Hersteller Nennleistung
217 1954	**CONCORDIA** Motorgüterschiff Karstens & Wegner, Bergeshövede	57,00 7,04 2,50	613 2,30	4Te Dieselmotor 1954 DEUTZ 375 PS
218 1955	**M/S WILHELM SCHAPHEER** Motorgüterschiff Wilhelm Schapheer, Bleckede (1968 →MATTHIAS, H.u.H. Sander, Schwinde)	57,00 7,05 2,50	613 2,30	4Te Dieselmotor 1954 MWM 375 PS
219 1955	**M/S CAROLINE** Motor-Klappschute Lehnkering AG, Duisburg für: Friesheimer Rheinsand und Kies Baggerei, Duisburg	59,20 7,83 2,30	666	500 PS
220 1956	**M/S OSTFRIESLAND** Motorgüterschiff Schleppschiffahrts-Gesellschaft Dortmund-Ems-GmbH, Leer	67,00 8,20 2,50	915 2,50	4Te Dieselmotor 1956 DEUTZ 600 PS
221 1956	**M/S SACHSENHAGEN** Motorgüterschiff Union Schiffahrts- und Lagerhaus- Gesellschaft m.b.H., Hannover	67,00 8,20 2,50	915 2,50	4Te Dieselmotor 1956 MAN 600 PS
222 1955	**OSTSEE** Motorgüterschiff Ernst Bohlmann, Hamburg	57,00 7,20 2,50	699 2,50	4Te Dieselmotor 1955 MaK 390 PS
223 1955	**ADLER** Motorgüterschiff WTAG, Dortmund	60,00 7,04 2,30	644 2,50	4Te Dieselmotor 1955 DEUTZ 375 PS

Abb. 197

Abb. 198

Baunr. Baujahr	**Name** Schiffstyp Auftraggeber	LüA / Lpp [m] BSpt [m] H [m]	Tragf. (t) Tiefg.[m] Verm.	**Hauptmotor Typ** Baujahr Hersteller Nennleistung
224 1955	**M/S KIRA III** Motorgüterschiff Kira-Schiffahrt und August Göttker Erben GmbH, Duisburg-Homberg	57,00 7,04 2,50	600 2,30	2 Stück, 4Te Dieselmotoren 1955 Mercedes Benz 2 x 225 PS
225 1955	**ILSEDE L 82** Motorgüterschiff Lehnkering AG, Duisburg	57,00 7,06 2,50	668 2,50	4Te Dieselmotor 1955 DEUTZ 500 PS
226 1955	**MEGGEN (L 83)** Motorgüterschiff Lehnkering AG, Duisburg	67,00 8,20 2,50	931 2,50	4Te Dieselmotor DEUTZ 470 PS
227 1955	**MEPPEN** Motorgüterschiff WTAG, Dortmund	67,00 8,20 2,50	934 2,50	4Te Dieselmotor 1955 MAN 600 PS
228 1955	**SAERBECK** Motorgüterschiff WTAG, Dortmund	67,00 8,20 2,50	924 2,50	4Te Dieselmotor 1955 MAN 600 PS
229 1957	**OSNABRÜCK** Motorgüterschiff WTAG, Dortmund	67,00 8,20 2,50	932 2,50	4Te Dieselmotor 1957 MAN 665 PS
230 1957	**RECKLINGHAUSEN** Motorgüterschiff WTAG, Dortmund	67,00 8,20 2,50	932 2,50	4Te Dieselmotor 1957 MAN 660 PS

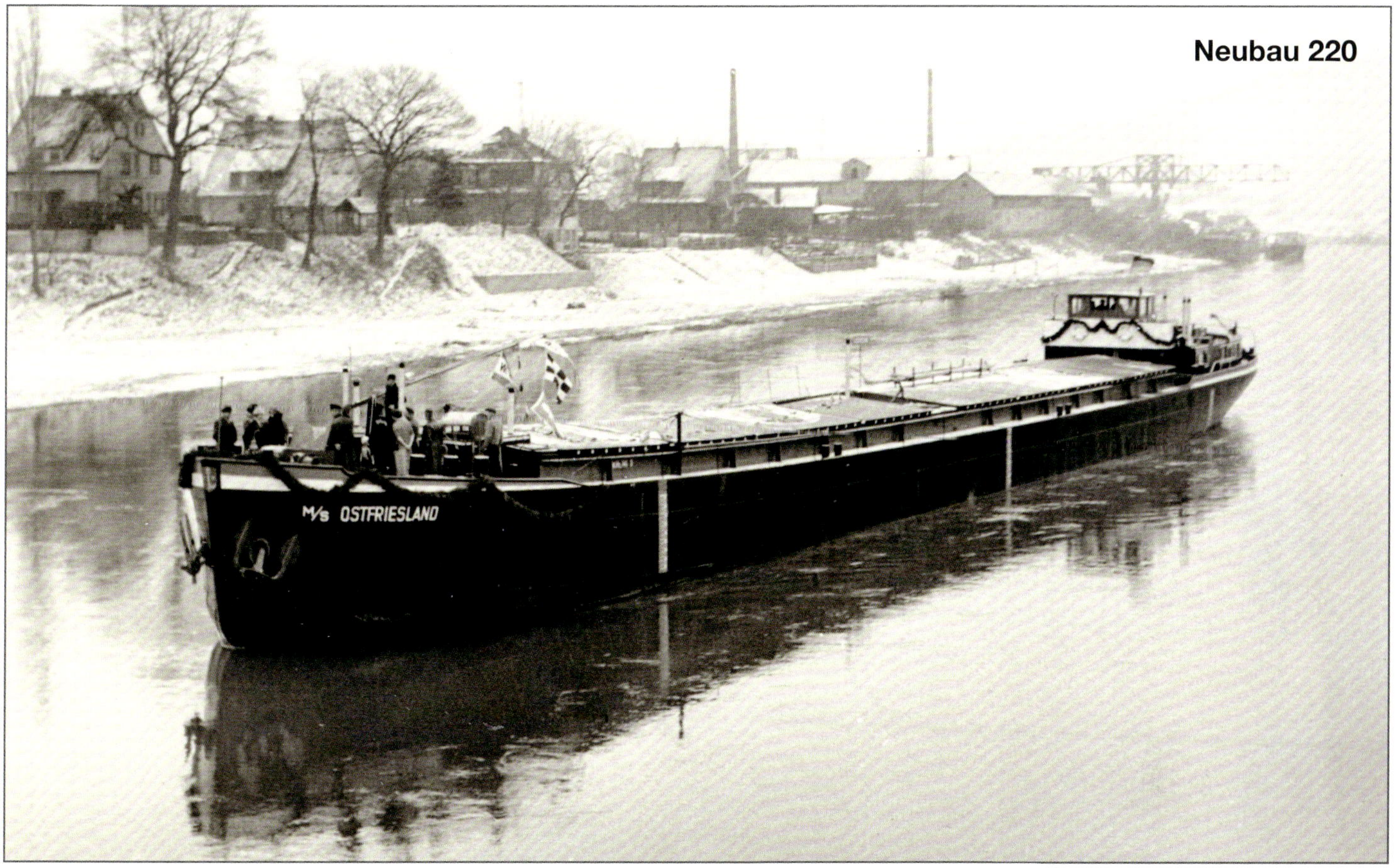

Neubau 220

Abb. 199

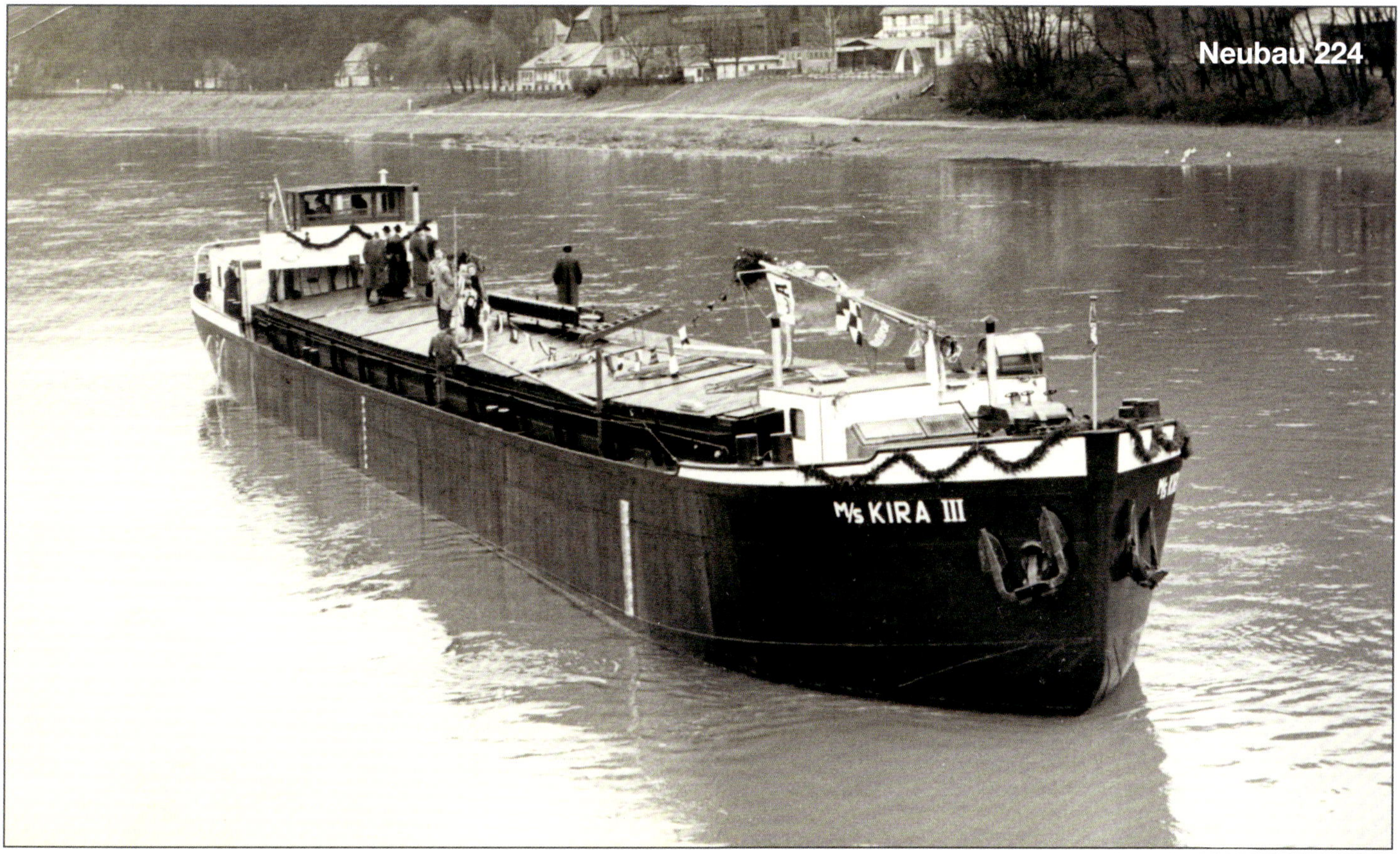

Neubau 224

Abb. 200

Baunr. Baujahr	**Name** Schiffstyp Auftraggeber	LüA / Lpp [m] BSpt [m] H [m]	Tragf. (t) Tiefg.[m] Verm.	**Hauptmotor Typ** Baujahr Hersteller Nennleistung
231 1957	**PETER UND PAUL** Motorgüterschiff Peter Rehme & Paul Wiegmann, Dortmund	67,00 8,20 2,50	927 2,50	4Te Dieselmotor 1957 MAN 665 PS
232 1957	**MARBACH L 86** Motorgüterschiff Lehnkering AG, Duisburg	67,00 8,20 2,50	933 2,50	4Te Dieselmotor 1957 DEUTZ 8 Zyl. 635 PS
233 1955	**FRANKFURT** Motorgüterschiff WTAG, Dortmund	67,00 8,20 2,50	926 2,50	4Te Dieselmotor 1955 MAN 600 PS
234 1955	**LÜBECK** Motorgüterschiff WTAG, Dortmund	67,00 8,20 2,50	926 2,50	4Te Dieselmotor 1955 MAN 600 PS
235 1956	**M/S BERND** Motorgüterschiff Hermann Hermes, Haren	57,00 7,06 2,50	686 2,50	4Te Dieselmotor 1956 MaK 360 PS
236 1956	**ROLF-HEIN** Motorgüterschiff Gebr. Kiepe, Haren	57,00 7,04 2,50	686 2,50	4Te Dieselmotor 1955 MaK 360 PS
237 1956	**W.T.A.G. RUHR - TANK 7** Tankmotorschiff WTAG, Dortmund	67,00 8,16 2,50	905 2,50	4Te Dieselmotor 1956 MAN 600 PS

Neubau 237

Abb. 201

Neubau 238

Abb. 202

Baunr. Baujahr	**Name** Schiffstyp Auftraggeber	LüA / Lpp [m] BSpt [m] H [m]	Tragf. (t) Tiefg.[m] Verm.	**Hauptmotor Typ** Baujahr Hersteller Nennleistung
238 1956	**W.T.A.G. RUHR - TANK 8** Tankmotorschiff WTAG, Dortmund	67,00 8,16 2,50	909 2,52	4Te Dieselmotor 1956 MAN 600 PS
239 1956	**HANSA 1** Tankmotorschiff Hansa Tankschiffahrt W. Deichmann u. Co, Oberwinter	67,00 8,20 2,50	916 2,52	4Te Dieselmotor 1956 MaK 600 PS
240 1956	**HANSA 5** Tankmotorschiff Hansa Tankschiffahrt W. Deichmann u. Co, Oberwinter	67,00 8,20 2,50	915 2,52	4Te Dieselmotor 1956 MaK 6 Zy. 600 PS
241 1956	**IRENE** Motorgüterschiff Fritz Reibel, Hassmersheim	57,00 7,04 2,50	830 2,50	4Te Dieselmotor 1956 DEUTZ 375 PS
242 1956	**M.S. KRANICH** Motorgüterschiff WTAG, Dortmund	57,00 7,04 2,50	663 2,50	4Te Dieselmotor 1956 DEUTZ 375 PS
243 1956	**M/S AENNE ELFRING** Motorgüterschiff Hermann Elfring, Haren	57,00 7,04 2,50	680 2,50	4Te Dieselmotor 1956 MaK 375 PS
244 1955	**O.L.G. 1** Motorgüterschiff Osnabrücker Lagergesellschaft mbH, Osnabrück	67,00 8,20 2,50	926 2,50	4Te Dieselmotor 1955 MAN 600 PS

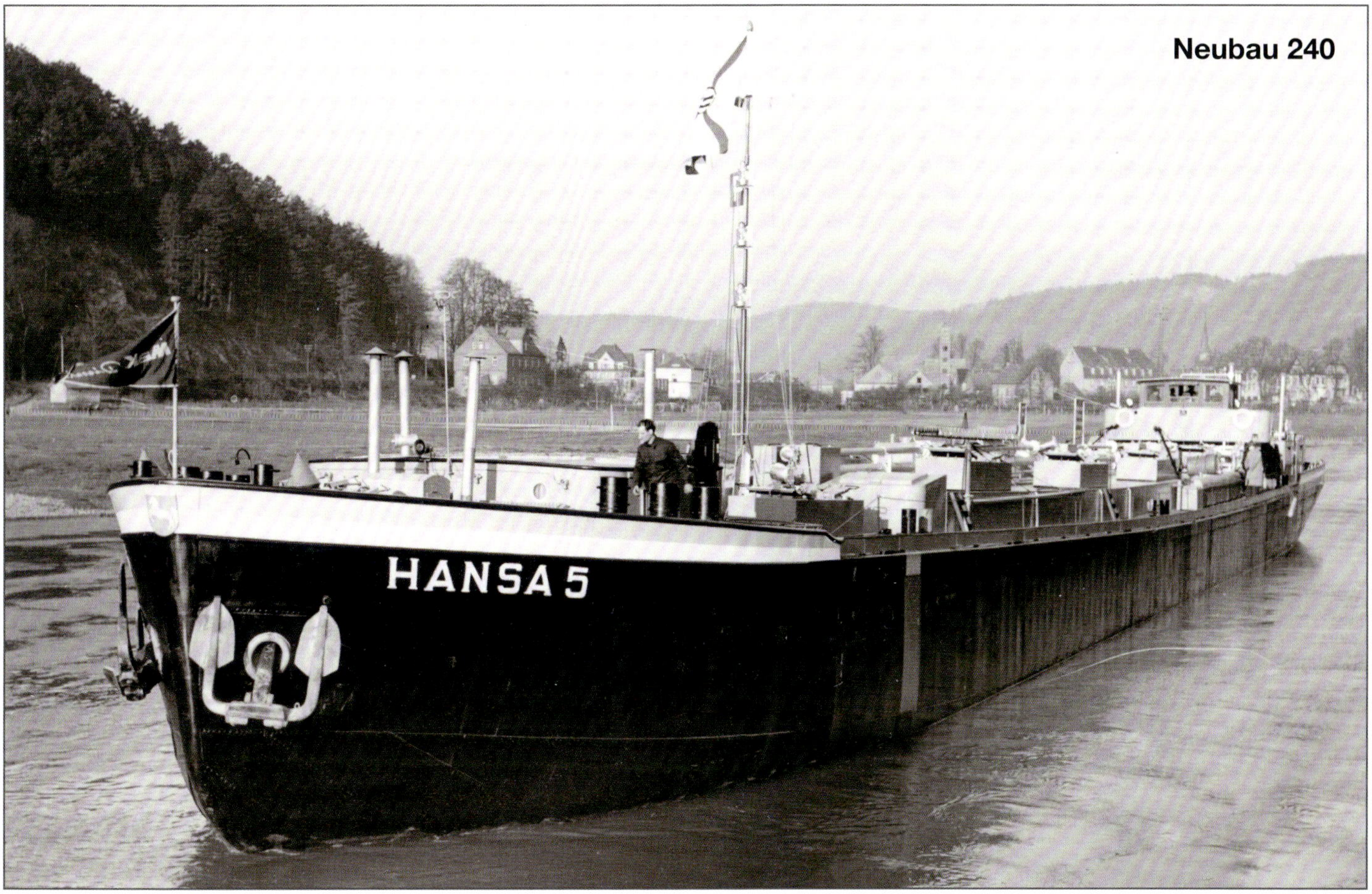
Neubau 240
HANSA 5

Abb. 203

Neubau 241
JRENE

Abb. 204

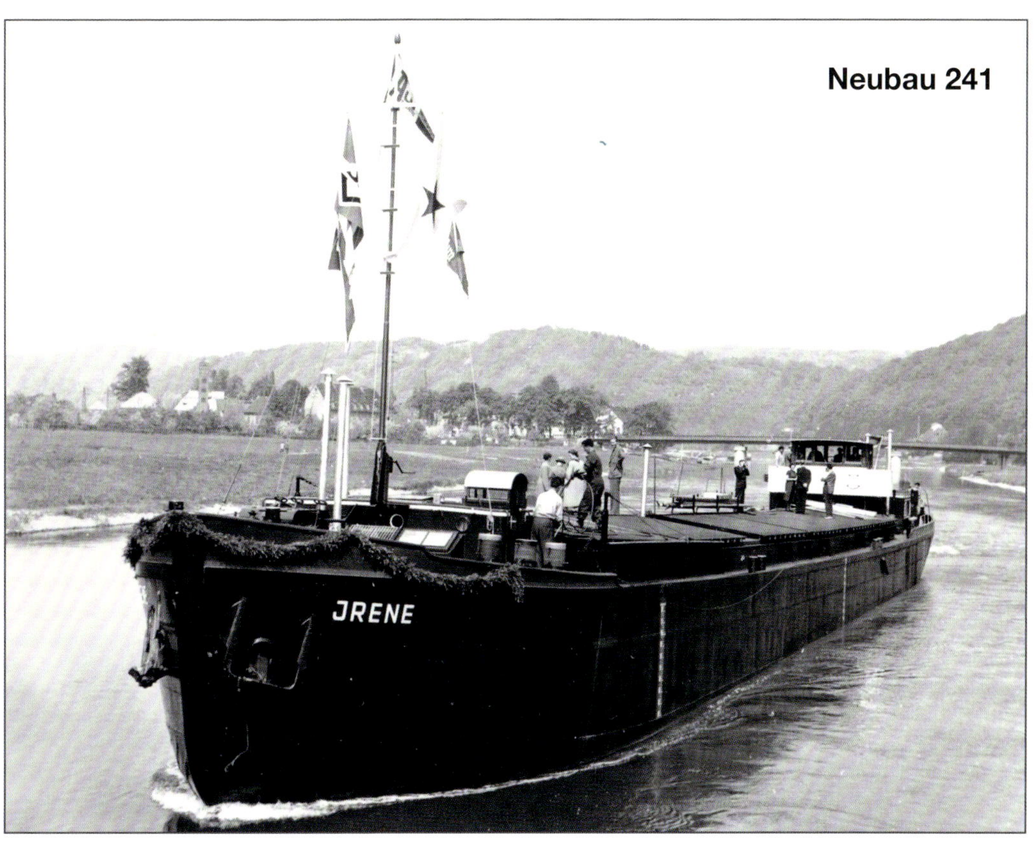

Baunr. Baujahr	**Name** Schiffstyp Auftraggeber	LüA / Lpp [m] BSpt [m] H [m]	Tragf. (t) Tiefg.[m] Verm.	**Hauptmotor Typ** Baujahr Hersteller Nennleistung
245 1956	**ENGELBERT HELD** Motorgüterschiff Engelbert Held, Haren	57,00 7,04 2,50	687 2,50	4Te Dieselmotor 1956 MaK 360 PS
246 1956	**M/S KIRA IV** Motorgüterschiff Kira-Schiffahrt und August Göttker Erben GmbH, Mühlheim (?)	57,00 7,01 2,50	683 2,50	2 Stück 4Te Dieselmotoren 1956 Mercedes Benz 2 x 225 PS
247 1957	**M/S ILSE GÖTTKER** Motorgüterschiff Kira-Schiffahrt und August Göttker Erben GmbH, Duisburg-Homberg	57,00 7,01 2,50	683 2,50	2 Stück 4Te Dieselmotoren 1957 Mercedes Benz 2 x 225 PS
248 1956	**STUTTGART L 84** Motorgüterschiff Lehnkering AG, Duisburg	67,00 8,20 2,50	931 2,50	4Te Dieselmotor 1955 DEUTZ 500 PS
249 1958	**M/S KIRA VI** Motorgüterschiff Kira-Schiffahrt und August Göttker Erben GmbH, Duisburg-Homberg	57,00 7,01 2,50	662 2,50	2 Stück 4Te Dieselmotoren 1958 Mercedes Benz 2 x 225 PS
250 1956	**WESER 21** Motorgüterschiff Bremen-Mindener Schiffahrt AG, Bremen	67,00 8,20 2,50	918 2,50	4Te Dieselmotor 1956 MWM 480 PS
251 1957	**HANSA 6** Tankmotorschiff Hansa Tankschiffahrt W. Deichmann u. Co, Oberwinter	67,00 8,20 2,50	917 2,52	4 Te Dieselmotor 1956 MaK 6 Zyl. 600 PS

Neubau 243

Abb. 205

Neubau 258

Abb. 206

Baunr. Baujahr	**Name** Schiffstyp Auftraggeber	LüA / Lpp [m] BSpt [m] H [m]	Tragf. (t) Tiefg.[m] Verm.	**Hauptmotor Typ** Baujahr Hersteller Nennleistung
252 1957	**M.S.L.A.G. - RUHRTANK 9** Tankmotorschiff MSLAG, Dortmund	67,00 8,20 2,50	903 2,52	4Te Dieselmotor 1957 MAN 6 Zyl. 715 PS
253 1957	**ROTTERDAM** Motorgüterschiff MSLAG, Dortmund	67,00 8,20 2,50	915 2,50	4Te Dieselmotor 1956 MAN 600 PS
254 1957	**WILHELMSHAVEN** Motorgüterschiff MSLAG, Dortmund	67,00 8,20 2,50	920 2,50	4Te Dieselmotor 1957 MAN 600 PS
255 1957	**MÜNSTER 16** Schleppkahn MSLAG, Dortmund	67,00 8,20 2,50	992 2,50	
256 1957	**MÜNSTER 19** Schleppkahn MSLAG, Dortmund	67,00 8,20 2,50	993 2;50	
257 1957	**GERTA** Motorgüterschiff Burchard und Bröckelschen, Dortmund	67,00 8,20 2,50	927 2,50	4Te Dieselmotor 1957 MAN 660 PS
258 1956	**M/S NESSERLAND** Motorgüterschiff Emder Schiffsausrüstungs GmbH, Emden	67,00 8,20 2,50	947 2,50	4 Te Dieselmotor 1956 DEUTZ 470 PS
259 1957	**W.T.A.G. - RUHRTANK 10** Tankmotorschiff WTAG, Dortmund	67,00 8,20 2,50	910 2,52	4Te Dieselmotor 1957 MAN 660 PS

Baunr. Baujahr	**Name** Schiffstyp Auftraggeber	LüA / Lpp [m] BSpt [m] H [m]	Tragf. (t) Tiefg.[m] Verm.	**Hauptmotor Typ** Baujahr Hersteller Nennleistung
260 1958	**MANNESMANN 4** Schleppkahn Mannesmann Redereij NV, Rotterdam (NL)	85,00 9,50 2,65	1498 2,57	
261 1958	**MANNESMANN 5** Schleppkahn Mannesmann Redereij NV, Rotterdam (NL)	85,00 9,50 2,65	1495 2,58	
262 1958	**GOTTFRIED WILHELM** Motorgüterschiff Mannesmann Reederei GmbH, Duisburg	85,00 9,50 2,65	1464	4Te Dieselmotor 1958 MAN 950 PS
263 1958	**MANNESMANN 36** Schleppkahn Mannesmann Reederei GmbH, Duisburg	85,00 9,50 2,65	1497 2,50	
264 1959	**HERBERT KAUERT** Motorgüterschiff WTAG, Dortmund	67,00 8,20 2,50	914 2,50	4Te Dieselmotor 1959 MAN 665 PS
265 1960	**GOLDSTÜCK** Motorgüterschiff Aschfalk & Co, Berlin	67,00 8,20 2,50	926	4Te Dieselmotor 1959 MAN 665 PS
266 1958	**ROTTERDAM** Schleppkahn NV Montan-Transport-Mij. Rotterdam (NL)	79,90 9,50 2,65	1364 2,60	
267 1958	**MAURITSWEG** Schleppkahn Lehnkering + Co, Scheepvaarts- bedrijf, Rotterdam (NL)	79,84 9,50 2,65	1364	

Baunr. Baujahr	**Name** Schiffstyp Auftraggeber	LüA / Lpp [m] BSpt [m] H [m]	Tragf. (t) Tiefg.[m] Verm.	**Hauptmotor Typ** Baujahr Hersteller Nennleistung
268 1957	**RUHRTANK 11** Tankmotorschiff Franz Kirchfeld GmbH, Dortmund	67,00 8,20 2,50	903	4Te Dieselmotor 1957 MAN 6 Zyl. 665 PS
269 1958	**HUGO PASTORINO** Tankmotorschiff Alfred Pastorino, Hamburg	67,00 8,20 2,50	914 2,51	4Te Dieselmotor 1958 MaK 600 PS
270 1958	**HANNOVER L 89** Motorgüterschiff Lehnkering AG, Duisburg	67,00 8,20 2,50	929 2,50	4Te Dieselmotor 1958 DEUTZ 8 Zyl. 600 PS
271 1958	**LIPPSTADT** Motorgüterschiff WTAG, Dortmund	67,00 8,20 2,50	931 2,52	4Te Dieselmotor 1958 MAN 665 PS
272 1958	**HÖNNEPEL** Motorgüterschiff WTAG, Dortmund	67,00 8,20 2,50	932 2,52	4 Te Dieselmotor 1958 MAN 665 PS
273 1958	**MISBURG** Motorgüterschiff UNION Schiffahrts- und Lagerhaus- Gesellschaft m.b.H., Hannover	67,00 8,20 2,50	928 2,52	4Te Dieselmotor 1958 MAN 665 PS
274 1958	**O.L.G. 3** Motorgüterschiff Osnabrücker Lagergesellschaft mbH, Osnabrück	67,00 8,20 2,50	920 2,52	4Te Dieselmotor 1958 MAN 665 PS

Baunr. Baujahr	**Name** Schiffstyp Auftraggeber	LüA / Lpp [m] BSpt [m] H [m]	Tragf. (t) Tiefg.[m] Verm.	**Hauptmotor Typ** Baujahr Hersteller Nennleistung
275 1958	**ELSFLETH** Motorgüterschiff WTAG, Dortmund	67,00 8,20 2,50	933 2,52	4Te Dieselmotor 1958 MAN 665 PS
276 1958	**RUHRTANK 12** Tankmotorschiff Franz Kirchfeld GmbH, Dortmund	67,00 8,20 2,50	909 2,52	4Te Dieselmotor 1958 MAN 6 Zyl. 665 PS
277 1958	**INGRID-GERDA** Motorgüterschiff Bankhaus Burgardt & Bröckelschen, Dortmund	67,00 8,20 2,50	933 2,52	4Te Dieselmotor 1958 MAN 665 PS
278 1959	**CLINOMOBIL** Ambulanzboot Multident GmbH, Hannover	11,34 3,80 1,60		Mercedes-Benz 94 PS
279 1960	**CLINOMOBIL** Ambulanzboot Multident GmbH, Hannover	11,34 3,80 1,60		Mercedes-Benz 94 PS
280 1960	**RUHRTANK 13** Tankmotorschiff Brox KG, Berlin	67,00 8,20 2,50	906 2,51	4Te Dieselmotor 1960 MAN 6 Zyl. 665 PS
281 1959	**BEIHINGEN** Motorgüterschiff Hans Schwörer, Beihingen	77,00 8,20 2,50	999 2,33	4Te Dieselmotor 1959 MaK 550 PS

Baunr. Baujahr	**Name** Schiffstyp Auftraggeber	LüA / Lpp [m] BSpt [m] H [m]	Tragf. (t) Tiefg.[m] Verm.	**Hauptmotor Typ** Baujahr Hersteller Nennleistung
282 1959	**SIGMARINGEN** Motorgüterschiff Hans Schwörer, Beihingen	77,00 8,20 2,50	999 2,33	4Te Dieselmotor 1959 MaK 550 PS
283 1959	**SCHWALBE** Motorgüterschiff Friedrich Krieger, Neckarsteinach	77,00 8,18 2,50	1054 2,50	4Te Dieselmotor 1959 MWM 710 PS
284 1959	**DIERSCH VIII** Tankmotorschiff Diersch & Schröder, Bremen	67,00 8,20 2,50	883 2,51	4Te Dieselmotor 1959 MaK 560 PS
285 1960	**CLINOMOBIL** Ambulanzboot Multident GmbH, Hannover	11,34 3,80 1,60		Mercedes-Benz 94 PS
286 1960	**DAGMAR** Motorgüterschiff Benz u. Ludwig OHG, Oberlahnstein	80,00 9,50 2,70	1433	4Te Dieselmotor 1960 MWM 800 PS
287 1960	**DIERSCH IX** Tankmotorschiff Diersch & Schröder, Bremen	67,00 8,20 2,50	908 2,50	4Te Dieselmotor 1960 MWM 525 PS
288 1960	**M.S. MANNHEIM** Motorgüterschiff WTAG, Dortmund	67,00 8,20 2,50	913	4Te Dieselmotor 1960 MAN 665 PS

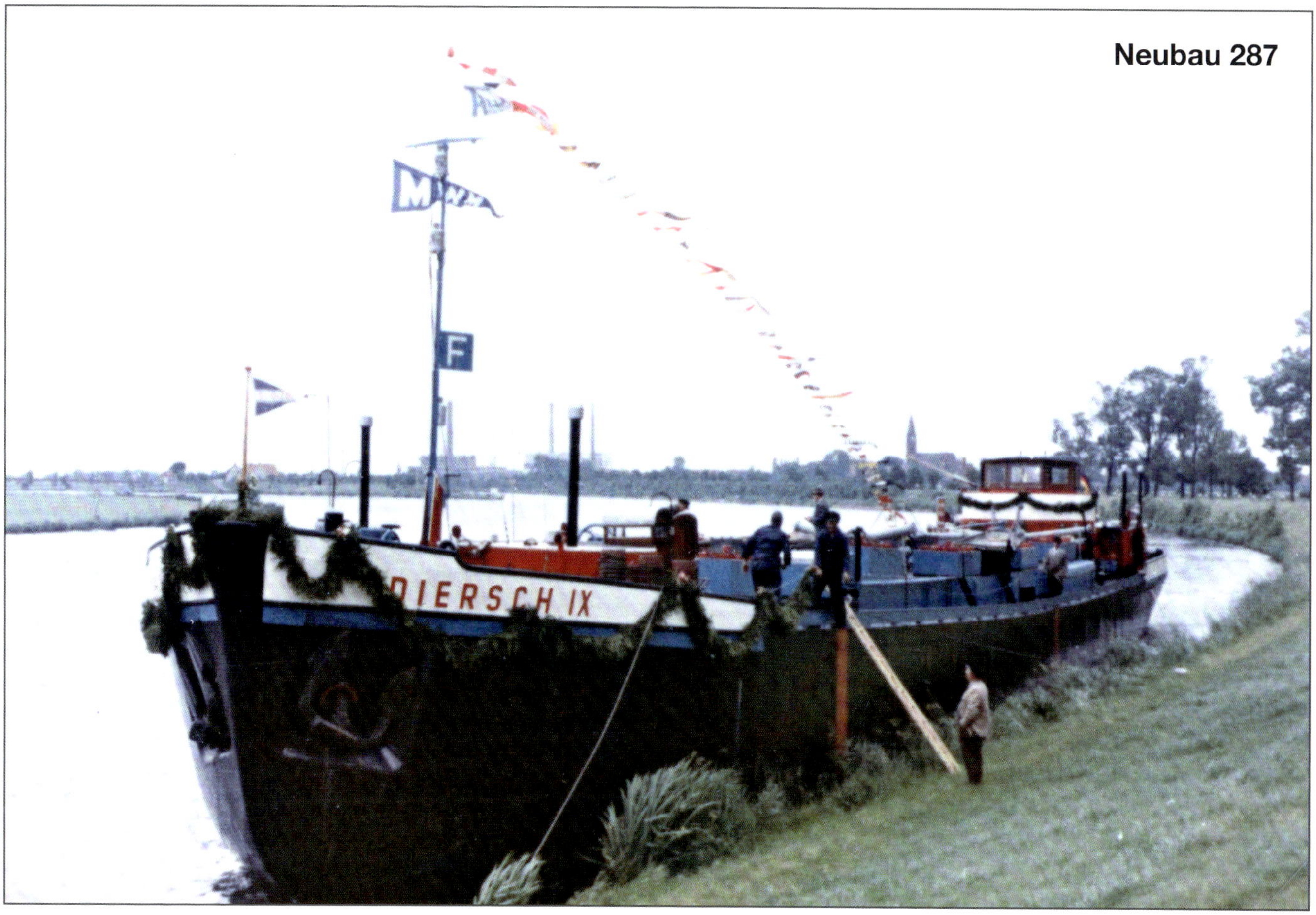

Neubau 287

Abb. 207

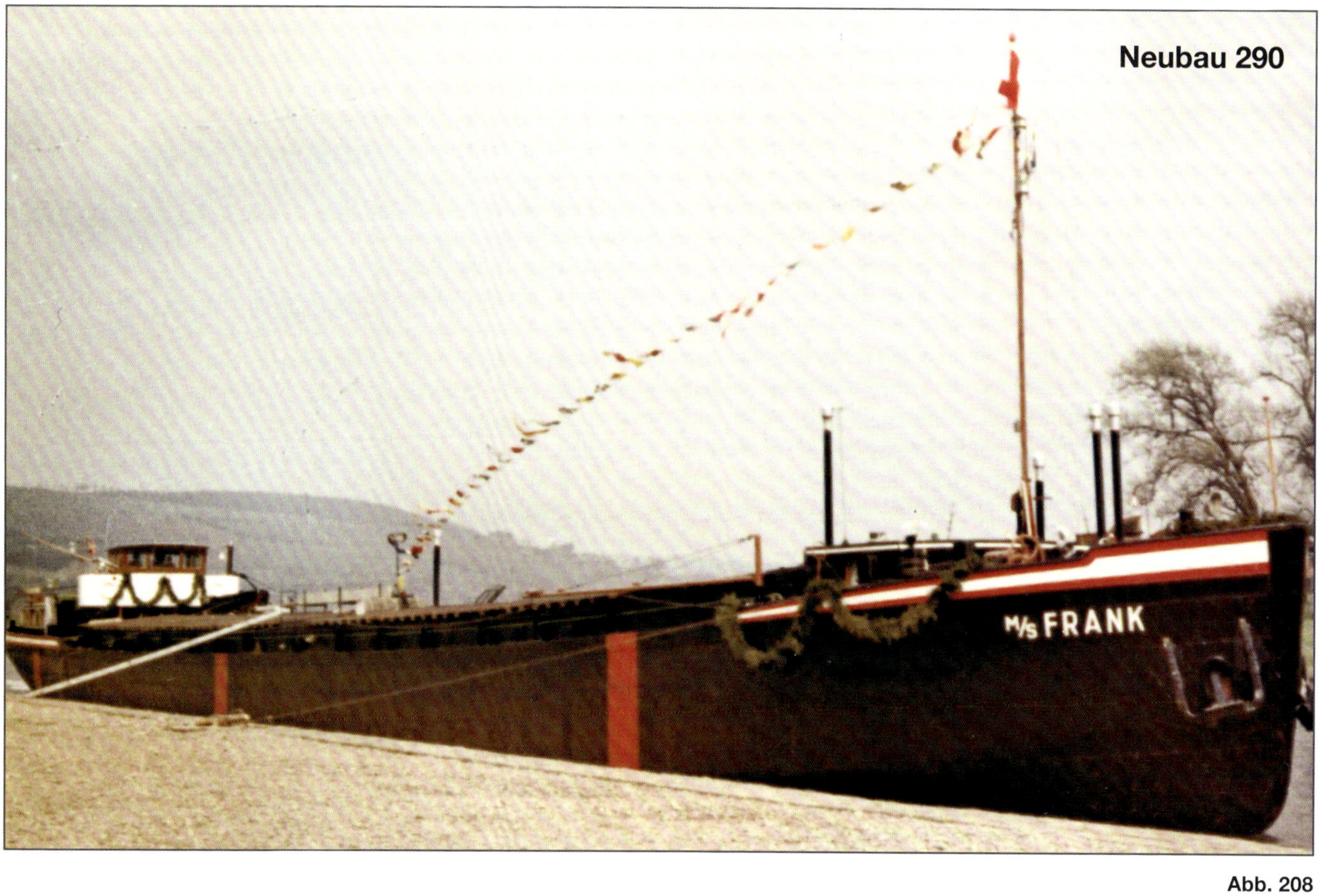

Neubau 290

Abb. 208

Baunr. Baujahr	**Name** Schiffstyp Auftraggeber	LüA / Lpp [m] BSpt [m] H [m]	Tragf. (t) Tiefg.[m] Verm.	**Hauptmotor Typ** Baujahr Hersteller Nennleistung
289 1960	**DIERSCH X** Tankmotorschiff Diersch & Schröder, Bremen	67,00 8,20 2,50	902	4Te Dieselmotor 1960 MWM 525 PS
290 1961	**M/S FRANK** Motorgüterschiff Brox KG, Berlin	67,00 8,20 2,50	934	4Te Dieselmotor MAN 665 PS
291 1961	**M.S. HERMANN** Motorgüterschiff Brox KG, Berlin	67,00 8,20 2,50	922	4Te Dieselmotor 1961 MAN 665 PS
292 1960	ohne Namen Prahm Bundesamt für Wehrtechnik und Beschaffung, Koblenz	13,00 2,50 0,55	10	
293 1960	ohne Namen Prahm Bundesamt für Wehrtechnik und Beschaffung, Koblenz	13,00 2,50 0,55	10	
294 1960	ohne Namen Prahm Bundesamt für Wehrtechnik und Beschaffung, Koblenz	13,00 2,50 0,55	10	
295 1960	ohne Namen Prahm Bundesamt für Wehrtechnik und Beschaffung, Koblenz	13,00 2,50 0,55	10	

Baunr. Baujahr	**Name** Schiffstyp Auftraggeber	LüA / Lpp [m] BSpt [m] H [m]	Tragf. (t) Tiefg.[m] Verm.	**Hauptmotor Typ** Baujahr Hersteller Nennleistung
296 1960	ohne Namen Prahm Bundesamt für Wehrtechnik und Beschaffung, Koblenz	13,00 2,50 0,55	10	
297 1960	ohne Namen Prahm Bundesamt für Wehrtechnik und Beschaffung, Koblenz	13,00 2,50 0,55	10	
298 1960	ohne Namen Prahm Bundesamt für Wehrtechnik und Beschaffung, Koblenz	13,00 2,50 0,55	10	
299 1960	ohne Namen Prahm Bundesamt für Wehrtechnik und Beschaffung, Koblenz	13,00 2,50 0,55	10	
300 1960	ohne Namen Prahm Bundesamt für Wehrtechnik und Beschaffung, Koblenz	13,00 2,50 0,55	10	
301 1960	ohne Namen Prahm Bundesamt für Wehrtechnik und Beschaffung, Koblenz	13,00 2,50 0,55	10	
302 1960	**BARSBÜTTEL** Tankmotorschiff Kurt Bernhold KG, Hamburg	67,00 8,18 2,50	920 2,51	4 Te, Dieselmotor 1960 MWM 6Zyl., 525 PS

Baunr. Baujahr	**Name** Schiffstyp Auftraggeber	LüA / Lpp [m] BSpt [m] H [m]	Tragf. (t) Tiefg.[m] Verm.	**Hauptmotor Typ** Baujahr Hersteller Nennleistung
303 1961	**RÜCKWARTH I** Tankmotorschiff Ernst Rückwarth KG, Bielefeld	76,91 8,17 2,50	1077 2,52	4 Te Dieselmotor 1961 MWM 6Zyl., 525 PS
304 1961	**RÜCKWARTH II** Tankmotorschiff Ernst Rückwarth KG, Bielefeld	76,88 8,18 2,50	991 2,37	4 Te Dieselmotor 1961 MWM 6 Zyl.,525 PS
305 1960	ohne Namen Prahm Calenberger Mühle, E. Malzfeldt + Söhne, Calenberg	10,00 2,60 0,80	10	
306 1961	**M/S HERMANN UNGER** Motorgüterschiff WTAG, Dortmund	85,00 9,50 2,70	1438 2,65	4Te Dieselmotor 1961 MAN 950 PS
307 1961	**M.S. WILHELM DROSTE** Motorgüterschiff WTAG, Dortmund	85,00 9,50 2,70	1145 2,65	4Te Dieselmotor 1961 MAN 950 PS
308 1961	**DIERSCH XI** Tankmotorschiff Diersch & Co KG, Berlin	73,00 8,20 2,50	994 2,49	4Te Dieselmotor 1961 MWM 6 Zyl. 800 PS
309 1961	**BERGESHÖVEDE** Motorgüterschiff WTAG, Dortmund	67,00 8,20 2,50	999	4Te Dieselmotor MAN 300 PS

Neubau 306

Abb. 209

Neubau 314

Abb. 210

Baunr. Baujahr	**Name** Schiffstyp Auftraggeber	LüA / Lpp [m] BSpt [m] H [m]	Tragf. (t) Tiefg.[m] Verm.	**Hauptmotor Typ** Baujahr Hersteller Nennleistung
310 1961	**HERBRUM** Motorgüterschiff WTAG, Dortmund	67,00 8,20 2,50	993	4Te Dieselmotor MAN 300 PS
311 1962	**JAKOB GÖTZ SEN.** Motorgüterschiff Böck & Götz, Neckarsteinach	80,00 9,50 2,70	1406	4Te Dieselmotor 1961 MWM 800 PS
312 1962	**DIERSCH XII** Tankmotorschiff Diersch & Schröder, Bremen	77,00 8,18 2,60	1105 2,60	4Te Dieselmotor 1961 MaK 6 Zyl., 675 PS
313 1962	**DÜTHE** Motorgüterschiff WTAG, Dortmund	66,95 8,18 2,50	984	 MAN 300 PS
314 1962	**M/S RODDE** Motorgüterschiff WTAG, Dortmund	80,00 8,20 2,60	1214	4Te Dieselmotor 1962 MAN 528 PS
315 1962	**DIERSCH 15** Tankmotorschiff Diersch & Co., Berlin	80,00 9,00 2,60	1284 2,60	4 Te Dieselmotor 1962 DEUTZ 6 Zyl., 800 PS
316 1962	**UWE PASTORINO** Tankmotorschiff M & A Pastorino, Hamburg	77,00 8,20 2,60	1123 2,60	4Te Dieselmotor 1962 MaK 6 Zyl., 600 PS

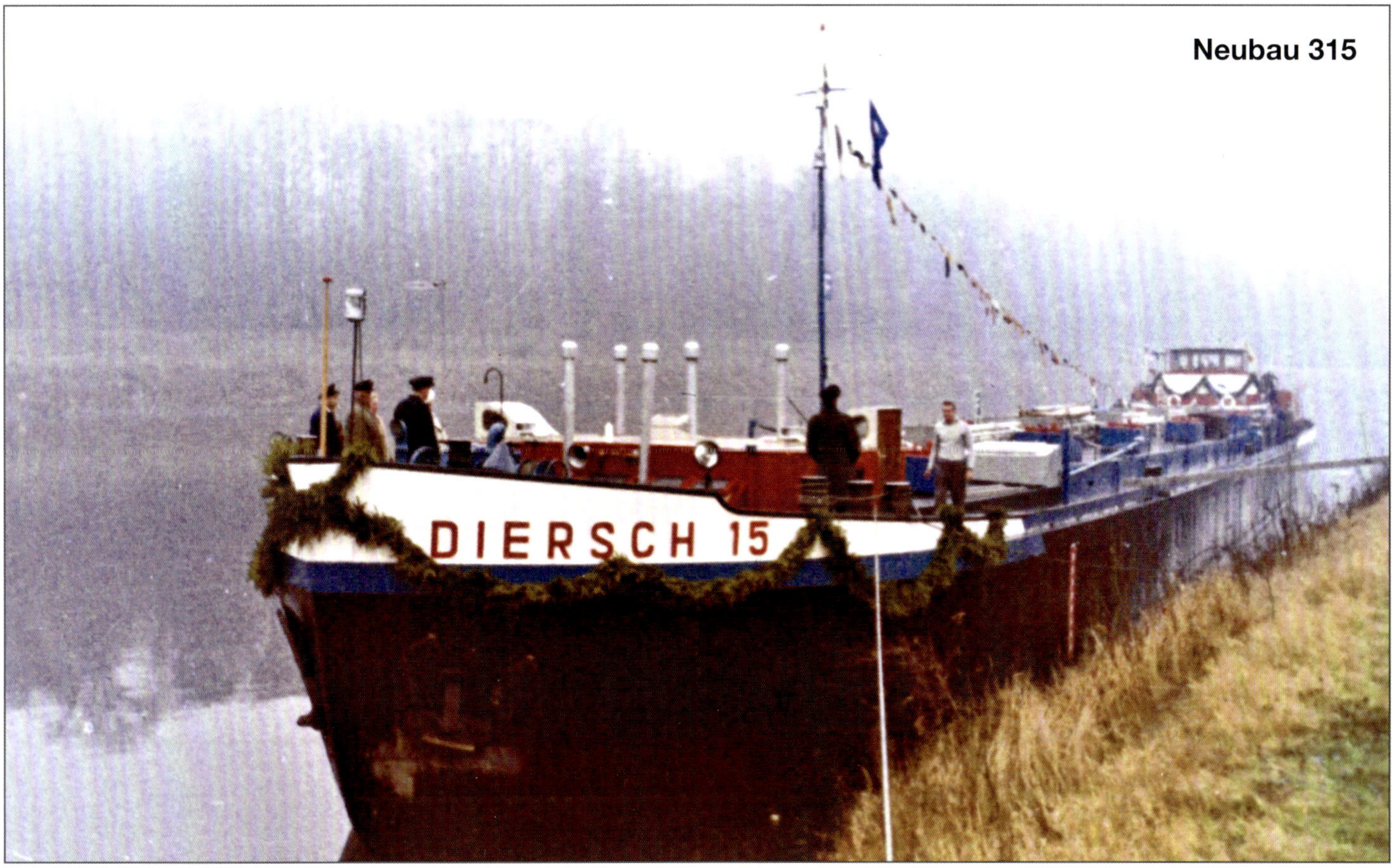

Neubau 315

Abb. 211

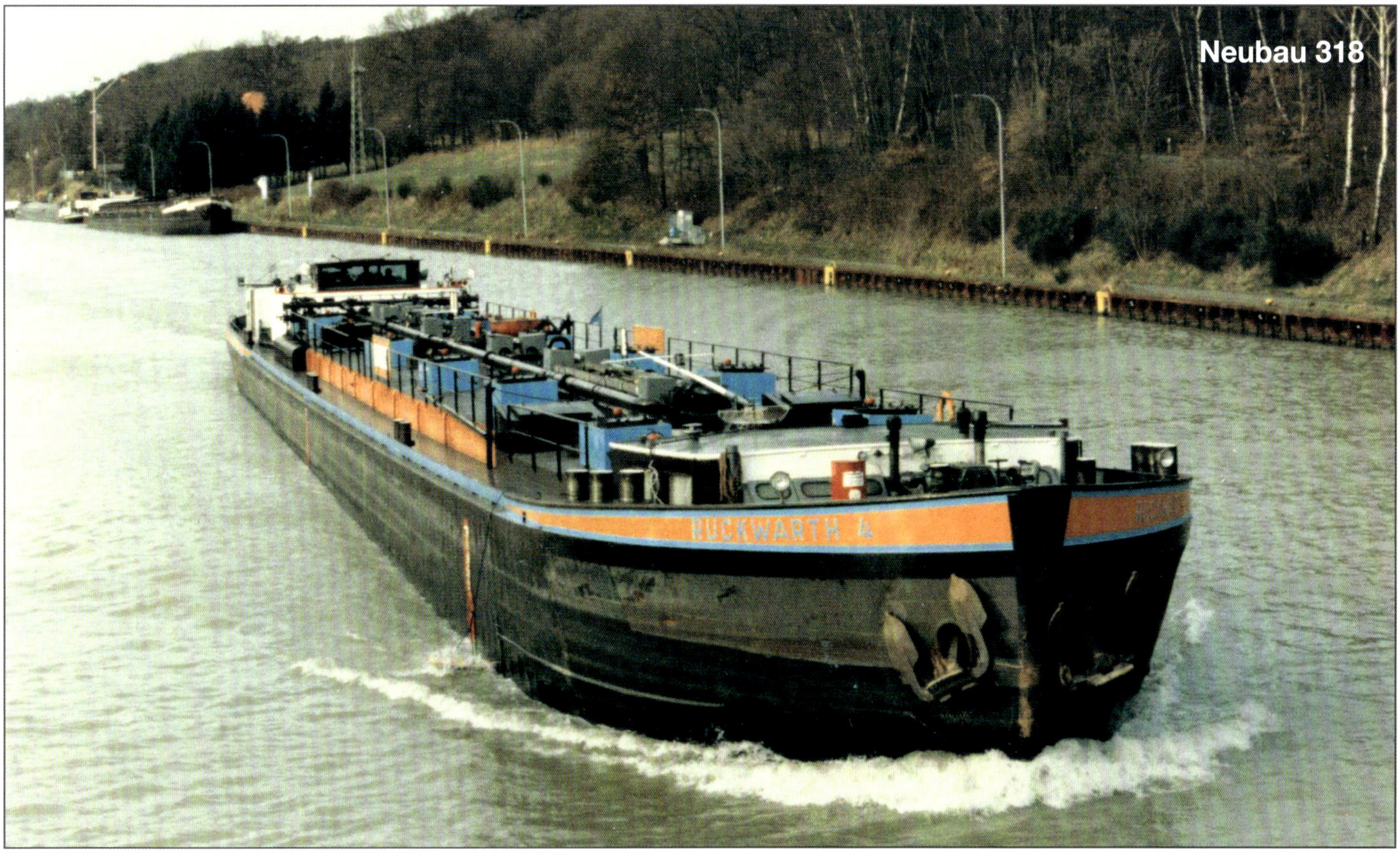

Neubau 318

Abb. 212

Baunr. Baujahr	**Name** Schiffstyp Auftraggeber	LüA / Lpp [m] BSpt [m] H [m]	Tragf. (t) Tiefg.[m] Verm.	**Hauptmotor Typ** Baujahr Hersteller Nennleistung
317 1962	**RÜCKWARTH 3** Tankmotorschiff Ernst Rückwarth KG, Bielefeld	80,00 9,02 2,60	1311 2,60	4 Te Dieselmotor 1962 MWM 6 Zyl., 800 PS
318 1962	**RÜCKWARTH 4** Tankmotorschiff Ernst Rückwarth KG, Bielefeld	79,95 9,02 2,60	1292 2,60	4 Te Dieselmotor 1962 MWM 6 Zyl., 800 PS
319 1962	**RÜCKWARTH 5** Tankmotorschiff Ernst Rückwarth KG, Bielefeld	80,00 9,00/8,96 2,60	1290 2,60	4 Te Dieselmotor 1962 MWM 6 Zyl., 800 PS
320 1963	**RÜCKWARTH 6** Tankmotorschiff Ernst Rückwarth KG, Bielefeld	79,95 9,00 2,60	1293 2,60	4 Te Dieselmotor 1963 MWM 6 Zyl., 800 PS
321 1964	**WASSERBOOT** Tankmotorschiff Hafenamt, Bremen	28,00 5,50 2,60	175 2,32	 DEUTZ 155 PS
322 1963	**ARMINIA** Tankmotorschiff Berthold Krüger, Hamburg	77,00 8,20 2,60	1116 2,60	4 Te Dieselmotor 1963 MaK 6 Zyl., 750 PS
323 1963	**FERNTRANS** Tankmotorschiff Gebr. v.d. Zee, Mannheim	80,00 8,99 2,60	1279 2,60	 DEUTZ 800 PS

Neubau 321

Abb. 213

Neubau 324

Abb. 214

Baunr. Baujahr	**Name** Schiffstyp Auftraggeber	LüA / Lpp [m] BSpt [m] H [m]	Tragf. (t) Tiefg.[m] Verm.	**Hauptmotor Typ** Baujahr Hersteller Nennleistung
324 1963	**TAUNUS** Tankmotorschiff SG. Stegmann, Mainflingen	80,00 8,99 2,60	1267 2,60	4 Te Dieselmotor 1963 MWM 6 Zyl. 900 PS
325 1963	**M/S ERMLAND** Tankmotorschiff Gebr. Zieglowski, Kruft	80,00 9,50 2,70	1416	4Te Dieselmotor MWM 900 PS
326 1963	**M/S RHEINLAND** Tankmotorschiff Gebr. Zieglowski, Kruft	80,00 9,50 2,70	1406	4Te Dieselmotor MWM 900 PS
327 1964	**M/S BARBARA** Motorgüterschiff Eduard Bos Schiffahrts KG, Berlin	80,00 8,99 2,60	1289	4Te Dieselmotor DEUTZ 800 PS
328 1964	**ANTJE** Motorgüterschiff Eduard Bos Schiffahrts KG, Berlin	80,00 8,99 2,60	1289	4Te Dieselmotor DEUTZ 800 PS
329 1964	**NORDLAND V** Motorgüterschiff Nordland Reederei M. Ruth + Co., Bremen	80,00 9,50 2,70	1407	 1964 MaK 1100 PS
330 1964	**RÜCKWARTH 7** Tankmotorschiff Ernst Rückwarth KG, Bielefeld	80,00/78,89 9,00/8,96 2,60	1288 2,62	4Te Dieselmotor 1964 MWM 580 PS
331 1964	**ELBE 51** Hafenschute Schiffahrts- u. Speditionskontor „Elbe“ GmbH, Hamburg	18,80 8,20 2,50	275	

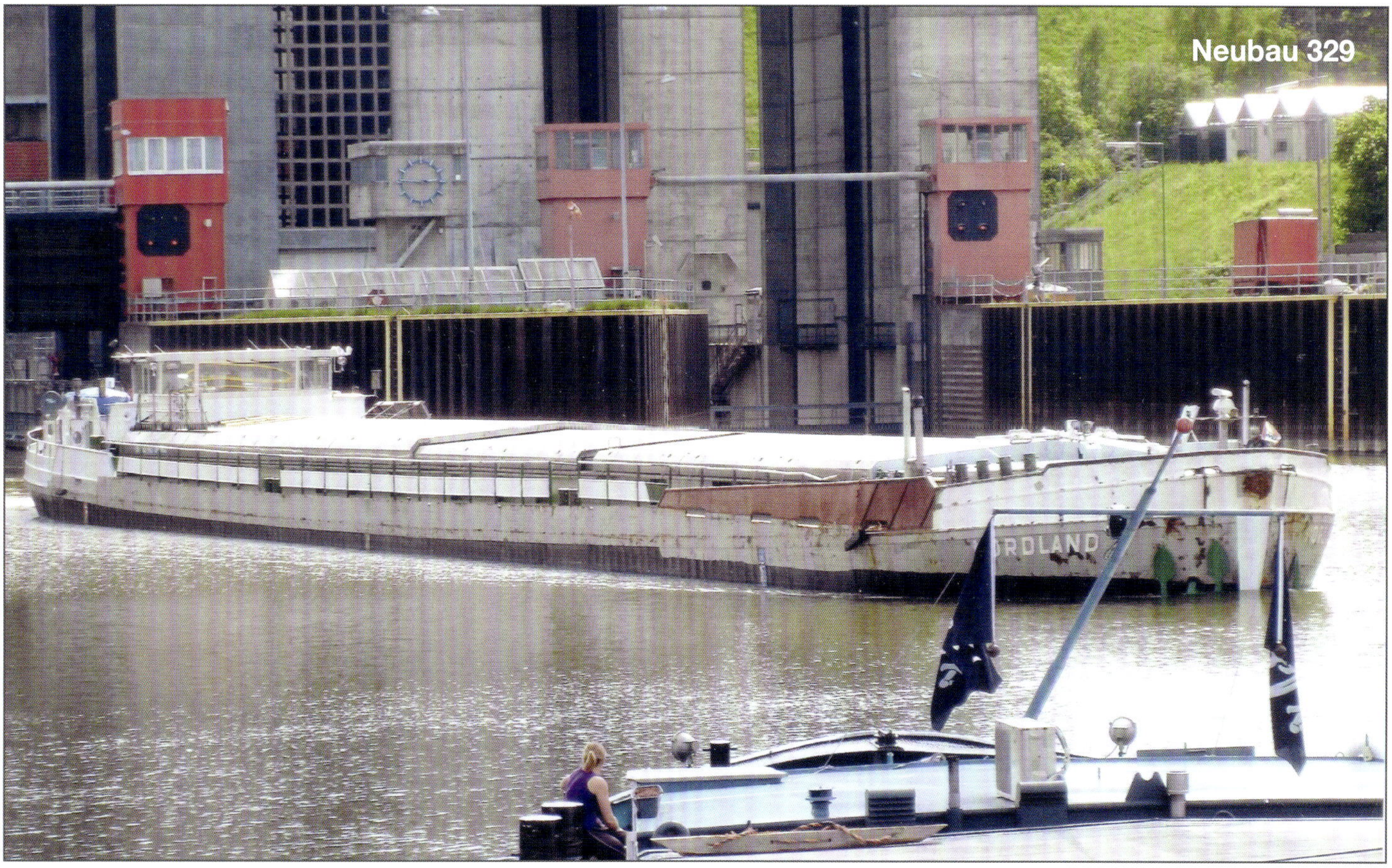

Neubau 329

Abb. 215

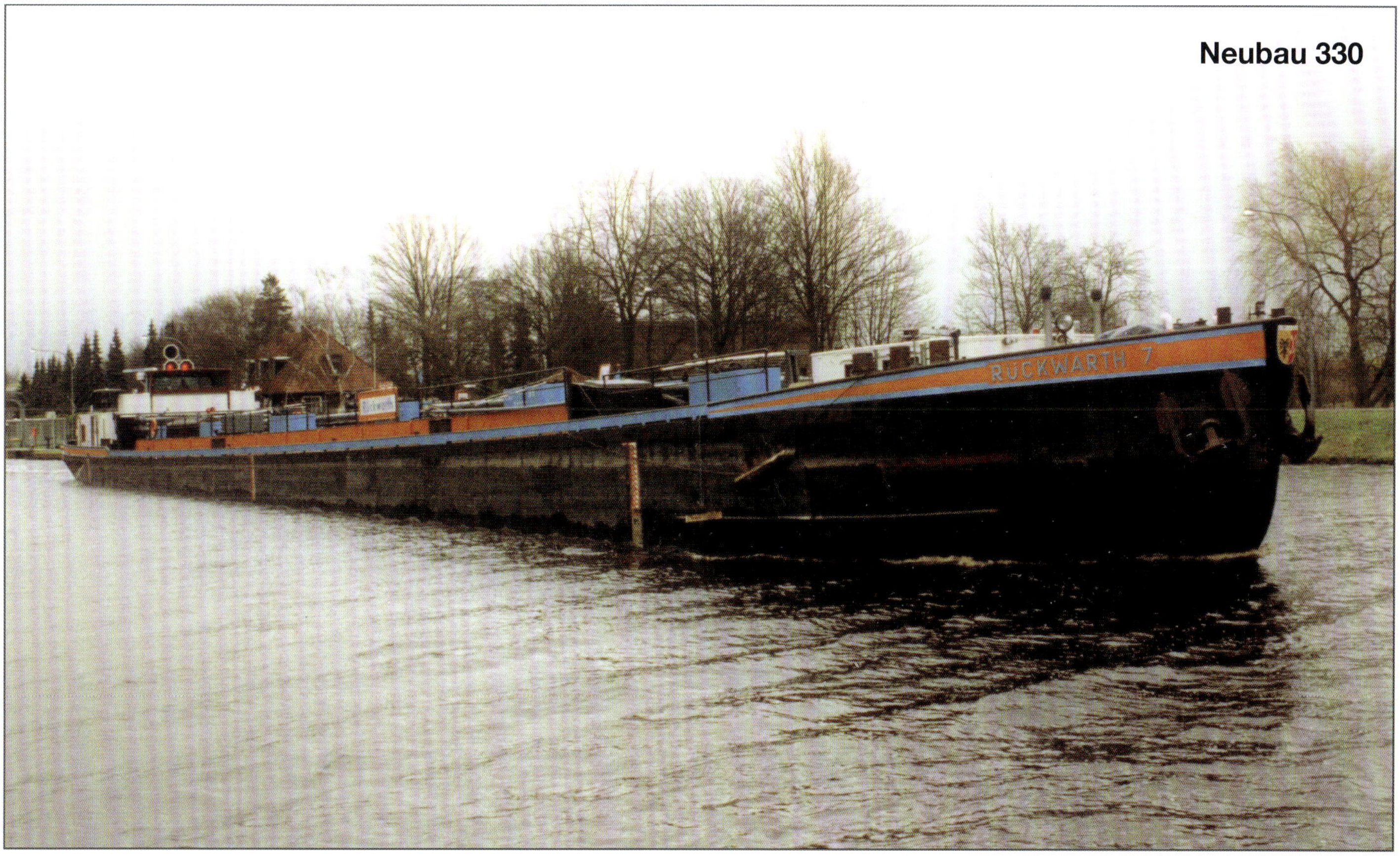

Neubau 330

Abb. 216

Baunr. Baujahr	**Name** Schiffstyp Auftraggeber	LüA / Lpp [m] BSpt [m] H [m]	Tragf. (t) Tiefg.[m] Verm.	**Hauptmotor Typ** Baujahr Hersteller Nennleistung
332 1964	**ELBE 52** Hafenschute Schiffahrts- u. Speditionskontor „Elbe" GmbH, Hamburg	18,80 8,20 2,50	275	
333 1965	**ERNA-MARIA** Motorgüterschiff NV Reviervaart Mij., Rotterdam (NL)	80,00 9,50 2,70	1406	4Te Dieselmotor 1965 MWM 800 PS
334 1965	ohne Namen Hafenschute C. Eckelmann, Hamburg	26,46 8,26 2,75	399	
335 1965	ohne Namen Hafenschute C. Eckelmann, Hamburg	26,46 8,26 2,75	399	
336 1965	**MONIKA MUNKSHOLM** Kümo Teilkasko Lieferung für Atlas-Werke, Bremen	62,30 10,00 3,42	 499 BRT	
337 1965	ohne Namen Hafenschute Opaetz & Harms, Hamburg	26,46 8,26 2,75	399	
338 1965	ohne Namen Hafenschute Opaetz & Harms, Hamburg	26,46 8,26 2,75	399	
339 1966	**M.S. BORKUM** Motorgüterschiff für Ro-Ro-Betrieb WTAG, Dortmund (Buglandeklappen; im Küstenbereich einsetzbar)	58,75 8,96 2,90	1008 2,87	2 Dieselmotoren 4 Te, 12 Zyl. 1965 MAN 2 x 362PS

Neubau 338

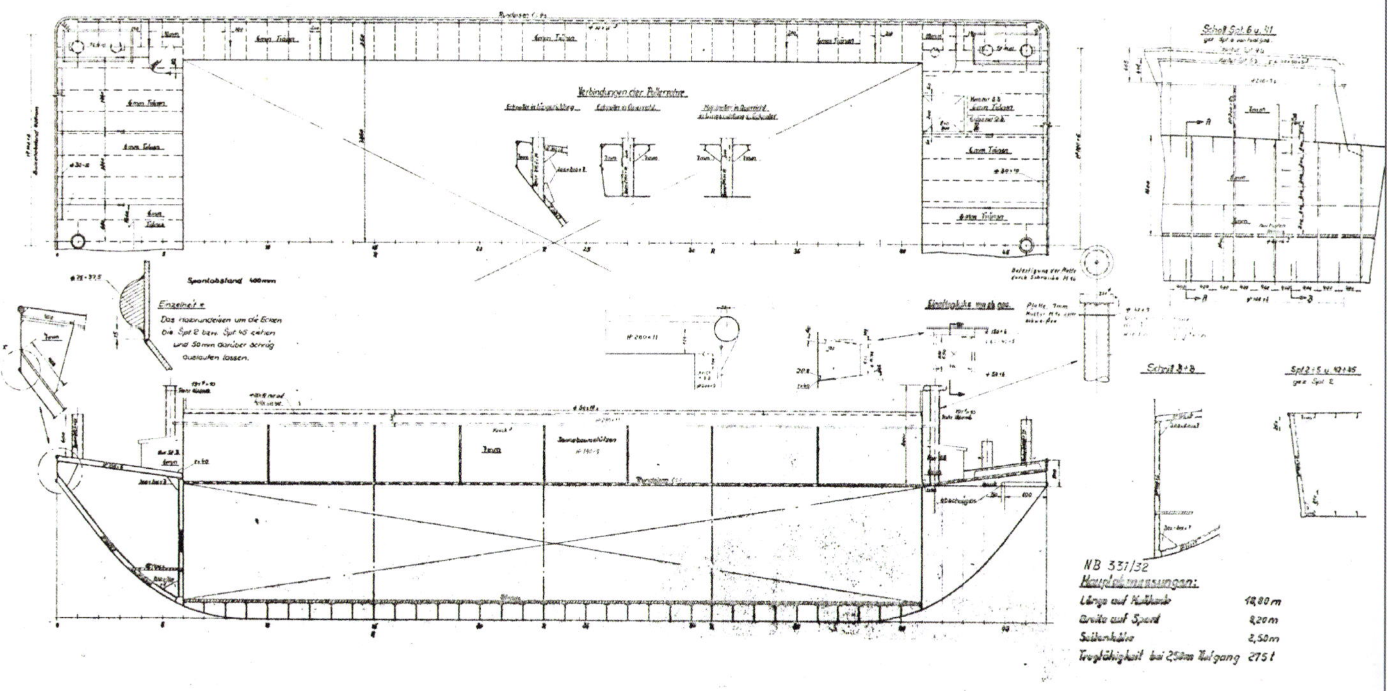

Abb. 217

Neubau 341

Abb. 218

Baunr. Baujahr	**Name** Schiffstyp Auftraggeber	LüA / Lpp [m] BSpt [m] H [m]	Tragf. (t) Tiefg.[m] Verm.	**Hauptmotor Typ** Baujahr Hersteller Nennleistung
340 1965	**REINHARD WAIBEL JUN.** Motorgüterschiff Reinhard Waibel, Gernsheim/Rhein	80,00 9,50 2,70	1428	 1965 MaK 900 PS
341 1966	**SHELL 27** Bunkerboot Deutsche Shell AG, Hamburg.	34,36 6,01 2,00	166 1,71	4 Te Dieselmotor 1966 MWM 16 Zyl. 350 PS
342 1965	ohne Namen Hafenschute Cäsar Eckelmann Söhne, Hamburg	19,26 8,26 2,75	275	
343 1965	ohne Namen Hafenschute Cäsar Eckelmann Söhne, Hamburg	19,26 8,26 2,75	275	
344 1966	**HOCHTIEF 303** Kippschute Hochtief AG, Essen (für Hafenbauarbeiten in Chimbote, Peru)	20,14 5,95 2,00	104 1,45	
345 1967	**WESERBERGLAND** Personenschiff Oberweser – Dampfschiffahrt GmbH, Hameln	46,00 7,63 1,15	 0,80 550 Pers.	2 Dieselmotoren 4 Te, Henschel 2 x 184 PS
346 1966	ohne Namen Hafenschute Cäsar Eckelmann Söhne, Hamburg	19,26 8,26 2,75	275	
347 1966	ohne Namen Hafenschute Cäsar Eckelmann Söhne, Hamburg	19,26 8,26 2,75	275	

Neubau 344

Abb. 219

Neubau 345

Abb. 220

Baunr. Baujahr	**Name** Schiffstyp Auftraggeber	LüA / Lpp [m] BSpt [m] H [m]	Tragf. (t) Tiefg.[m] Verm.	**Hauptmotor Typ** Baujahr Hersteller Nennleistung
348 1966	**Sg 5** Schwimmgreifer, WSD, Bremen	23,90/23,00 9,35 2,00	 0,85	2 Dieselmotoren DEUTZ / Schottel 2 x 115 PS
349 1966	**HERKULES** Schwimmgreifer, WSD, Hamburg (für WSA Lauenburg für Staustufe Geesthacht)	23,90/23,00 9,35 2,00	 0,85	2 Dieselmotoren DEUTZ / Schottel 2 x 115 PS
350 1966	**HAFENAMT 4** Festmacherboot Hafenamt, Bremen	8,50 2,50 1,90	 1,30	 Hannomag 65 PS
351 1966	**HAFENAMT 5** Festmacherboot Hafenamt, Bremen	8,50 2,50 1,90	 1,30	 Hannomag 65 PS
352 1966	**HAFENAMT 6** Festmacherboot Hafenamt, Bremen	8,50 2,50 1,90	 1,30	 Hannomag 65 PS
353 1966	**HAFENAMT 7** Festmacherboot Hafenamt, Bremen	8,50 2,50 1,90	 1,30	 Hannomag 65 PS
354 1966	**ELBE 51** Hafenschute Schiffahrts- u. Speditionskontor „Elbe“ GmbH, Hamburg	34,06 7,46 3,25	620	

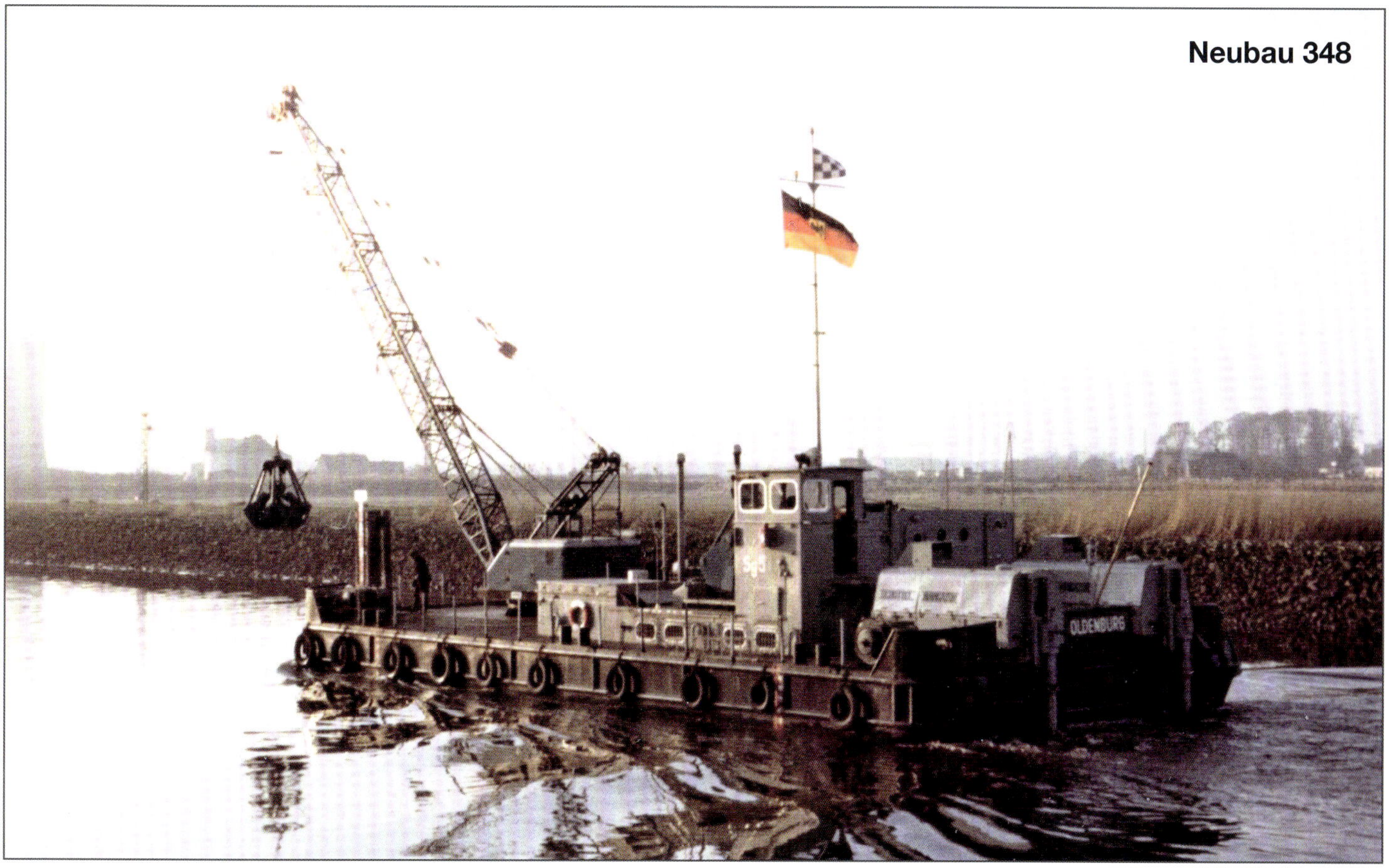

Neubau 348

Abb. 221

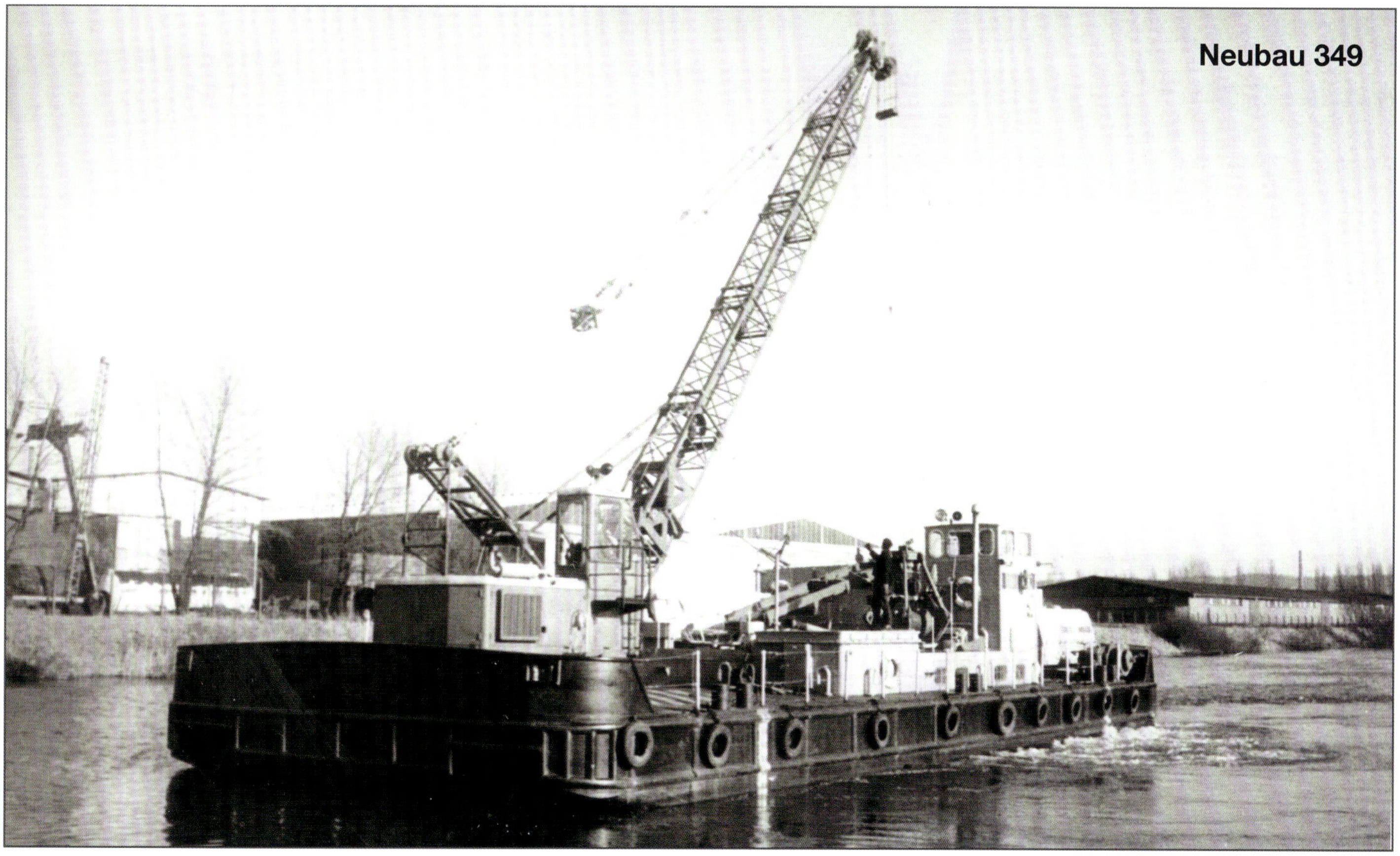

Neubau 349

Abb. 222

Baunr. Baujahr	**Name** Schiffstyp Auftraggeber	LüA / Lpp [m] BSpt [m] H [m]	Tragf. (t) Tiefg.[m] Verm.	**Hauptmotor Typ** Baujahr Hersteller Nennleistung
355 1966	**ELBE 52** Hafenschute Schiffahrts- u. Speditionskontor „Elbe“ GmbH, Hamburg	34,06 7,46 3,25	620	
356 1967	**FERDINANDE** Motorgüterschiff Wilhelm Lohmann, Berlin	80,00 9,00 2,60	1395	4Te Dieselmotor MWM 600 PS
357 1967	**FALKNER** Motorgüterschiff Wilhelm Lohmann, Berlin	80,00 9,00 2,60	1355	4Te Dieselmotor 1967 MWM 600 PS
358 1967	**SHELL BUNKER** Bunkerstation Deutsche Shell AG, Hamburg. Shell-Agentur Carl Heinrich Meyer	30,00 5,00 2,00		
359 1967	**DOROTHEA** Motorgüterschiff Neufeldt & Co KG, Berlin	80,00 9,00 2,70	1366 2,70	 1967 MAN 940 PS
360 1968	**BODENWERDER MB 33** Eimerkettenbagger Wasserstraßen Maschinenamt, Minden	29,50/27,00 6,00 2,00	90 0,85	
361 1968	**PLOCHINGEN** Motorgüterschiff WTAG, Berlin	80,00 9,49 2,70	1417 2,70	4Te Dieselmotor 1968 MAN 940 PS
362 1968	**SZ 6051** Ölleichter Inland Water Transport Board, Rangoon/Burma	48,70 8,83 2,29	600 1,30	

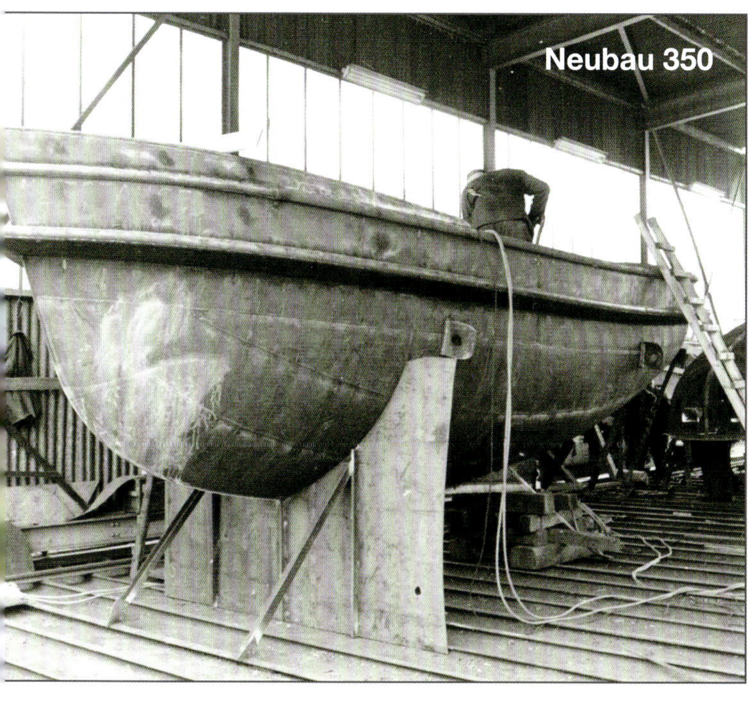

Neubau 350

Abb. 223

Neubau 355
ELBE 52

Abb. 224

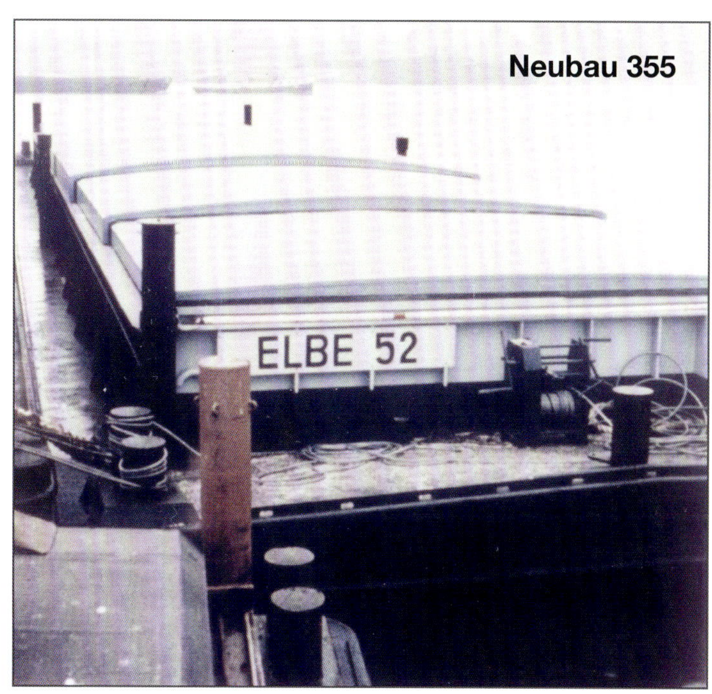

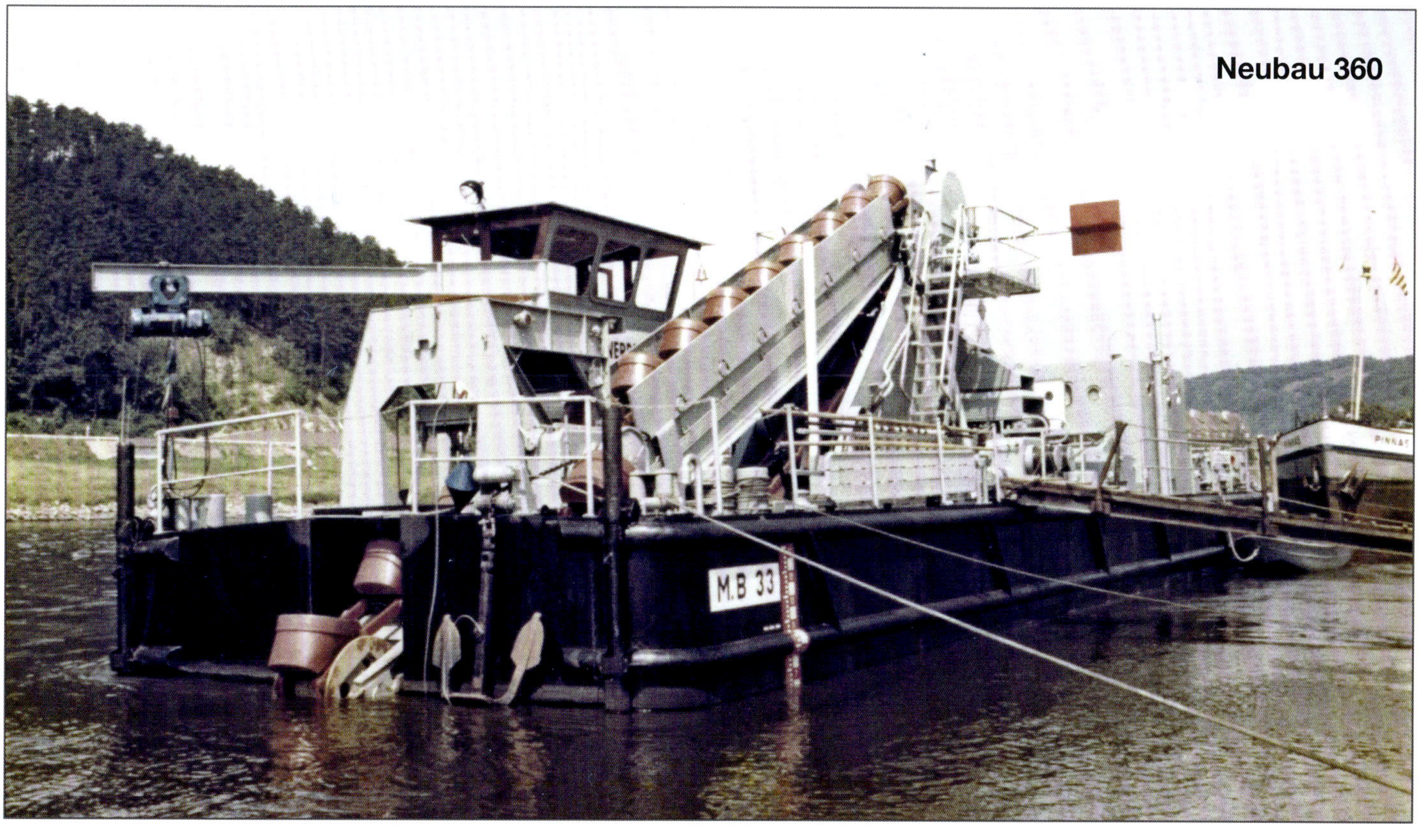
Neubau 360
M.B 33

Abb. 225

Baunr. Baujahr	**Name** Schiffstyp Auftraggeber	LüA / Lpp [m] BSpt [m] H [m]	Tragf. (t) Tiefg.[m] Verm.	**Hauptmotor Typ** Baujahr Hersteller Nennleistung
363 1968	**SZ 6052** Ölleichter Inland Water Transport Board, Rangoon/Burma	48,70 8,83 2,29	600 1,30	
364 1969	**SZ 6053** Ölleichter Inland Water Transport Board, Rangoon/Burma	48,70 8,83 2,29	600 1,30	
365 1969	**SZ 6054** Ölleichter Inland Water Transport Board, Rangoon/Burma	48,70 8,83 2,29	600 1,30	
366 1969	**SZ 6055** Ölleichter Inland Water Transport Board, Rangoon/Burma	48,70 8,83 2,29	600 1,30	
367 1969	**SZ 6056** Ölleichter Inland Water Transport Board, Rangoon/Burma	48,70 8,83 2,29	600 1,30	
368 1969	**SZ 6057** Ölleichter Inland Water Transport Board, Rangoon/Burma	48,70 8,83 2,29	600 1,30	
369 1969	**SZ 6058** Ölleichter Inland Water Transport Board, Rangoon/Burma	48,70 8,83 2,29	600 1,30	
370 1969	**SZ 6059** Ölleichter Inland Water Transport Board, Rangoon/Burma	48,70 8,83 2,29	600 1,30	

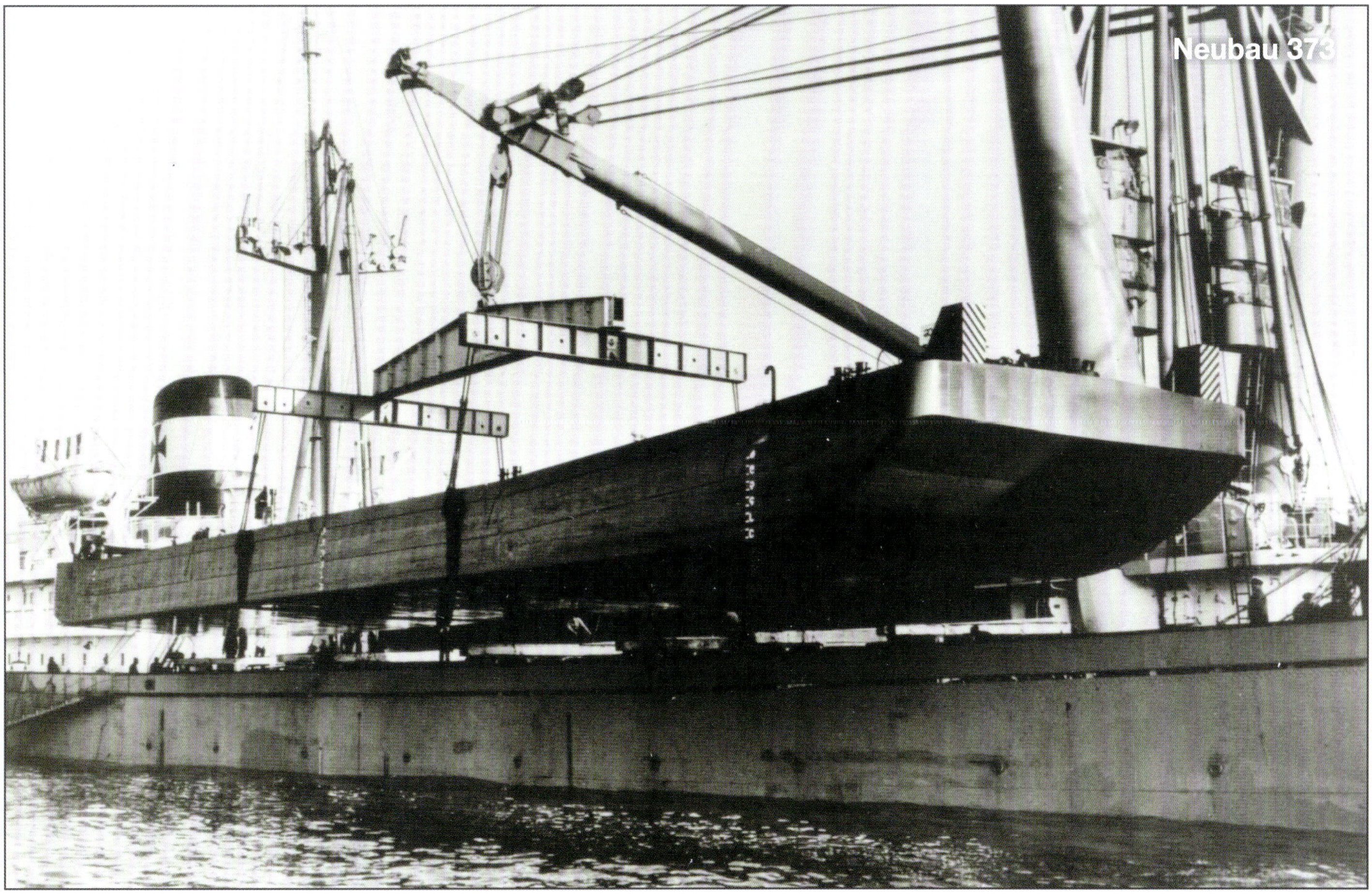

Neubau 373

Abb. 226

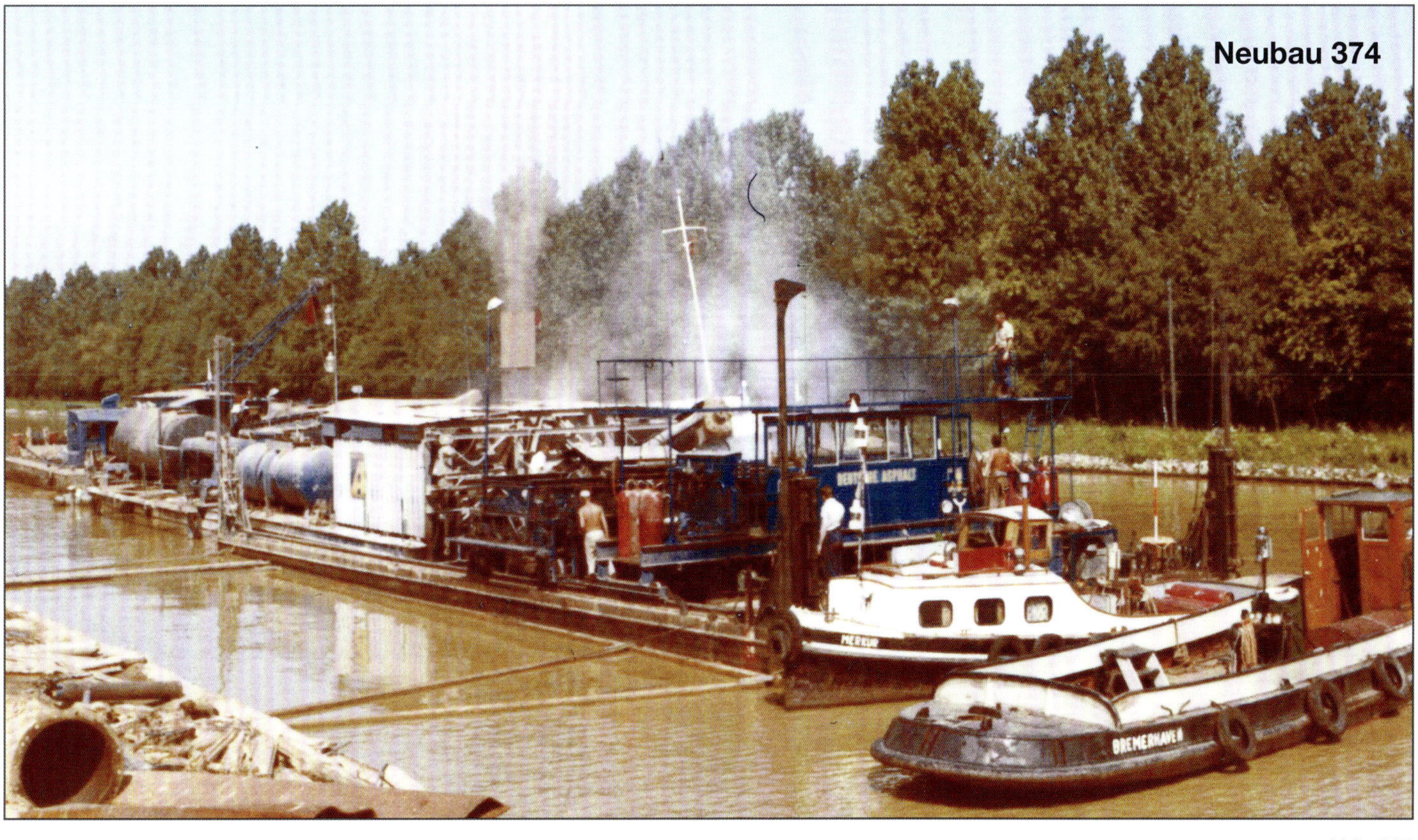

Neubau 374

Abb. 227

Baunr. Baujahr	**Name** Schiffstyp Auftraggeber	LüA / Lpp [m] BSpt [m] H [m]	Tragf. (t) Tiefg.[m] Verm.	**Hauptmotor Typ** Baujahr Hersteller Nennleistung
371 1969	**SZ 6060** Ölleichter Inland Water Transport Board, Rangoon/Burma	48,70 8,83 2,29	600 1,30	
372 1969	**SZ 6061** Ölleichter Inland Water Transport Board, Rangoon/Burma	48,70 8,83 2,29	600 1,30	
373 1969	**SZ 6062** Ölleichter Inland Water Transport Board, Rangoon/Burma	48,70 8,83 2,29	600 1,30	
374 1969	**SZ 6063** Ölleichter Inland Water Transport Board, Rangoon/Burma	48,70 8,83 2,29	600 1,30	
375 1969	**SZ 6064** Ölleichter Inland Water Transport Board, Rangoon/Burma	48,70 8,83 2,29	600 1,30	
376 1968	ohne Namen Asphaltverlegeschiff Deutsche Asphalt u. Tiefbau GmbH, Frankfurt a. Main	23,00 10,80 0,60	40	
377 1969	**DETTMER TANK 23** Tankmotorschiff B. Dettmer & Co, Berlin	67,00 8,99 2,70	1085 2,72	4Te Dieselmotor 1969 MWM 870 PS

Neubau 385

Abb. 228

Neubau 387

Abb. 229

Baunr. Baujahr	**Name** Schiffstyp Auftraggeber	LüA / Lpp [m] BSpt [m] H [m]	Tragf. (t) Tiefg.[m] Verm.	**Hauptmotor Typ** Baujahr Hersteller Nennleistung
378 1969	**DETTMER TANK 25** Tankmotorschiff B. Dettmer &Co, Berlin	69,50 9,00 2,70	1132 2,72	4Te Dieselmotor 1969 MWM 870 PS
379 1969	**DETTMER TANK 27** Tankmotorschiff B. Dettmer & Co, Berlin	80,00 9,00 2,70	1443 2,72	4Te Dieselmotor 1969 DEUTZ 900 PS
380 1970	**DETTMER TANK 29** Tankmotorschiff B. Dettmer & Co, Berlin	80,00 9,00 2,70	1443 2,72	4Te Dieselmotor 1970 DEUTZ 900 PS
381 1970	**FRATERNA I** Tankmotorschiff A. Croci, Kirchberg (CH)	84,00 8,99 2,70	1385	4Te Dieselmotor MWM 675 PS
382 1970	**RSK TANK 71** Tankmotorschiff Rheinschiffahrtskontor GmbH, Immensee (CH)	85,00 9,60 2,90	1649 2,92	4Te Dieselmotor 1969 MWM 1050 PS
383 1970	**ANDREAS URSCHLECHTER** Tankmotorschiff Rheinschiffahrtskontor GmbH, Immensee (CH)	85,00/84,89 9,50 2,90	1589 2,97	4Te Dieselmotor 1970 DEUTZ 1000 PS
384 1970	**WILLY DEICHMANN** Tankmotorschiff Deichmann GmbH & Co, Berlin	69,00 9,00 2,70	1054	4Te Dieselmotor 1970 DEUTZ 900 PS

Neubau 388

Abb. 230

Neubau 389

Abb. 231

Baunr. Baujahr	**Name** Schiffstyp Auftraggeber	LüA / Lpp [m] BSpt [m] H [m]	Tragf. (t) Tiefg.[m] Verm.	**Hauptmotor Typ** Baujahr Hersteller Nennleistung
385 1970	**TMS INGE** Tankmotorschiff DS-Tankschiff Reederei, Bremen	85,00 9,48 3,60	1595 2,83	4Te Dieselmotor 1970 MaK 6 Zyl. 1000 PS
386 1970	**RSK TANK 73** Tankmotorschiff Rheinschiffahrtskontor GmbH, Immensee (CH)	85,00 9,50 2,90	1570 2,87	4Te Dieselmotor 1970 MWM 1050 PS
387 1971	**ROLAND** Tankmotorschiff Dettmer KG, Bremen	84,90 9,48 2,85	1595	4Te Dieselmotor DEUTZ 1000 PS
388 1971	**MARGARETE DEICHMANN** Tankmotorschiff Deichmann GmbH & Co, Berlin	79,94 8,96 2,70	1265	4Te Dieselmotor 1971 DEUTZ 6 Zyl. 900 PS
389 1971	**DETTMER TANK 31** Tankmotorschiff B. Dettmer & Co, Bremen	85,00 9,46 2,85	1576 2,84	4Te Dieselmotor 1971 DEUTZ 1000 PS
390 1970	**FRATERNA 2** Tankmotorschiff Fraterna AG, Unterägerie (CH)	83,97 8,99 2,60	1382	4Te Dieselmotor MWM 545 PS
391 1971	**RAAB KARCHER 122** Tankmotorschiff Barheina AG, Basel (CH)	85,00 9,50 3,20	1822	4Te Dieselmotor DEUTZ 6 Zyl. 1000 PS

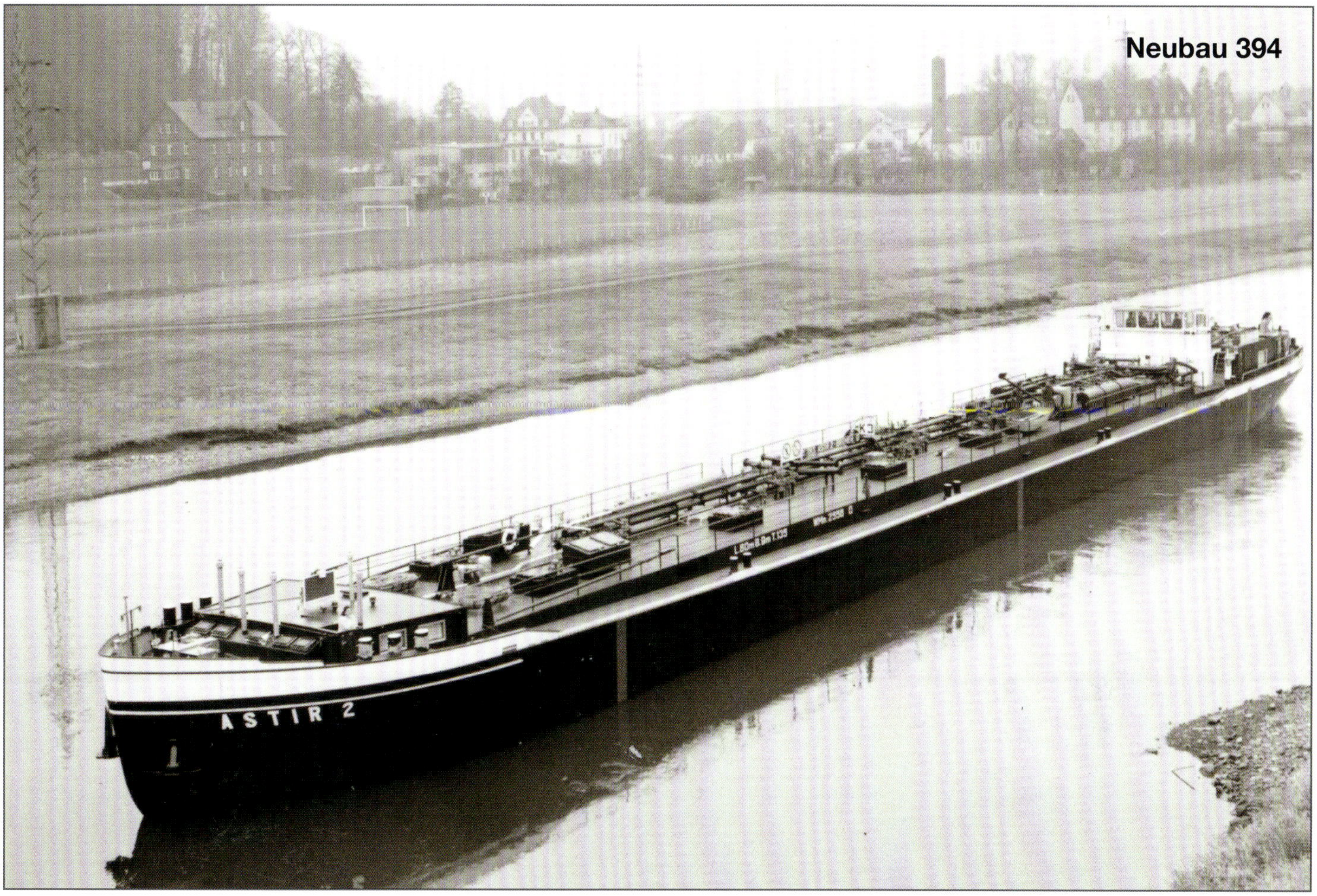

Neubau 394

Abb. 232

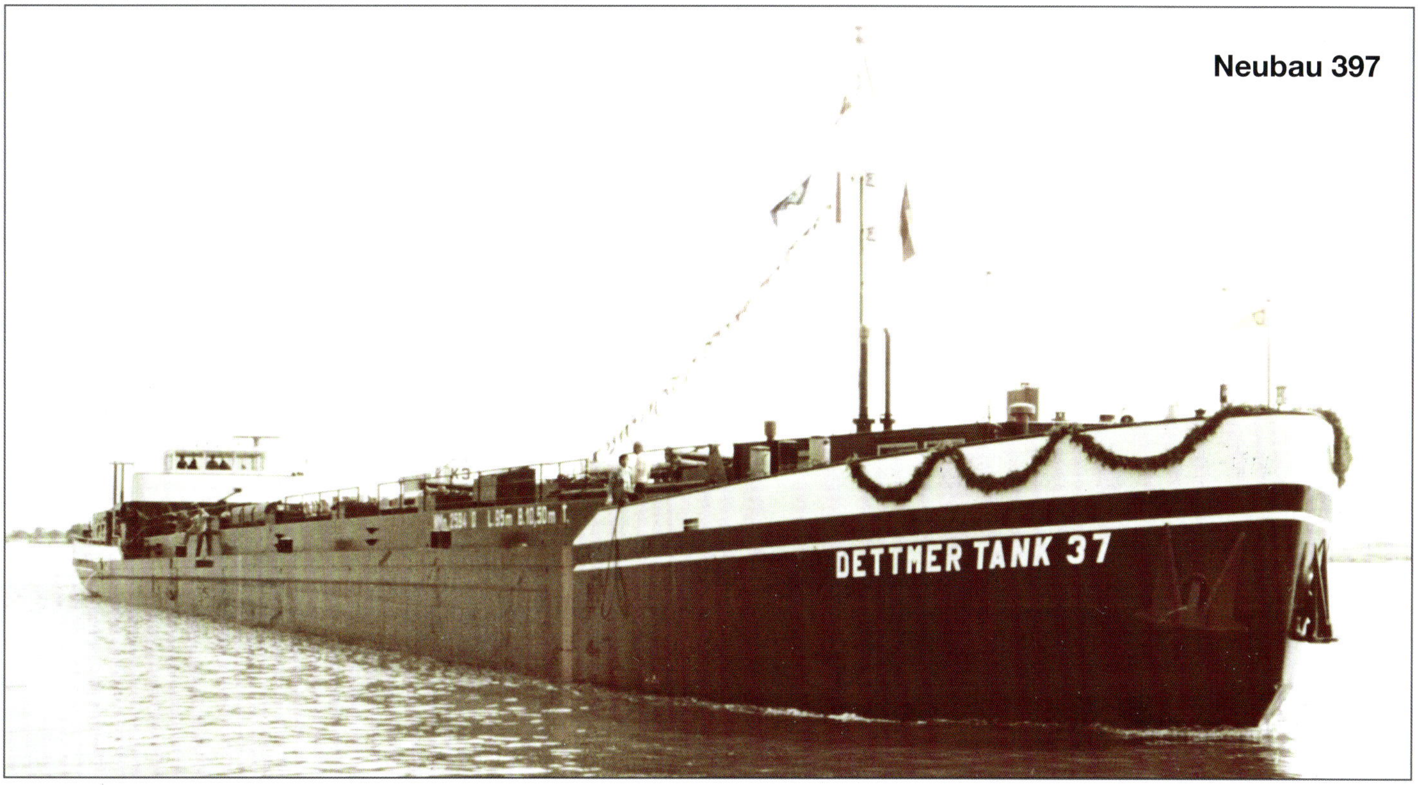

Neubau 397

Abb. 233

Baunr. Baujahr	**Name** Schiffstyp Auftraggeber	LüA / Lpp [m] BSpt [m] H [m]	Tragf. (t) Tiefg.[m] Verm.	**Hauptmotor Typ** Baujahr Hersteller Nennleistung
392 1971	**RAAB KARCHER 123** Tankmotorschiff Barheina AG, Basel (CH)	85,00 9,50 3,20	1835	4Te Dieselmotor DEUTZ 6 Zyl. 1000 PS
393 1971	**DETTMER TANK 33** Tankmotorschiff B. Dettmer & Co, Berlin	80,00 9,00 2,70	1325 2,72	4Te Dieselmotor 1971 MWM 870 PS
394 1971	**ASTIR 2** Tankmotorschiff Astir KG Schiffahrt-Maklerei, Berlin	80,00 9,00 2,70	1320	4Te Dieselmotor MWM 870 PS
395 1972	**HANSEAT D.T. 41** Tankmotorschiff R. Lange GmbH & Co, Berlin	80,00 8,96 2,70	1327 2,72	4Te Dieselmotor 1971 MWM 870 PS
396 1971	**RÜCKWARTH 8** Tankmotorschiff Berthold Rückwarth KG, Bielefeld	81,86 8,96 2,60	1328 2,60	4Te Dieselmotor 1971 MWM 675 PS
397 1972	**DETTMER TANK 37** Tankmotorschiff Rheinschiffahrtskontor GmbH, Immensee (CH)	105,00 10,50 3,20	2548 3,16	4Te Dieselmotor 1972 MWM 1050 PS
398 1972	**DETTMER TANK 39** Tankmotorschiff Rheinschiffahrtskontor GmbH, Immensee (CH)	105,00 10,50 3,20	2545 3,16	4Te Dieselmotor 1972 MWM 1050 PS

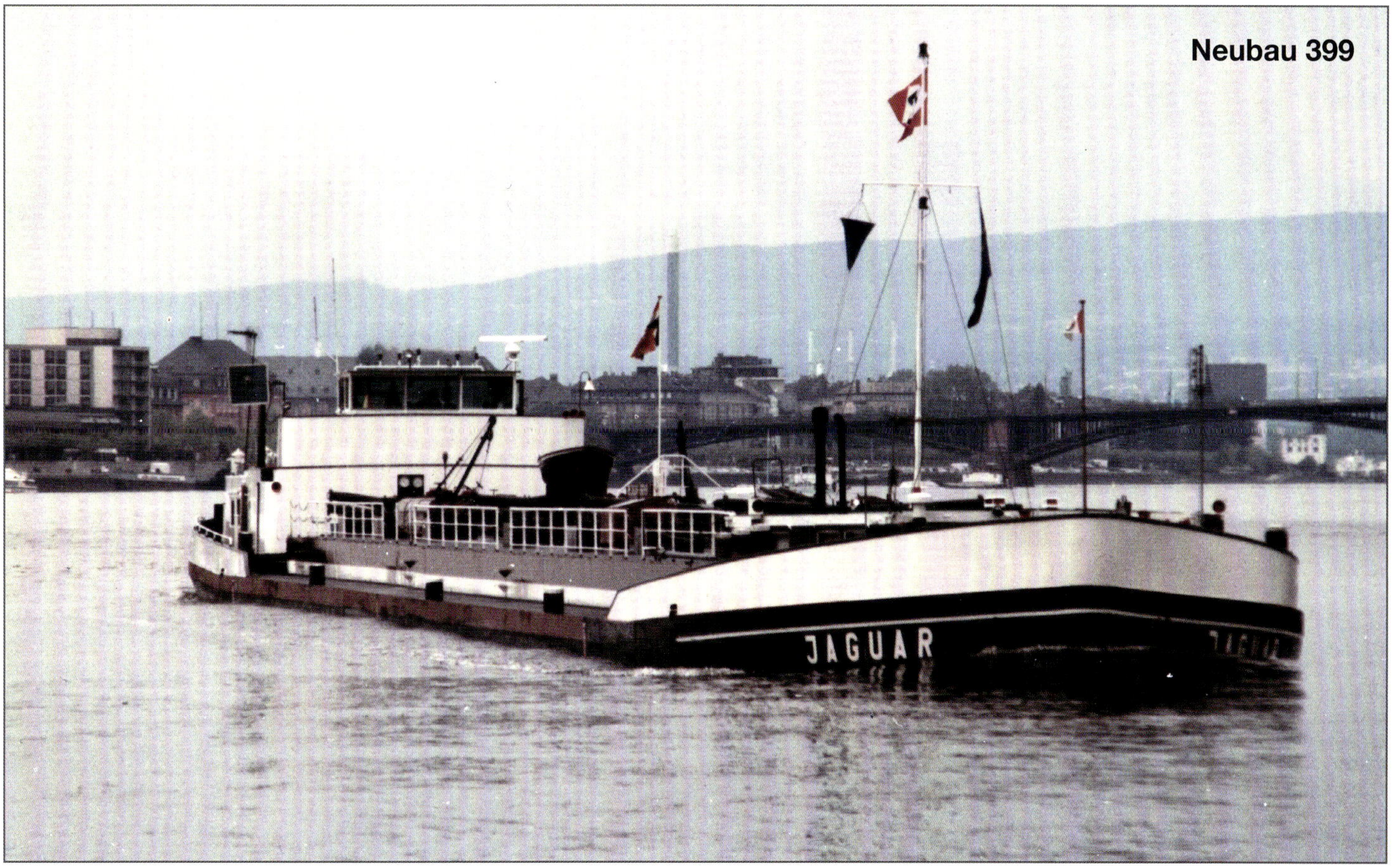

Neubau 399

Abb. 234

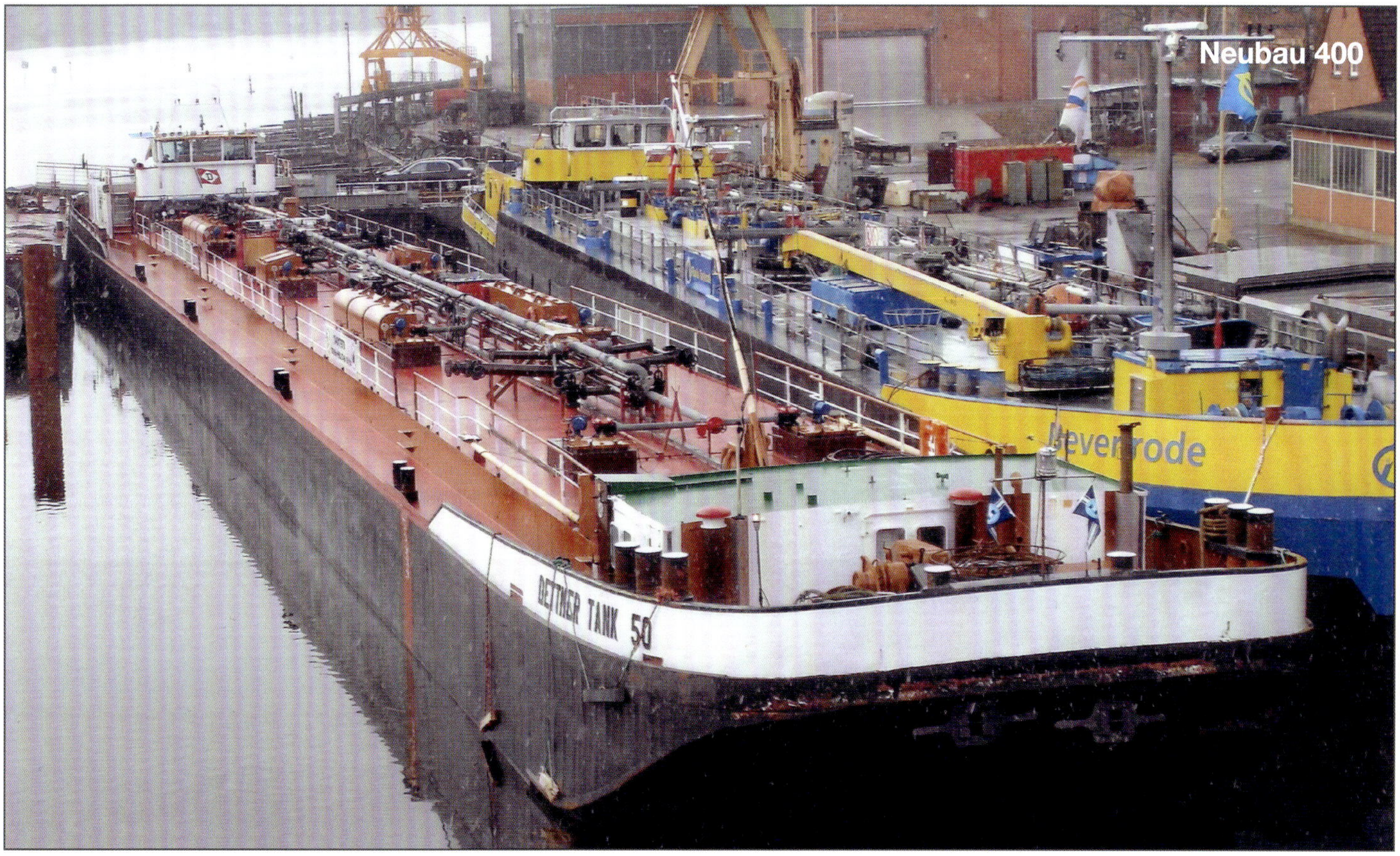

Neubau 400

Abb. 235

Baunr. Baujahr	**Name** Schiffstyp Auftraggeber	LüA / Lpp [m] BSpt [m] H [m]	Tragf. (t) Tiefg.[m] Verm.	**Hauptmotor Typ** Baujahr Hersteller Nennleistung
399 1972	**JAGUAR** Tankmotorschiff B. Dettmer & Co, Bremen	105,00 10,50 3,20	2561 3,17	4Te Dieselmotor 1972 MWM 1080 PS
400 1973	**DETTMER TANK 50** Tankmotorschiff R. Lange GmbH & Co – Elbe-Havel-Tank, Berlin	67,00 9,00 2,50	994 2,52	4Te Dieselmotor 1973 DEUTZ 800 PS
401 1973	**DETTMER TANK 52** Tankmotorschiff R. Lange GmbH & Co – Elbe-Havel-Tank, Berlin	67,00 9,00 2,50	998 2,52	4Te Dieselmotor 1973 DEUTZ 800 PS
402 1972	**HANSA 3** Tankmotorschiff H. Deichmann, Remagen	85,00 9,50 2,90	1580	1000 PS
403 1972	**HANSA 4** Tankmotorschiff Hansa Tankschiffahrt W. Deichmann & Co, Oberwinter	85,00 9,50 2,85	1579	4Te Dieselmotor DEUTZ 1000 PS
404 1973	**SPANDAU D.T. 61** Tankmotorschiff R. Lange GmbH & Co, Berlin	80,00 9,00 2,60	1237 2,40	4Te Dieselmotor - MWM 870 PS
405 1973	**RÜCKWARTH 9** Tankmotorschiff E. Rückwarth, Bielefeld	81,93 9,00 2,90	1310	4Te Dieselmotor 1973 MWM 780 PS

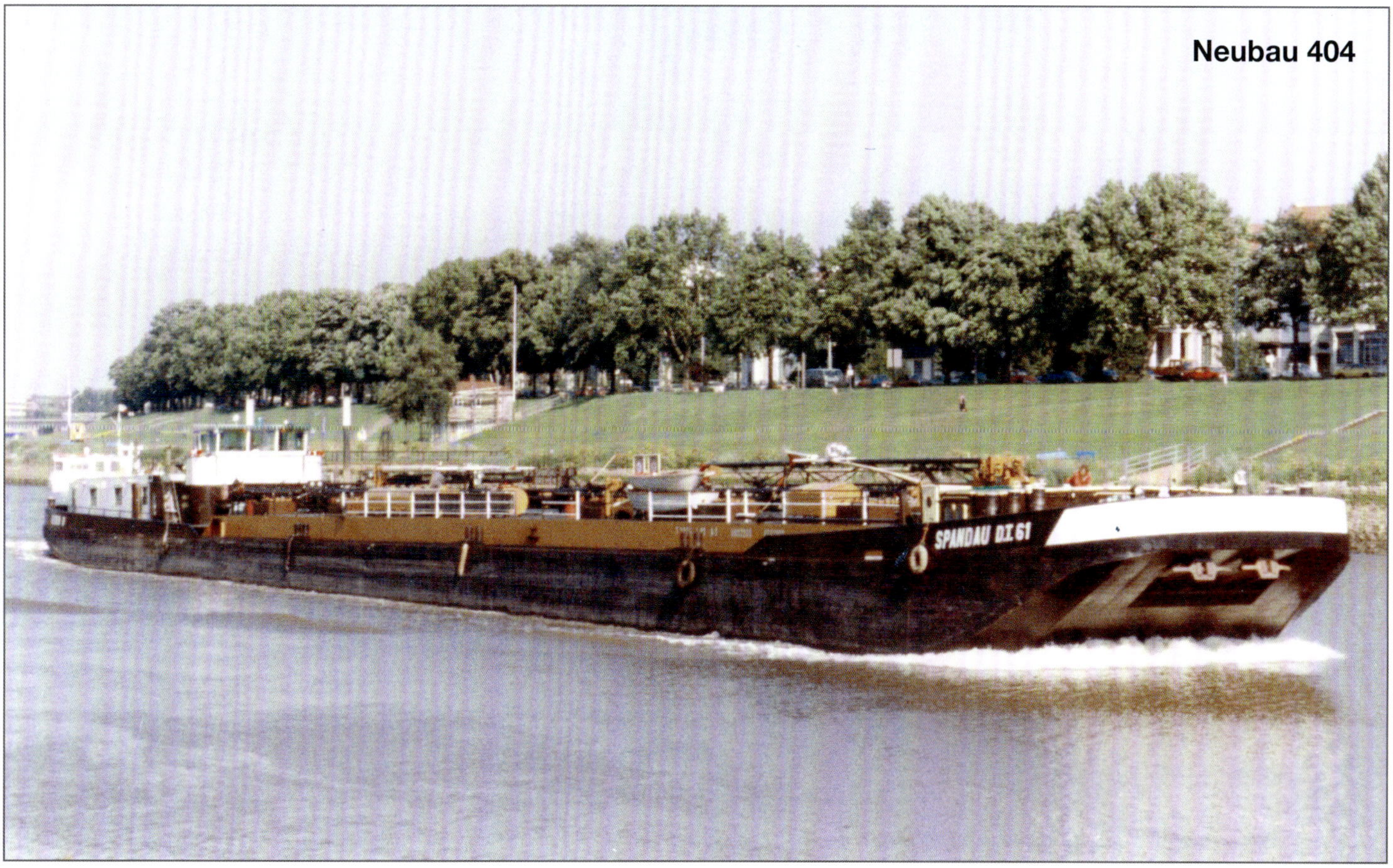

Neubau 404

Abb. 236

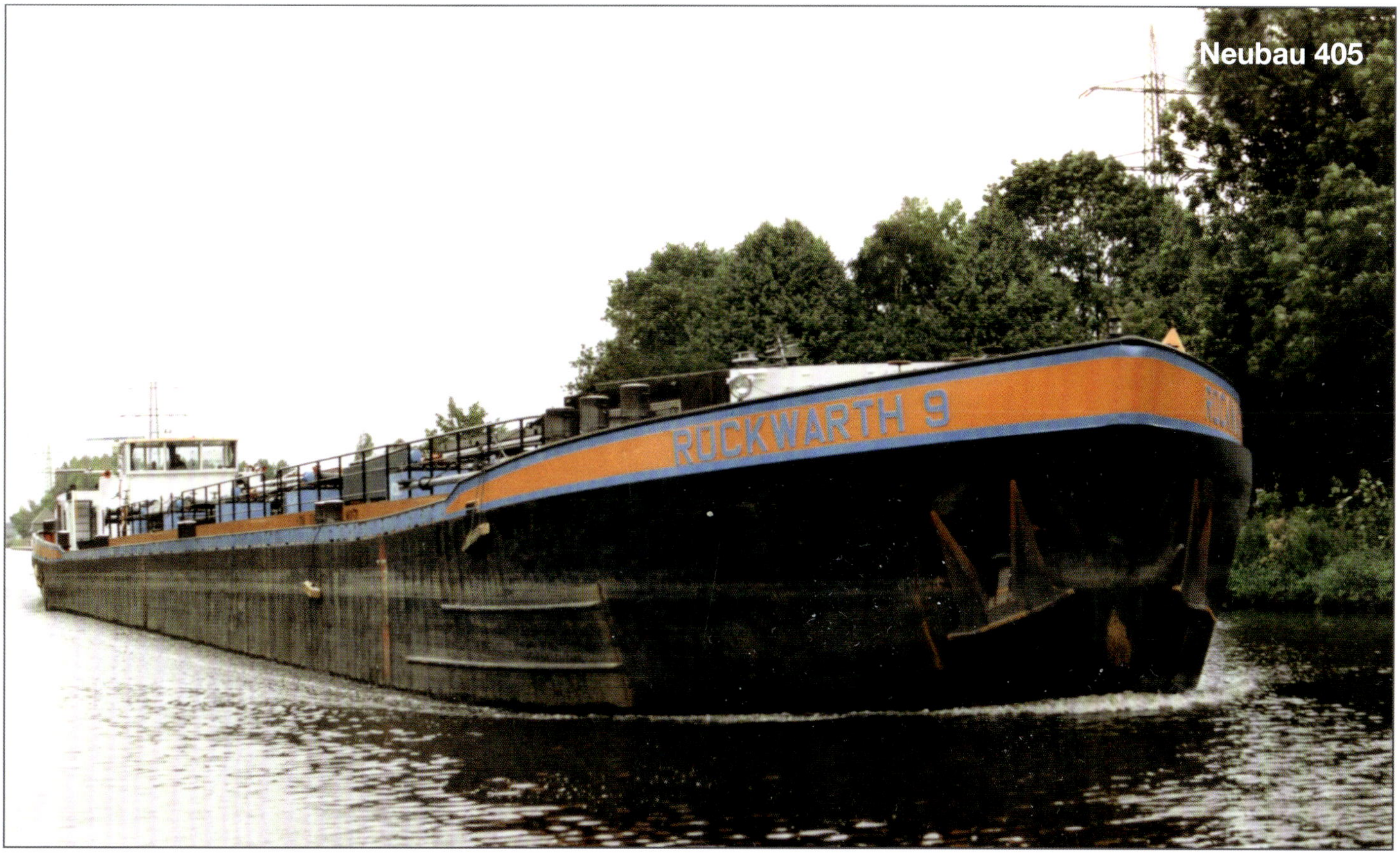

Neubau 405

Abb. 237

Baunr. Baujahr	**Name** Schiffstyp Auftraggeber	LüA / Lpp [m] BSpt [m] H [m]	Tragf. (t) Tiefg.[m] Verm.	**Hauptmotor Typ** Baujahr Hersteller Nennleistung
406 1973	**KARLSRUHE** Motorgüterschiff WTAG, Berlin	80,00 9,50 2,70	1360	4Te Dieselmotor DEUTZ 1100 PS
407 1973	**HANSA 9** Tankmotorschiff H. Deichmann, Remagen	80,00 9,50 2,90	1343	1100 PS
408 1974	**HANSA 5** Tankmotorschiff H. Deichmann, Remagen	85,00 9,50 2,90	1597	1000 PS
409 1973	**RÜCKWARTH 10** Tankmotorschiff E. Rückwarth, Bielefeld	82,00 9,00 2,90	1326	4Te Dieselmotor 1973 MWM 1050 PS
410 1974	**WESTLANDGRACHT** Zementtransporter Rederij Cement-Tankvaart BV, Amsterdam (NL)	50,00 6,57 2,62	503	Caterpillar 381 PS
10 411 1974	**WITTENBURGERGRACHT** Zementtransporter Rederij Cement-Tankvaart BV, Amsterdam (NL)	50,00 6,60 3,65	503	391 PS
10 412 1974	**OTTO SPRINGORUM** Motorgüterschiff Barheina AG, Basel (CH)	85,00 9,50 3,20	1831	4Te Dieselmotor DEUTZ 1000 PS

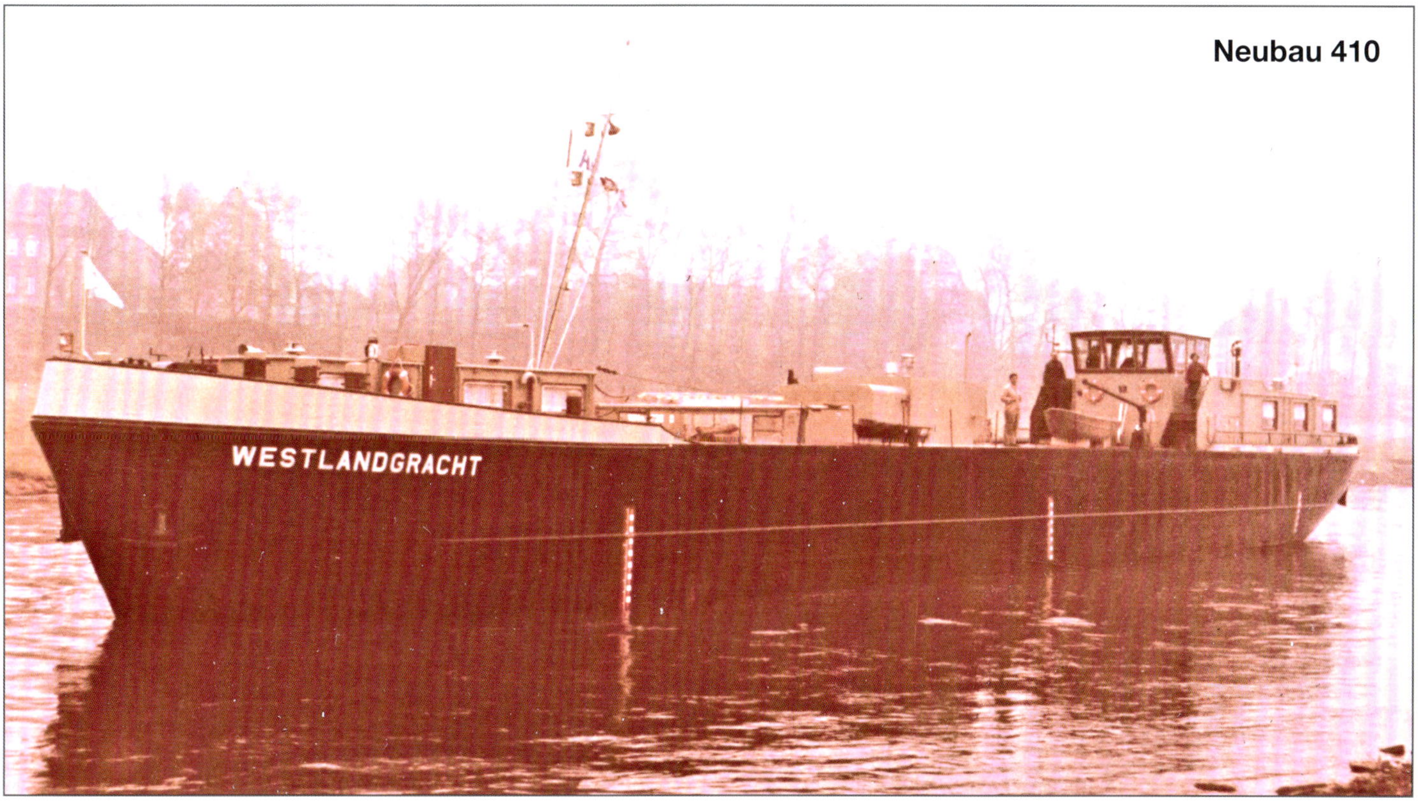

Neubau 410

Abb. 238

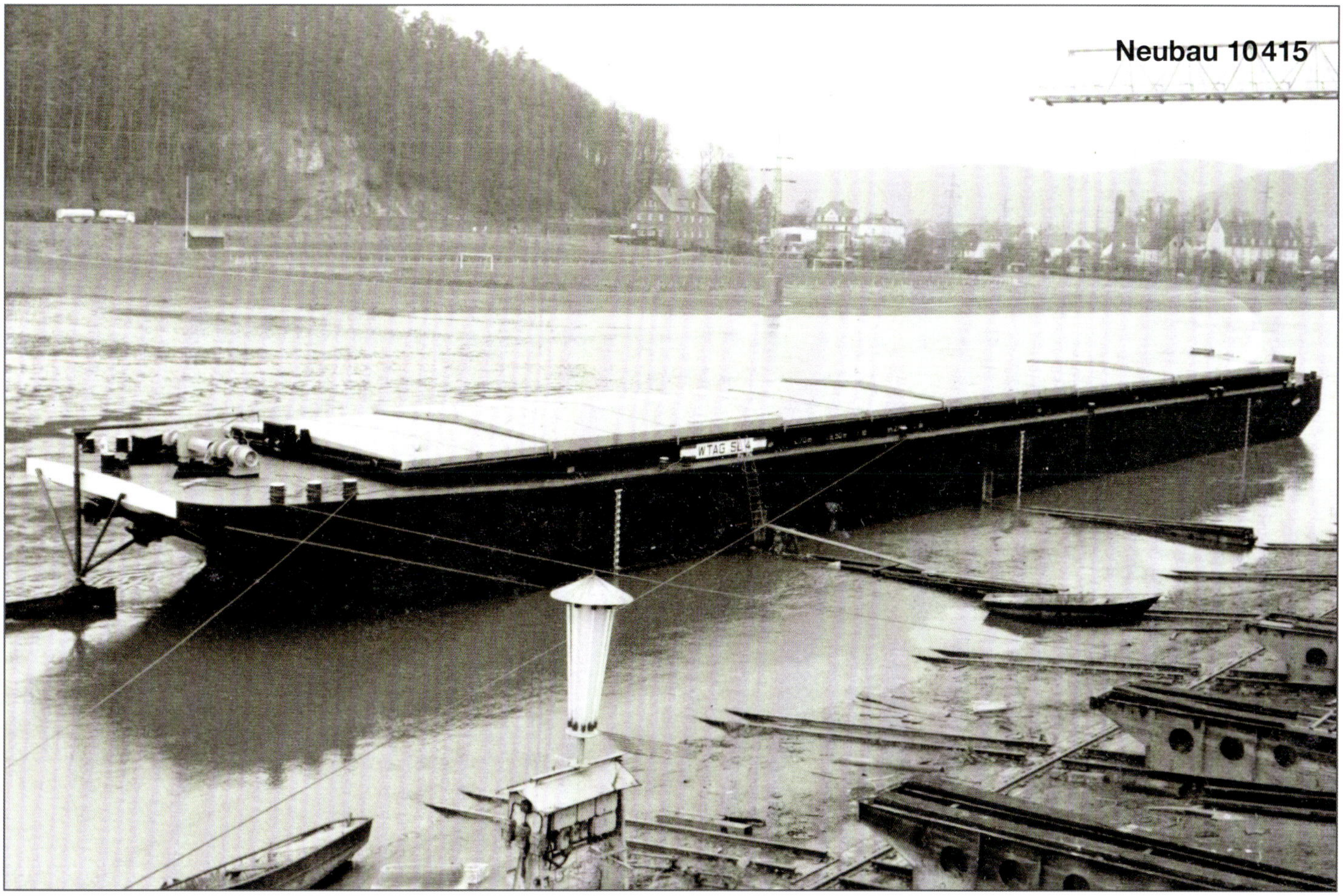

Neubau 10415

Abb. 239

Baunr. Baujahr	**Name** Schiffstyp Auftraggeber	LüA / Lpp [m] BSpt [m] H [m]	Tragf. (t) Tiefg.[m] Verm.	**Hauptmotor Typ** Baujahr Hersteller Nennleistung
10 413 1974	**ERNST KRÄMER** Motorgüterschiff Barheina AG, Basel (CH)	85,00 9,50 3,20	1822	4Te Dieselmotor DEUTZ 1000 PS
10 414 1974	**LEOPARD** Motorgüterschiff Rheinschiffahrtskontor GmbH, Immensee (CH)	105,00 10,50 3,20	2550 3,20	4Te Dieselmotor - MWM 1080 PS
10 415 1976	**WTAG SL 4** Schubleichter WTAG, Dortmund	70,00 9,50 3,50	1658 3,20	
10 416 1976	**WTAG SL 5** Schubleichter WTAG, Dortmund	70,00 9,50 3,50	1658 3,20	
10 417 1975	**HERM KIEPE** Küstenmotorschiff Kiepe-Schepers KG, Haren (nur Schiffskasko für Cassens Neubau Nr. 120)	75,00/72,92 10,20 5,50/3,35		
10 418 1974	**DETTMER TANK 38** Tankmotorschiff Ägir Reederei Lange GmbH & Co., Berlin	80,00 9,00 2,90	1448 2,90	4Te Dieselmotor 1973 DEUTZ 900 PS
10 419 1974	**DETTMER TANK 36** Tankmotorschiff Ägir Reederei Lange GmbH & Co., Berlin	80,00 9,00 2,90	1447 2,90	4Te Dieselmotor 1974 DEUTZ 900 PS
10 420 1975	**HANSA** Küstenmotorschiff Henry Horstmann, Rendsburg (nur Schiffskasko für Cassens Neubau Nr. 126)	75,00/72,96 10,20 5,50		

Abb. 240

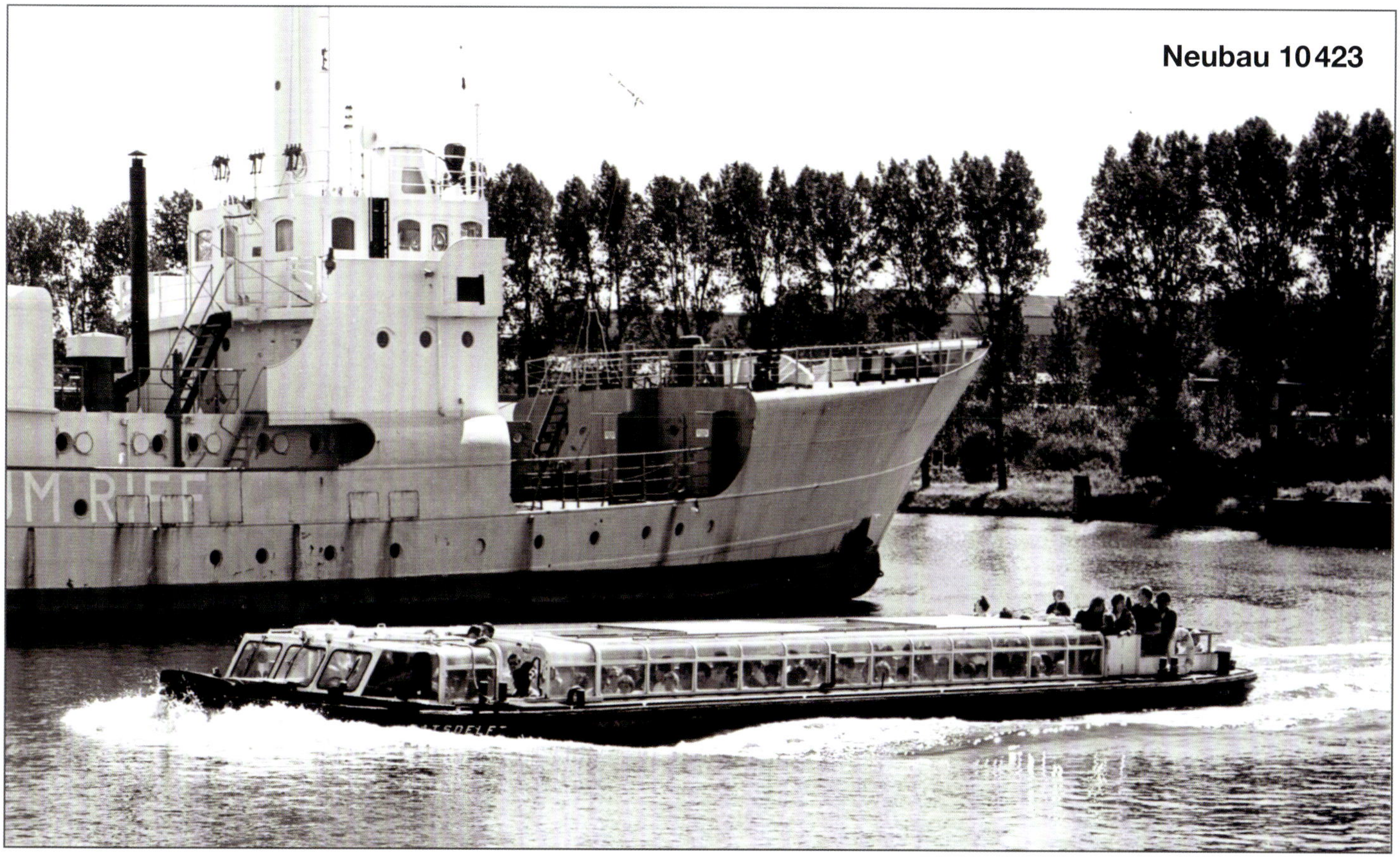

Neubau 10423

Abb. 241

Baunr. Baujahr	**Name** Schiffstyp Auftraggeber	LüA / Lpp [m] BSpt [m] H [m]	Tragf. (t) Tiefg.[m] Verm.	**Hauptmotor Typ** Baujahr Hersteller Nennleistung
10 421 1975	**EDINA** Küstenmotorschiff P & J Nagel, Drochtersen (nur Schiffskasko für Cassens Neubau Nr. 119)	75,00/72,96 10,20 5,50		
10 422 1976	**BRAKSIEL** Motorschlepper/Feuerlöschboot Niedersächsisches Hafenamt, Brake	20,00/18,20 6,40 3,00	 2,00 82,47 BRT	4Te Dieselmotor MWM 599 PS
10 423 1975	**RATSDELFT** Personenmotorschiff Stadt Emden, Emden	20,90 4,60 1,45	 100 Pers.	4Te Dieselmotor mit Schottelantrieb 1975 MWM 98 PS
10 424 1976	**BILGENENTÖLER 8** Bilgenentölerboot Bilgenentsorger Gesellschaft, Hamburg. Raab Karcher, Homberg	39,00/38,55 6,40 2,25	223 1,96	4Te Dieselmotor DEUTZ 500 PS
10 425 1976	**WTAG SL 6** Schubleichter EURO 1 WTAG, Dortmund	70,00 9,50 3,50	1649 3,20	
10 426 1976	**WILLI RAAB** Motorgüterschiff Raab Karcher Reederei u. Spedition GmbH, Homberg (Einraumschiff)	85,00 9,50 3,20	1825 3,20	4Te Dieselmotor DEUTZ 1160 PS
10 427 1976	**HEINZ HUBER** Motorgüterschiff Raab Karcher Reederei u. Spedition GmbH, Homberg	85,00 9,50 3,20	1830 3,20	4Te Dieselmotor DEUTZ 1000 PS
10 428 1976	**SEEBÄR** Schwimmramme WSA Norden, Norden (Ostfriesland)	19,12 9,00 2,70	 0,95 125 BRZ	

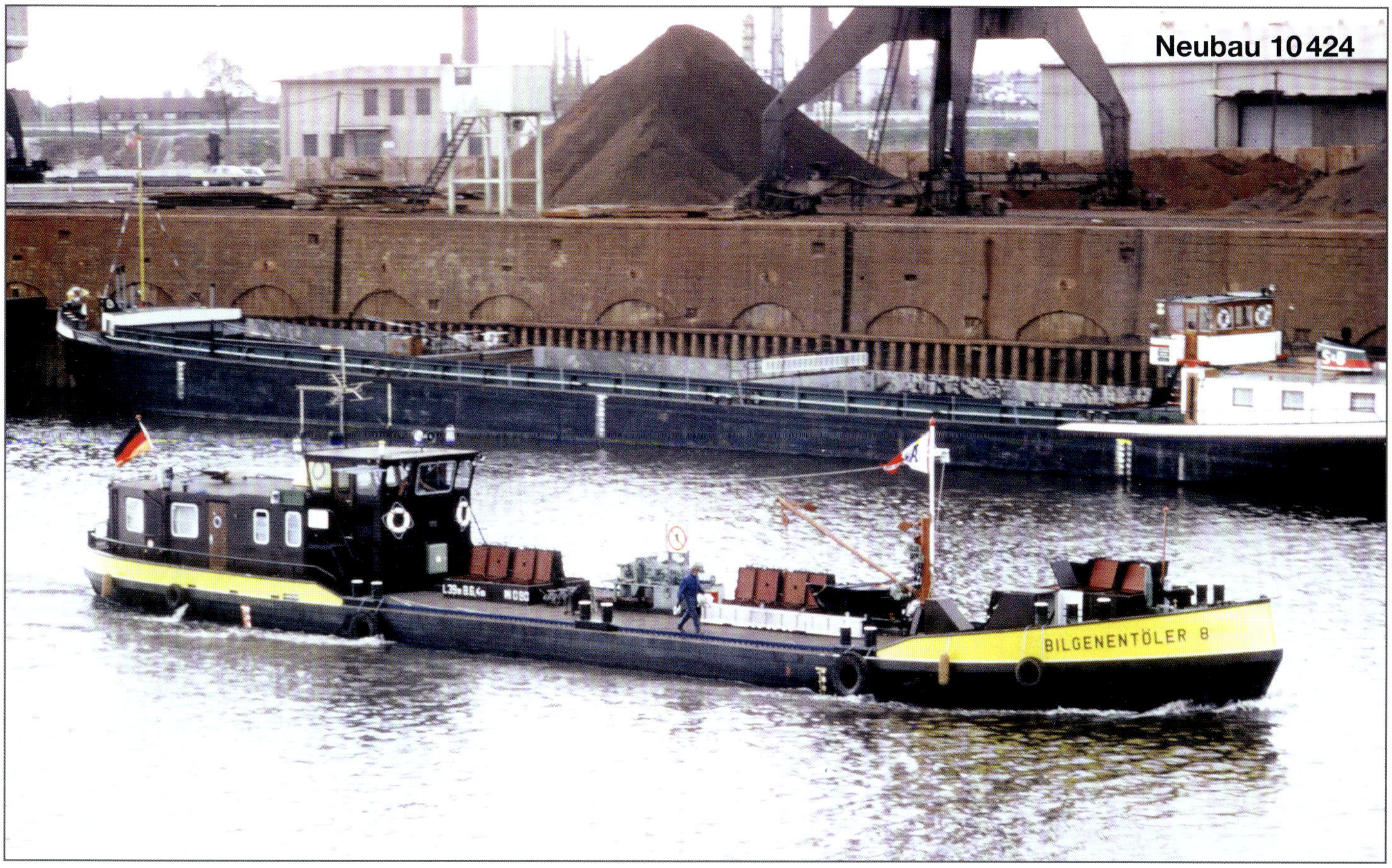

Neubau 10424

Abb. 242

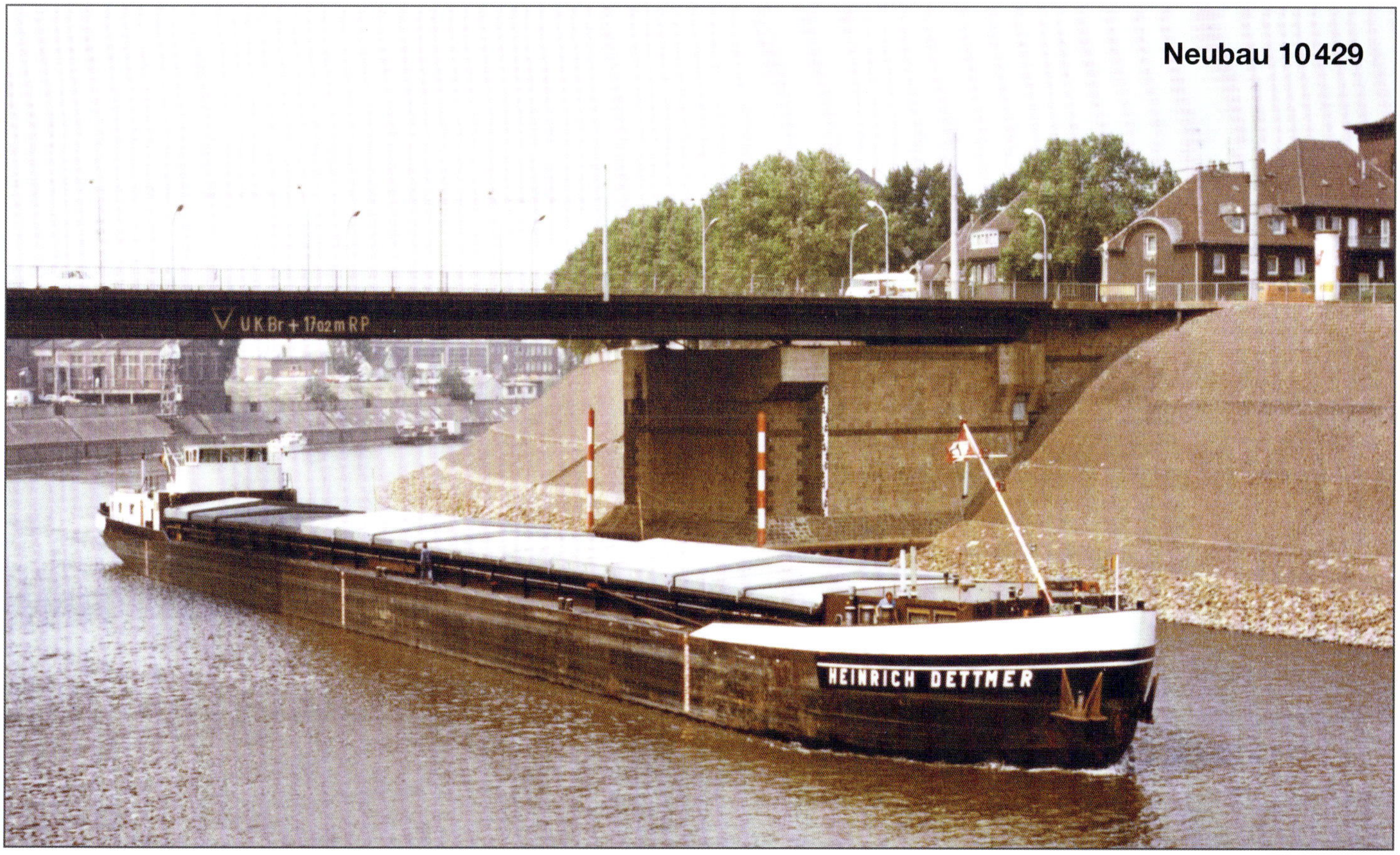

Neubau 10429

Abb. 243

Baunr. Baujahr	**Name** Schiffstyp Auftraggeber	LüA / Lpp [m] BSpt [m] H [m]	Tragf. (t) Tiefg.[m] Verm.	**Hauptmotor Typ** Baujahr Hersteller Nennleistung
10 429 1977	**HEINRICH DETTMER** Motorgüterschiff B. Dettmer, Bremen	105,00 10,50 2,70	1830	 1080 PS
10 430 1977	**NIENBURG B 35** Eimerkettenbagger Wasserstraßen-Maschinenamt, Minden	30,37 7,00 2,30	 1,00	4Te Dieselmotor MWM 123 PS
10 431 1976	**GEFO TANK 10** Tank-Schubleichter GEFO Gesellschaft für Oel- transporte GmbH & Co, Hamburg	103,00/102,20 9,54 3,50	2552 3,20	
10 432 1976	**GEFO TANK 11** Tank-Schubleichter GEFO Gesellschaft für Oel- transporte GmbH & Co, Hamburg	103,00 9,54 3,50	2552 3,20	
10 433 1976	**GEFO TANK 12** Tank-Schubleichter GEFO Gesellschaft für Oel- transporte GmbH & Co, Hamburg	103,00 9,50 3,50	2548	
10 434 1977	**GEFO ANTWERPEN** Tankmotorschiff GEFO Gesellschaft für Oel- transporte GmbH & Co, Hamburg	108,50 11,40 4,00	3192 3,50	2 Dieselmotoren 4Te 1976 MaK 2 x 1200 PS
10 435 1977	**GEFO DUISBURG** Tankmotorschiff GEFO Gesellschaft für Oel- transporte GmbH & Co, Hamburg	108,50 11,40 4,00	3192 3,50	2 Dieselmotoren 4Te 1976 MaK 2 x 1200 PS
10 436	**TAUBER** Schubboot WSD Süd, Würzburg	15,00/13,50 5,50 2,00	 1,25	2 Dieselmotoren 4Te 1977 DEUTZ 2x 230 PS

Neubau 10439

Abb. 244

Neubau 10440

Abb. 245

Neubau 10441

Abb. 246

Baunr. Baujahr	**Name** Schiffstyp Auftraggeber	LüA / Lpp [m] BSpt [m] H [m]	Tragf. (t) Tiefg.[m] Verm.	**Hauptmotor Typ** Baujahr Hersteller Nennleistung
10 437 1978	**YAK** Schubboot WSD Süd, Würzburg	15,00/13,50 5,50 2,00	 1,25	2 Dieselmotoren 4Te 1977 DEUTZ 2x 230 PS
10 438 1977	**NATRONA** Chemikalien Tankmotorschiff Continue BV, Dordrecht (NL) (für den Transport von Natronlauge)	85,00 9,50 3,30	1500 2,85	2 Dieselmotoren 4Te General Motors 16 Zyl., 900 PS
10 439 1977	ohne Namen 3 Schwimmstege Neubauamt Fulda	10,85 1,22 0,70	 0,35	
10 440 1978	**HOLZMINDEN** Personenmotorschiff Oberweser Dampfschiffahrt GmbH, Hameln	46,00 7,45/9,35 1,20	 0,61 400 Pers.	2 Dieselmotoren DEUTZ / Schottel 2x 272 PS/203 KW
10 441 1978	**KEILER** Schubboot WSD Südwest, MAINZ	15,00/13,50 5,50 2,00		2 Dieselmotoren 4Te 1978 DEUTZ 2x 235 PS
10 442 1978	**S 430-11** Baggerschute Strom- und Hafenbau, Hamburg	48,55 9,00 3,00	810 2,70	
10 443 1978	**S 430-12** Baggerschute Strom- und Hafenbau, Hamburg	48,55 9,00 3,00	810 2,70	
10 444 1979	**101** BACO-Leichter Baco Liner GmbH & Co KG, Emden (für Thyssen Nordseewerke, Emden für BACO-LINER 1 + 2)	24,00 9,50 5,10	800 3,96	

Neubau 10442

Abb. 247

Neubau 10444

Abb. 248

Baunr. Baujahr	**Name** Schiffstyp Auftraggeber	LüA / Lpp [m] BSpt [m] H [m]	Tragf. (t) Tiefg.[m] Verm.	**Hauptmotor Typ** Baujahr Hersteller Nennleistung
10 445 1979	**102** BACO-Leichter Baco Liner GmbH & Co KG, Emden	24,00 9,50 5,10	800 3,96	
10 446 1979	**103** BACO-Leichter Baco Liner GmbH & Co KG, Emden	24,00 9,50 5,10	800 3,96	
10 447 1979	**104** BACO-Leichter Baco Liner GmbH & Co KG, Emden	24,00 9,50 5,10	800 3,96	
10 448 1979	**105** BACO-Leichter Baco Liner GmbH & Co KG, Emden	24,00 9,50 5,10	800 3,96	
10 449 1979	**106** BACO-Leichter Baco Liner GmbH & Co KG, Emden	24,00 9,50 5,10	800 3,96	
10 450 1979	**107** BACO-Leichter Baco Liner GmbH & Co KG, Emden	24,00 9,50 5,10	800 3,96	
10 451 1979	**108** BACO-Leichter Baco Liner GmbH & Co KG, Emden	24,00 9,50 5,10	800 3,96	
10 452 1979	**109** BACO-Leichter Baco Liner GmbH & Co KG, Emden	24,00 9,50 5,10	800 3,96	
10 453 1979	**110** BACO-Leichter Baco Liner GmbH & Co KG, Emden	24,00 9,50 5,10	800 3,96	
10 454 1979	**111** BACO-Leichter Baco Liner GmbH & Co KG, Emden	24,00 9,50 5,10	800 3,96	

Neubau 10460

Abb. 249

Neubau 10464

KYBURG

Abb. 250

Baunr. Baujahr	**Name** Schiffstyp Auftraggeber	LüA / Lpp [m] BSpt [m] H [m]	Tragf. (t) Tiefg.[m] Verm.	**Hauptmotor Typ** Baujahr Hersteller Nennleistung
10 455 1979	**112** BACO-Leichter Baco Liner GmbH & Co KG, Emden	24,00 9,50 5,10	800 3,96	
10 456 1980	**149** Patrouillenboot Coast Guard of Saudi-Arabia, Ryad (Saudi-Arabien) Exportgemeinschaft „Schiffbau“ mit Erlenbacher Werft	17,10/15,60 4,90 2,80	 1,37	2 Dieselmotoren General Motors 2x 575 PS
10 457 1980	**150** Patrouillenboot Coast Guard of Saudi-Arabia, Ryad (Saudi-Arabien) Exportgemeinschaft „Schiffbau“ mit Erlenbacher Werft	17,10/15,60 4,90 2,80	 1,37	2 Dieselmotoren General Motors 2x 575 PS
10 458 1980	**151** Patrouillenboot Coast Guard of Saudi-Arabia, Ryad (Saudi-Arabien) Exportgemeinschaft „Schiffbau“ mit Erlenbacher Werft	17,10/15,60 4,90 2,80	 1,37	2 Dieselmotoren General Motors 2x 575 PS
10 459 1980	**152** Patrouillenboot Coast Guard of Saudi-Arabia, Ryad (Saudi-Arabien) Exportgemeinschaft „Schiffbau“ mit Erlenbacher Werft	17,10 4,90 2,80	 1,37	2 Dieselmotoren General Motors 2x 575 PS
10 460 1980	**153** Patrouillenboot Coast Guard of Saudi-Arabia, Ryad (Saudi-Arabien) Exportgemeinschaft „Schiffbau“ mit Erlenbacher Werft	17,10 4,90 2,80	 1,37	2 Dieselmotoren General Motors 2x 575 PS
10 461 1979	**ENNY DETTMER** Motorgüterschiff B. Dettmer & Co, Bremen	110,00 10,50 3,20	2601 3,16	4 Te Dieselmotor MWM 1080 PS

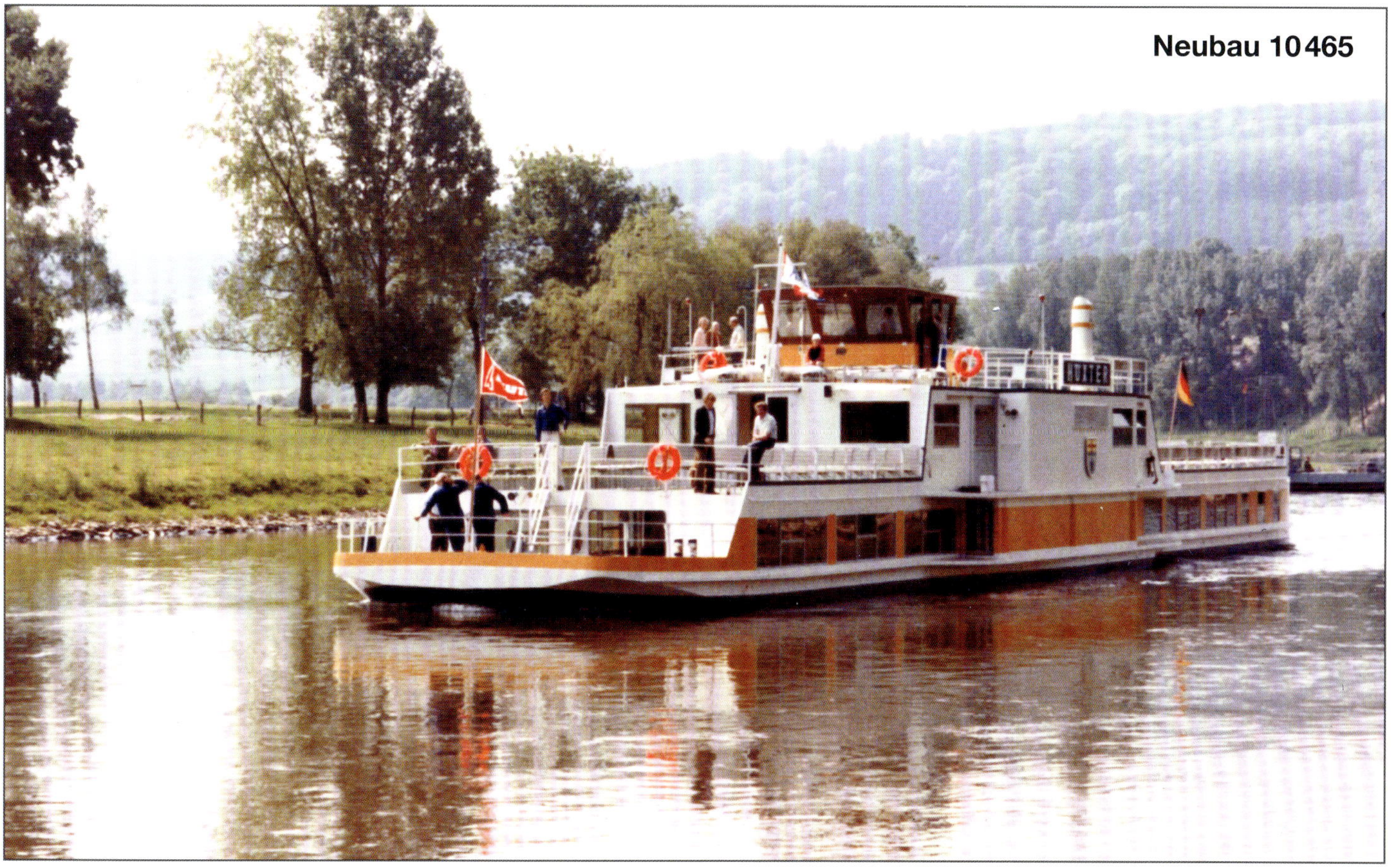

Neubau 10465

Abb. 251

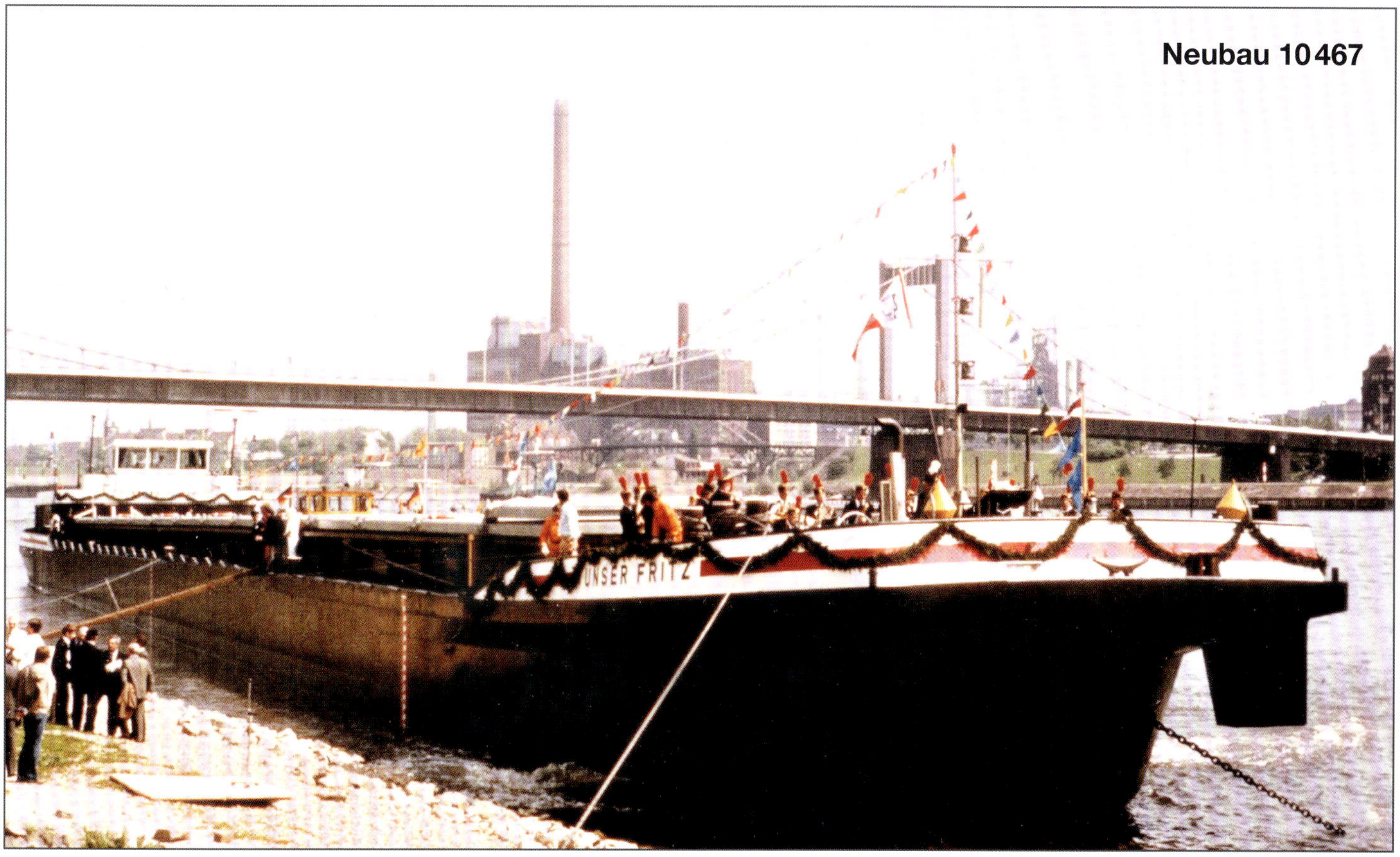

Neubau 10467

Abb. 252

Baunr. Baujahr	**Name** Schiffstyp Auftraggeber	LüA / Lpp [m] BSpt [m] H [m]	Tragf. (t) Tiefg.[m] Verm.	**Hauptmotor Typ** Baujahr Hersteller Nennleistung
10 462 1980	**STUTTGART** Motorgüterschiff B. Dettmer & Co, Bremen	110,00 10,50 3,20	2595	 MWM 1080 PS
10 463 1980	**MANNHEIM** Motorgüterschiff B. Dettmer & Co, Bremen	105,00 10,50 3,20	2469	 1200 PS
10 464 1979	**KYBURG** Motorgüterschiff St. Johann Lagerhaus & Schiffahrts-Gesellschaft, Basel (CH)	85,00 9,50 3,10	1597 2,91	 MWM 950 PS/760 KW
10 465 1980	**HÖXTER** Personenmotorschiff Oberweserdampfschiffahrt GmbH, Hameln	46,00 9,20 1,20	 0,61 400 Pers.	2 Dieselmotoren DEUTZ/Reintjes Ruderpropeller 2x 580 PS
10 466 1980	**KARAKAL** Motorgüterschiff Rheinschiffahrtskontor GmbH, Immensee (CH)	105,00 10,50 3,20	2462 3,17	 DEUTZ 1000 PS
10 467 1981	**UNSER FRITZ** Motorgüterschiff Barheina AG, Basel (CH) (zu Raab Karcher. Vorschiff zum Schieben von Leichtern)	108,50 11,40 3,50	3042 3,46	2 Dieselmotoren DEUTZ 2x1500 PS
10 468 1980	**LENZBURG** Motorgüterschiff St. Johann Lagerhaus & Schiffahrts-Gesellschaft, Basel (CH)	85,00 9,50 3,10	1597 2,89	 MWM 1050 PS

Neubau 10471

Abb. 253

Neubau 10472

Abb. 254

Baunr. Baujahr	**Name** Schiffstyp Auftraggeber	LüA / Lpp [m] BSpt [m] H [m]	Tragf. (t) Tiefg.[m] Verm.	**Hauptmotor Typ** Baujahr Hersteller Nennleistung
10 469 1981	**ROLAND VON BREMEN** Motorgüterschiff B. Dettmer & Co, Bremen	110,00 10,50 3,20	2606 3,16	 MWM 1080 PS
10 470 1981	**PUMA** Motorgüterschiff B. Dettmer & Co, Bremen	110,00 10,50 3,20	2602 3,17	4Te Dieselmotor MWM 8 Zyl.1080 PS/795 KW
10 471 1981	**HOCHRHEIN** Motorgüterschiff Aare-Hochrhein-Schiffahrt AG, Basel (CH)	85,00 9,50 3,20	1594 2,94	 MWM 1050 PS/772 KW
10 472 1981	**LUCHS** Motorgüterschiff B. Dettmer, Bremen unter Verwendung des Hecks von DETTMER TANK 11	85,00 9,50 2,60	1368 2,57	 MWM 1050 PS/772KW
10 473 1982	**RAAB KARCHER 230** Tankmotorschiff Barheina AG, Basel (CH)	105,00 10,00 3,60	2435 3,50	4Te Dieselmotor DEUTZ, 8 Zyl. 1200 PS/882 KW
10 474 1982	**GBANGBATOK** Schubboot Alusiusse AG, Zürich (für Einsatz in Sierra Leone)	17,00 9,00 2,70	 1,60	2 Dieselmotoren DEUTZ 2x540 PS/397 KW
10 475 1982	**S 600-4** Baggerschute Strom- und Hafenbau, Hamburg	54,30 9,70 3,30	600m^3 3,00	
10 476 1983	**STINNES SCHUB I** Schubboot Stinnes Reederei AG, Duisburg	39,88 11,38 3,00	 2,00	2 Dieselmotoren DEUTZ 2 x 2000 PS/1470 KW

Neubau 10476

Abb. 255

Neubau 10477

Abb. 256

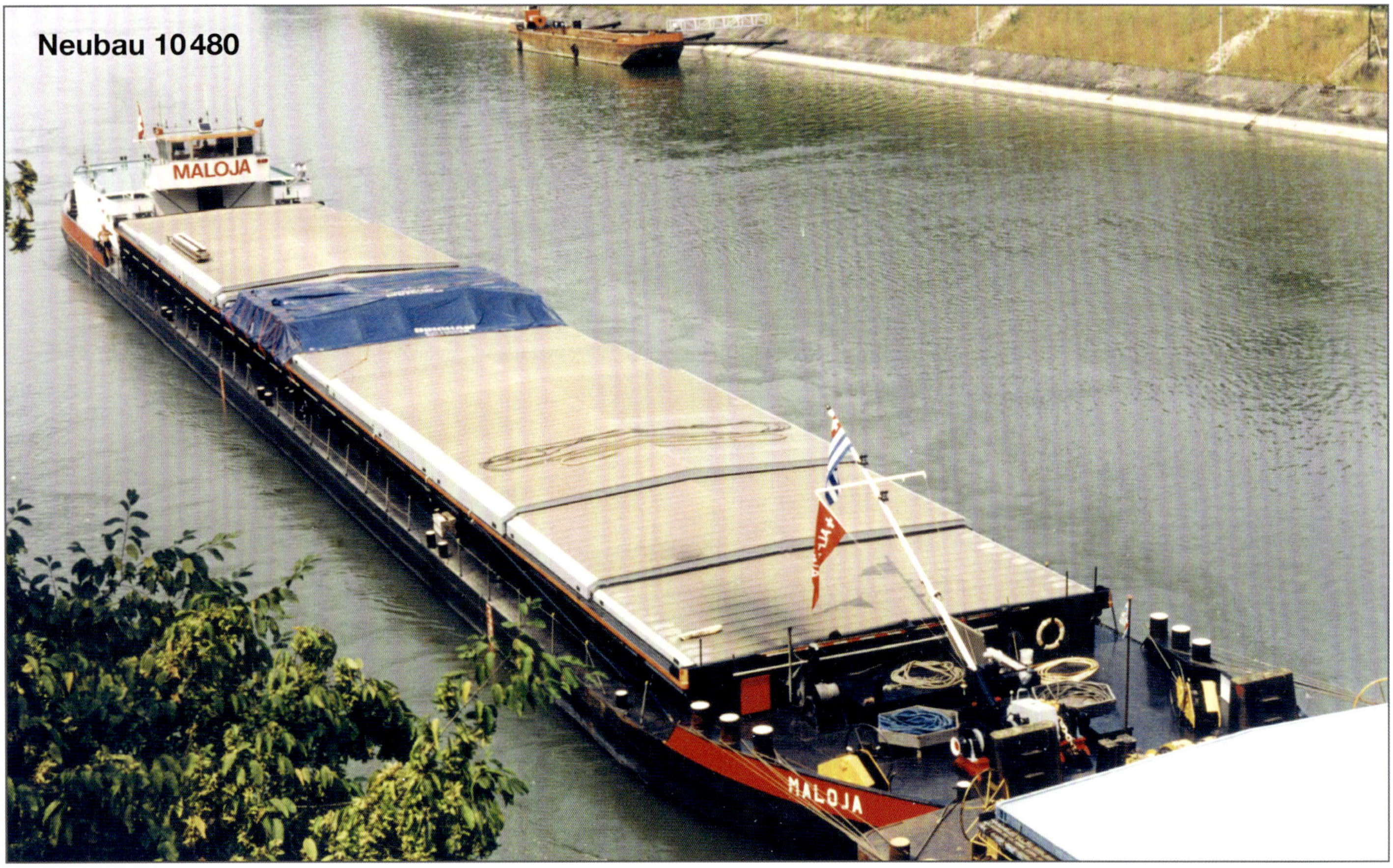
Neubau 10480
MALOJA
MALOJA

Abb. 257

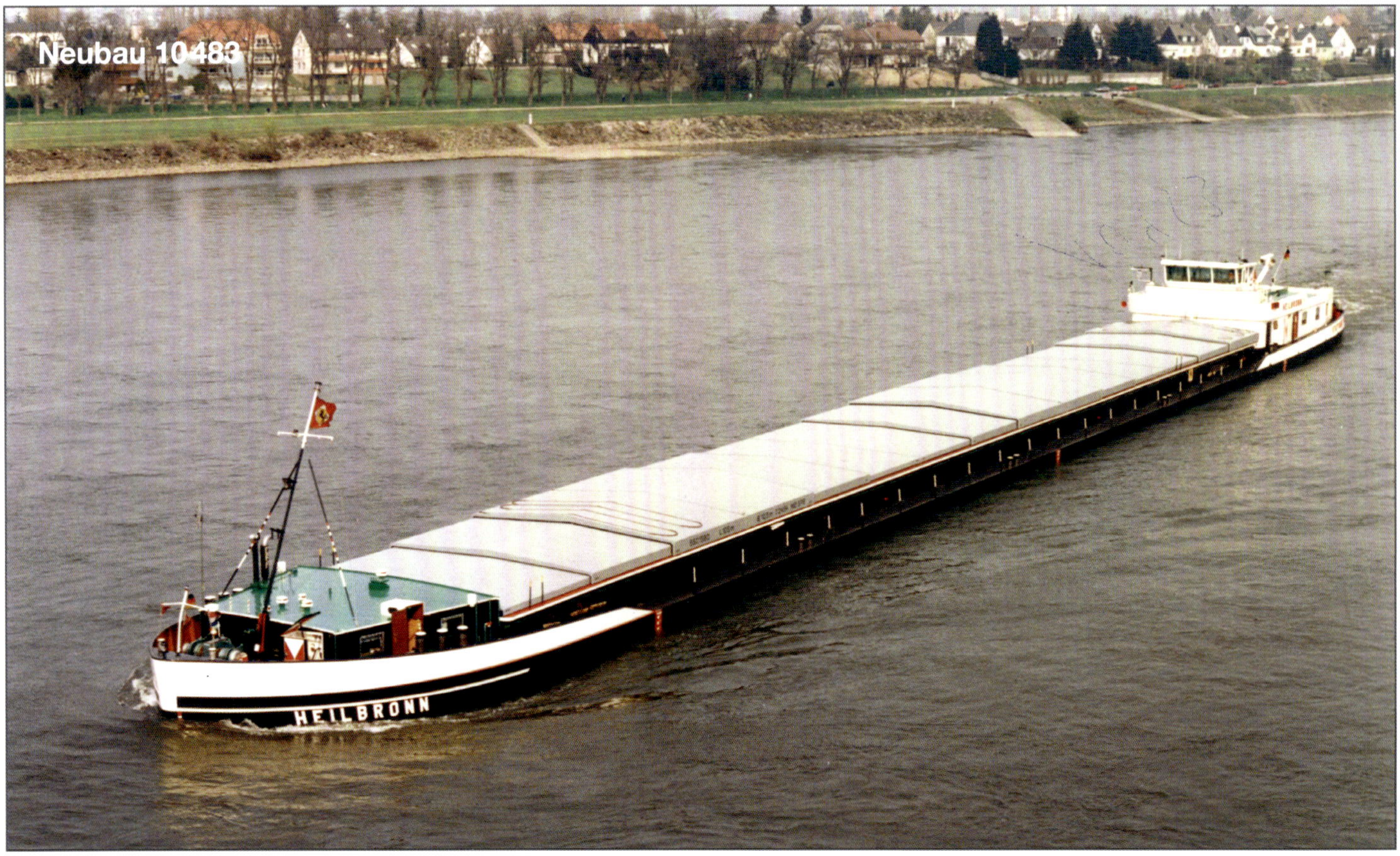
Neubau 10483
HEILBRONN

Abb. 258

Abb. 259

Neubau 10485

Abb. 260

Neubau 10487

Abb. 261

Neubau 10492

Abb. 262

Neubau 10493

Abb. 263

Neubau 10494

Abb. 264

Baunr. Baujahr	**Name** Schiffstyp Auftraggeber	LüA / Lpp [m] BSpt [m] H [m]	Tragf. (t) Tiefg.[m] Verm.	**Hauptmotor Typ** Baujahr Hersteller Nennleistung
10 477 1982	**BORKUM** Wassertankboot Fr. Jacobsen & Cons., Hamburg	38,80 8,40 3,70	526 3,20	 Cummins 477 PS
10 478 1982	**ALTBACH** Motorgüterschiff R. Lange KG, Berlin	105,00 10,50 3,20	2444 3,16	 DEUTZ 1200 PS/885 KW
10 479 1983	**FURKA** Motorgüterschiff Schweizer Reederei und Neptun AG, Basel (CH)	95,00 11,40 3,50	2630 3,45	2 Dieselmotoren MWM 2 x 986 PS/2 x 725 KW
10 480 1983	**MALOJA** Motorgüterschiff Schweizer Reederei und Neptun AG, Basel (CH)	95,00 11,40 3,50	2630 3,45	2 Dieselmotoren MWM 2 x 986 PS
10 481 1983	**GAISBURG** Motorgüterschiff Dettmer KG, Bremen	105,00 10,50 3,20	2452 3,16	 MWM 1200 PS
10 482 1983	**MÜNSTER** Motorgüterschiff B. Dettmer & Co, Bremen	105,00 10,50 3,20	2454	 MWM 1200 PS
10 483 1983	**HEILBRONN** Motorgüterschiff B. Dettmer & Co, Bremen	105,00 10,50 3,20	2454	 1050 PS
10 484 1984	**VERDEN** Mehrzweckfähre / Arbeitsgerät Wasserstraßen-Maschinenamt, Minden	35,00 9,50 1,80	155 1,30	2 Dieselmotoren mit Schottel MWM 2 x 136 KW

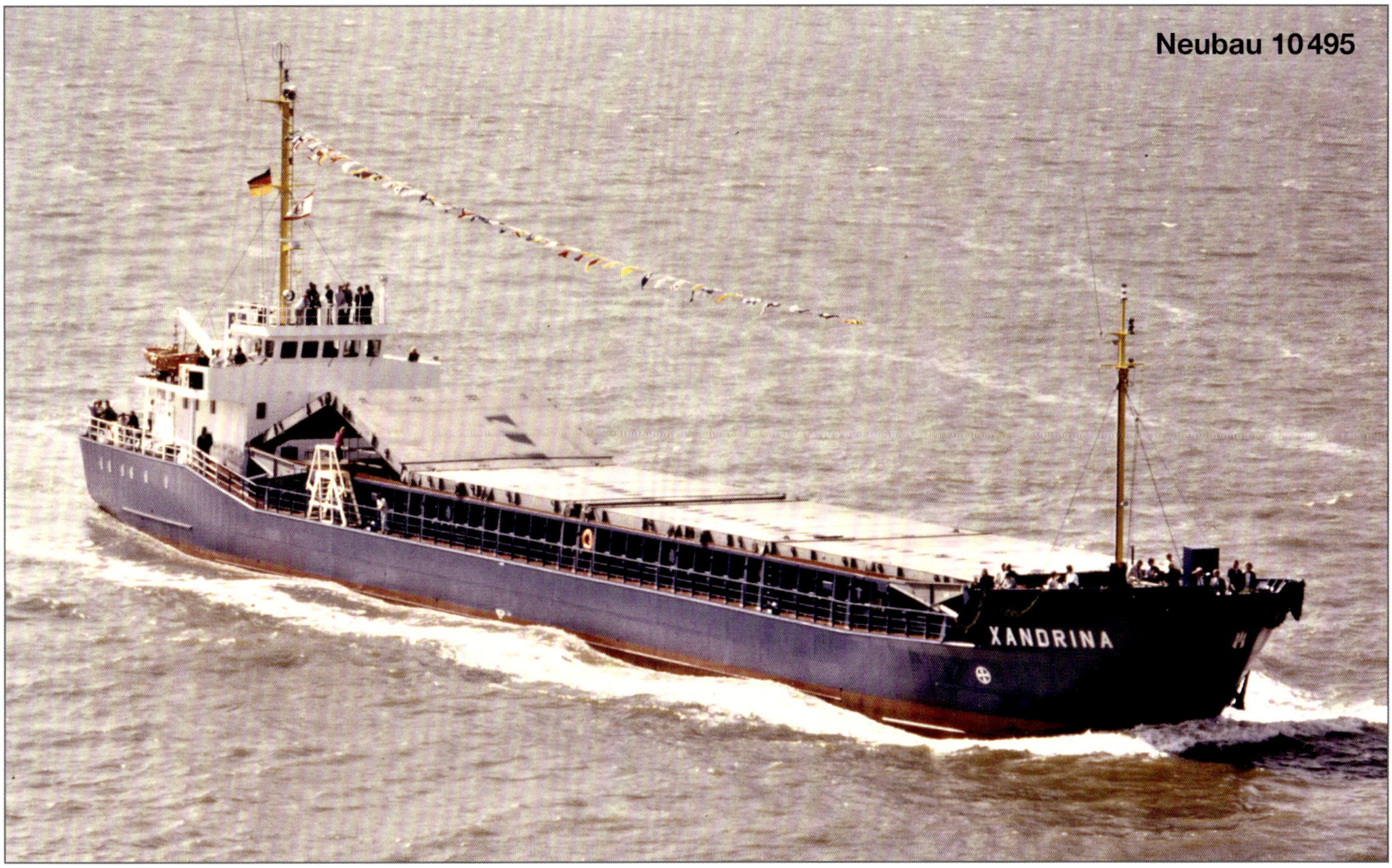

Neubau 10495

Abb. 265

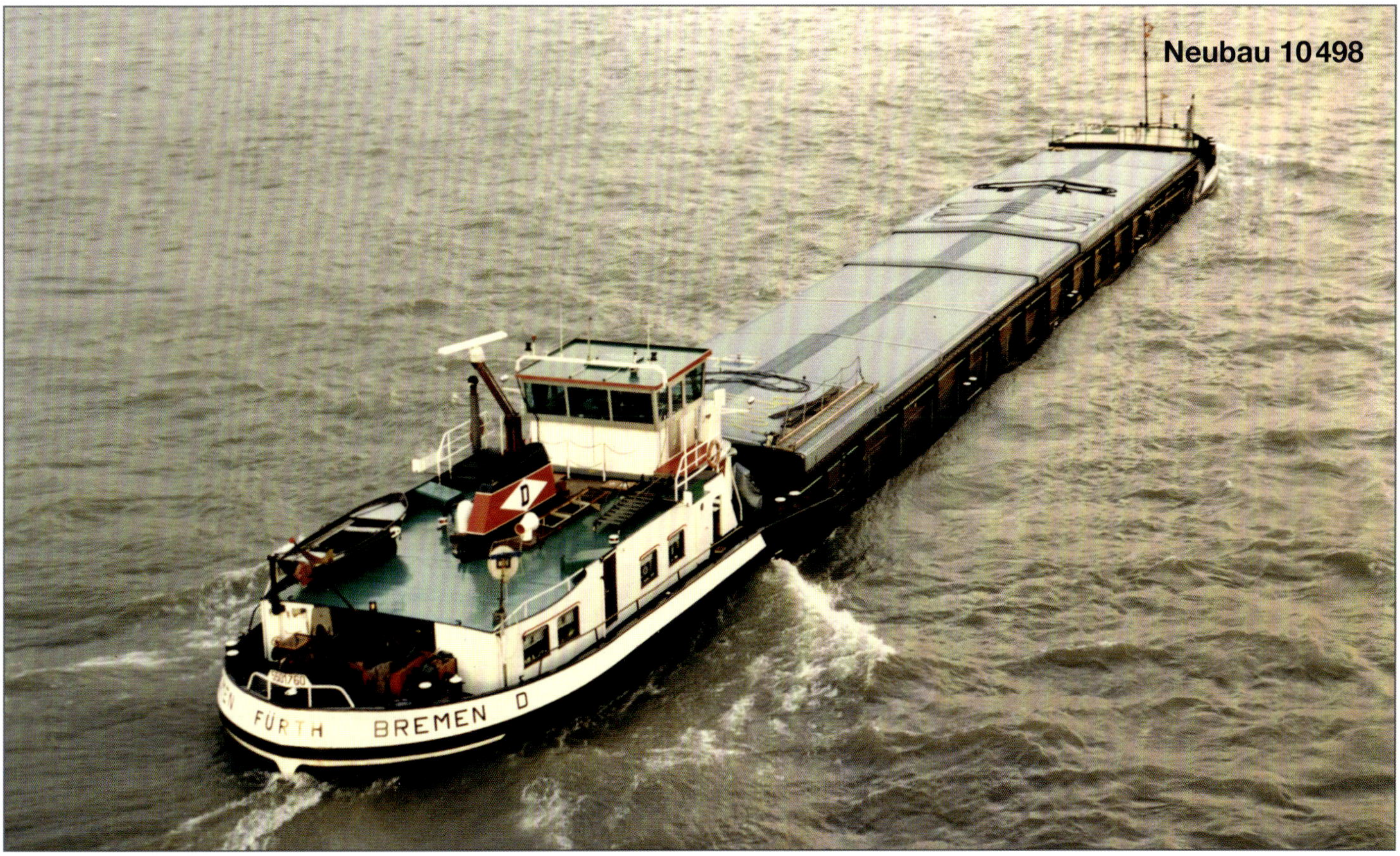

Neubau 10498

Abb. 266

Baunr. Baujahr	**Name** Schiffstyp Auftraggeber	LüA / Lpp [m] BSpt [m] H [m]	Tragf. (t) Tiefg.[m] Verm.	**Hauptmotor Typ** Baujahr Hersteller Nennleistung
10 485 1984	**RHEINTANK 20** Tankmotorschiff Stinnes Reederei AG, Duisburg	86,00 10,50 3,90	1596 2,84	MaK 1050 PS
10 486 1984	**RHEINTANK 21** Tankmotorschiff Stinnes Reederei AG, Duisburg	85,94 10,50 3,90	1592 2,81	MaK 1050 PS
10 487 1984	**Sr 1** Schwimmramme Wasserstraßen-Maschinenamt, Rendsburg	27,22 9,24 2,80		1984 DEUTZ 260 PS
10 488 1984	**DÜSSELDORF** Motorgüterschiff R. Lange KG, Berlin	105,00 10,50 3,20	2629	1200 PS
10 489 1985	**KARLSRUHE** Motorgüterschiff R. Lange KG, Berlin	110,00 10,50 3,20	2627	1200 PS
10 490 1986	**LINDENHOF** Tankmotorschiff Rhein-Fracht GmbH, Mannheim	85,00 9,50 3,30	1498 3,15	1986 DEUTZ 1200 PS
10 491 1985	**PETRA F.** Küstenmotorschiff Uwe Fischer KG, Hamburg	81,20/77,83 11,30 5,40	1748 3,44 491 BRT	4Te Dieselmotor 1985 Oy Wärtsilä AB 795 PS/585 KW
10 492 1985	**ALPINA** Motorgüterschiff Schweizer Reederei und Neptun AG, Basel (CH)	95,00 11,40 4,00	2590	900 PS

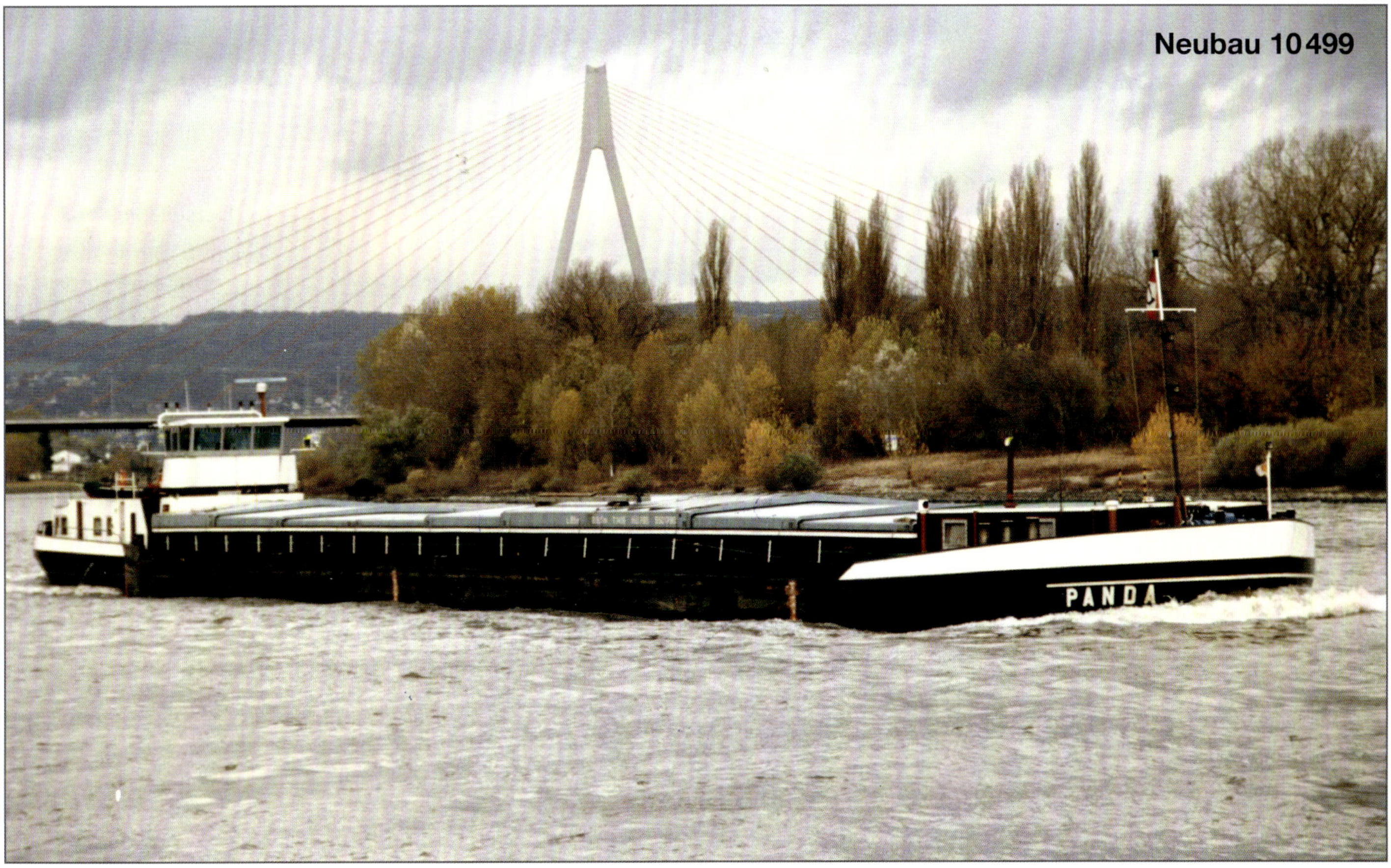

Neubau 10499

Abb. 267

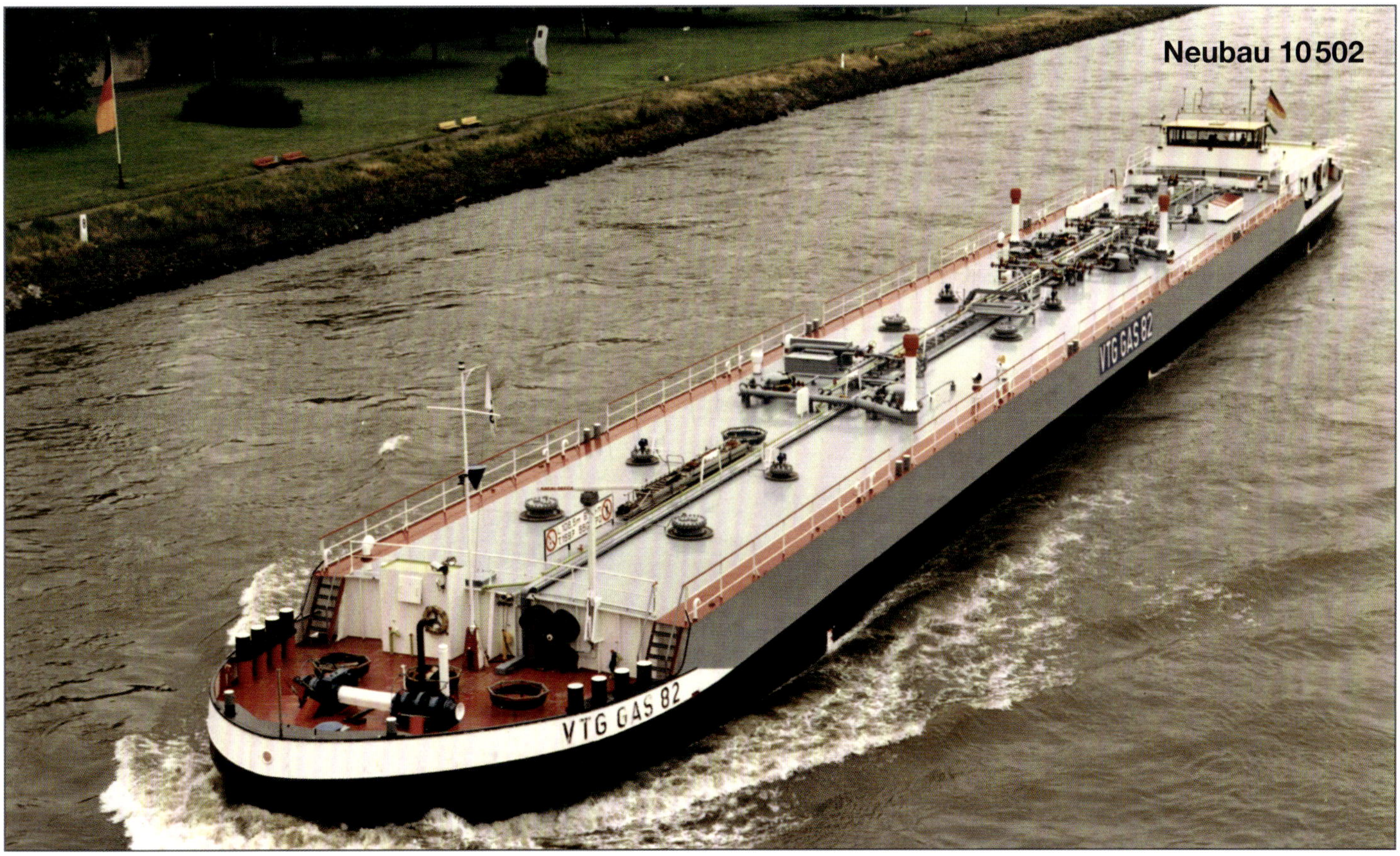

Neubau 10502

Abb. 268

Baunr. Baujahr	**Name** Schiffstyp Auftraggeber	LüA / Lpp [m] BSpt [m] H [m]	Tragf. (t) Tiefg.[m] Verm.	**Hauptmotor Typ** Baujahr Hersteller Nennleistung
10 493 1986	**VELA** Schubleichter Schweizer Reederei und Neptun AG, Basel (CH)	76,50 11,40 4,00	2241	
10 494 1986	**ÄGIR M 138** Bagger ZSM, Hamburg (für WSA Lauenburg)	37,50 11,00 2,60		220 PS
10 495 1986	**XANDRINA** Küstenmotorschiff Partenreederei MS XANDRINA, Peter Döhle, Hamburg	81,20/77,83 11,30 5,40	1750 3,45 499 BRT	4Te Dieselmotor 1986 DEUTZ 1063 PS/783 KW
10 496 1986	**HAMBURG** Motorgüterschiff Dettmer KG, Bremen	85,00 9,50 2,60	1341	
10 497 1986	**MOKELE** Schubboot Alusiusse AG, Zürich (CH)	17,00 9,00 2,70		3300 PS
10 498 1987	**FÜRTH** Motorgüterschiff Dettmer KG, Bremen	84,98 9,50 2,70	1419	
10 499 1987	**PANDA** Motorgüterschiff Dettmer KG, Bremen	84,98 9,50 2,70	1419	
10 500 1987	**MANGUSTE** Motorgüterschiff Dettmer KG, Bremen	84,98 9,50 2,70	1419	

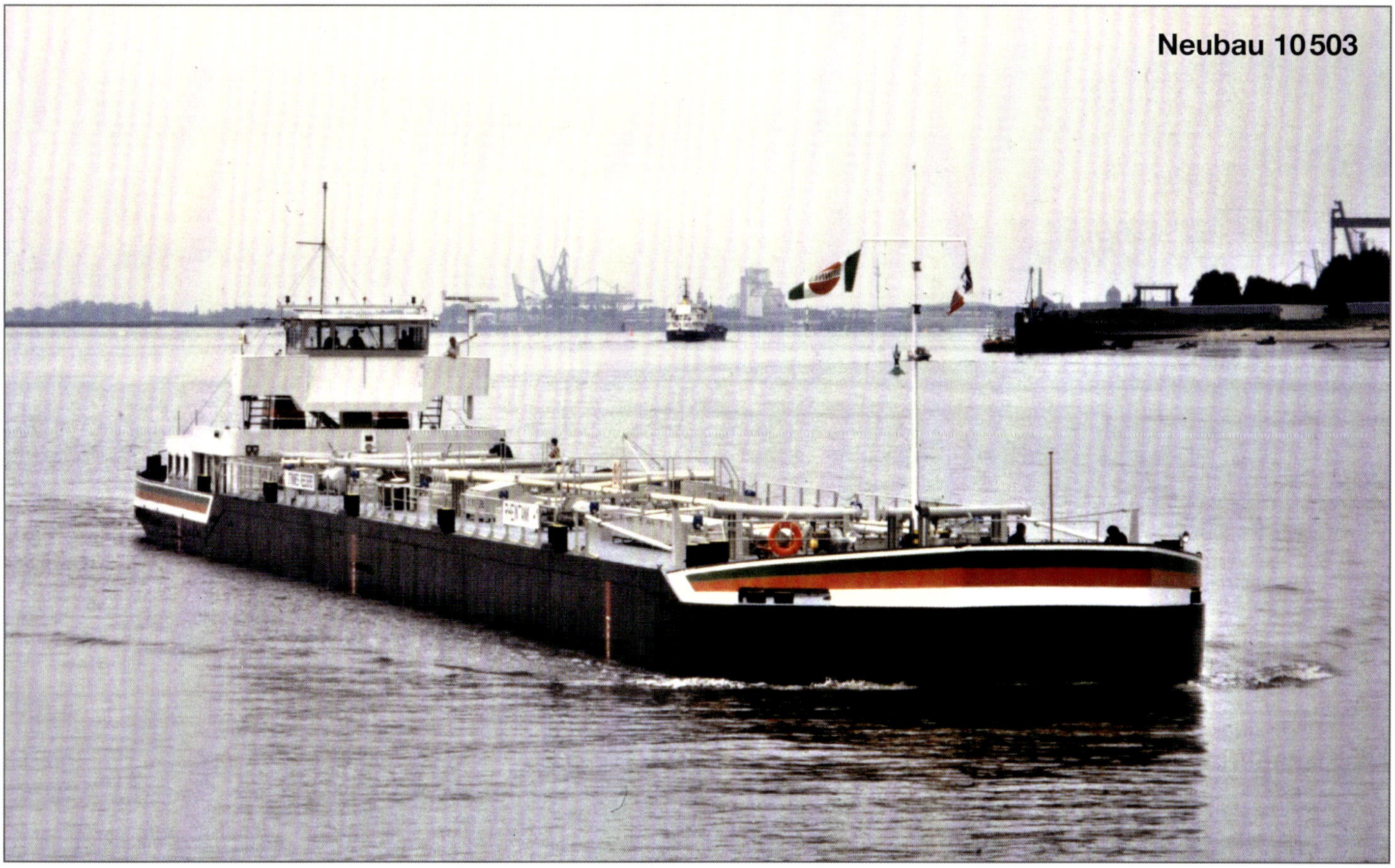

Neubau 10503

Abb. 269

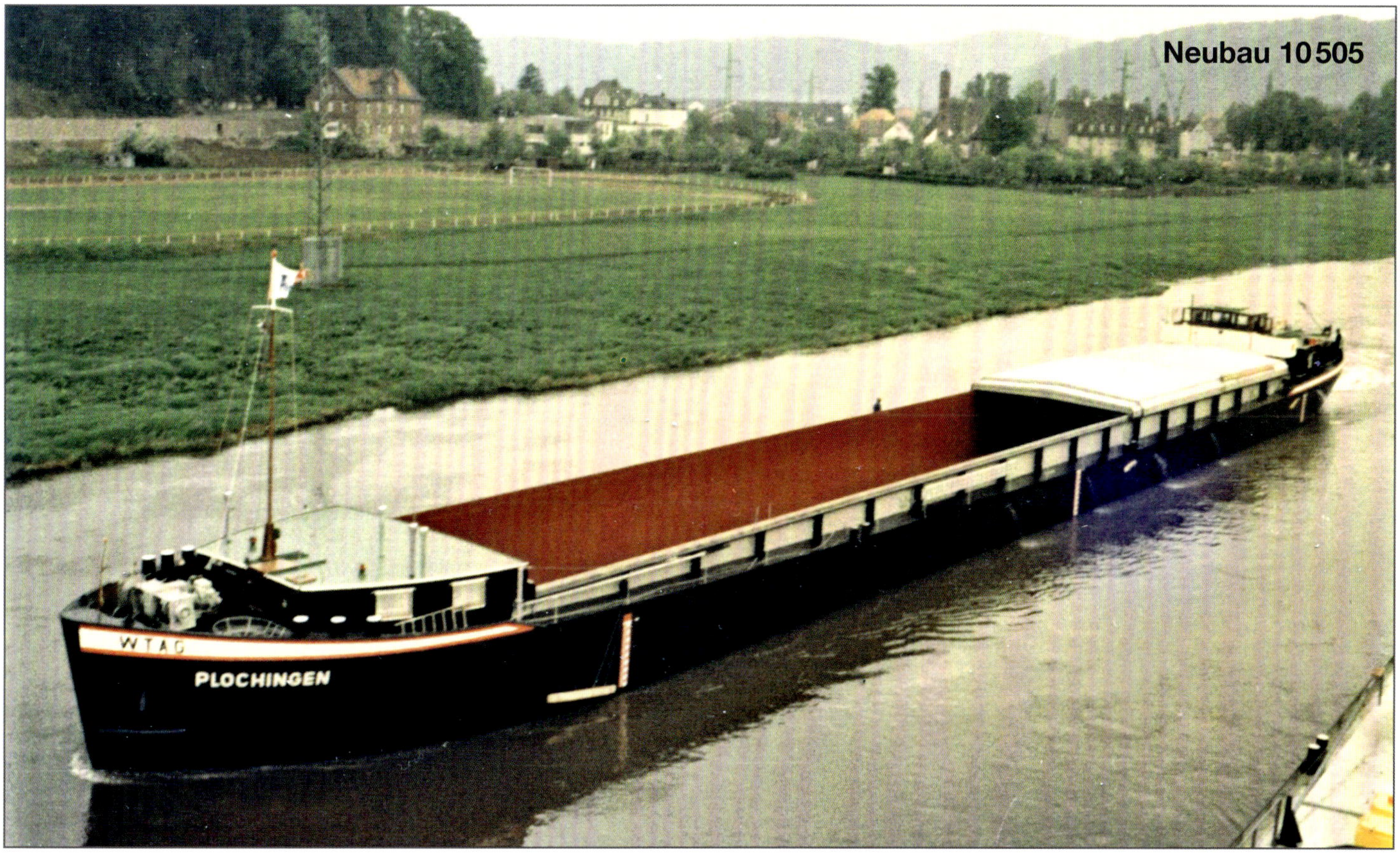

Neubau 10505

Abb. 270

Baunr. Baujahr	**Name** Schiffstyp Auftraggeber	LüA / Lpp [m] BSpt [m] H [m]	Tragf. (t) Tiefg.[m] Verm.	**Hauptmotor Typ** Baujahr Hersteller Nennleistung
10 501				
10 502 1987	**VTG GAS 82** Gas-Tankmotorschiff VTG Vereinigte Tanklager und Transportmittel GmbH, Hamburg	108,48 11,40 5,50	1597 2,69	4Te Dieselmotor 1987 MaK 1195 PS/880 KW
10 503 1988	**RHEINTANK 41** Tankmotorschiff Stinnes Reederei AG, Duisburg	110,00 11,40 4,60	3060	4Te Dieselmotor 1987 DEUTZ 1020 PS/751 KW
10 504 1988	**SCHWELGERN** Motorgüterschiff Haeger & Schmidt, Duisburg	95,00 10,50 3,20	2150	 1770 KW
10 505 1988	**PLOCHINGEN** Motorgüterschiff WTAG, Dortmund	105,00 10,50 3,20	2590	
10 506 1988	**ESSLINGEN** Motorgüterschiff Schwaben Reederei, Stuttgart	105,00 10,50 3,20	2470	 1764 KW
10 507	ohne Namen 6 Pontons Wasserstraßen- und Maschinenamt, Minden			
10 508 1988	**RAAB KARCHER 232** Tankmotorschiff Raab Karcher, Homberg	110,00 10,00 3,60	2560	 1000 KW

Abb. 271

Abb. 272

Abb. 273

Baunr. Baujahr	**Name** Schiffstyp Auftraggeber	LüA / Lpp [m] BSpt [m] H [m]	Tragf. (t) Tiefg.[m] Verm.	**Hauptmotor Typ** Baujahr Hersteller Nennleistung
10 509 1989	**RAAB KARCHER 233** Tankmotorschiff Raab Karcher, Homberg	110,00 10,00 3,60	2660	 1000 KW
10 510 1988	**POLLE** Fähre Gemeinde Polle	21,00 7,40 0,95	42	
10 511 1989	**HANNA KRIEGER** Motorgüterschiff Krieger, Neckarsteinach	105,00 10,50 3,20	2473	 1185 KW
10 512 1989	**MERLIN II** Ro/Ro Frachtschiff ASB Air Sea Broker Ltd, Basel (für Küste Afrikas)	58,00/5600 12,00 3,50	900 2,51 732 BRZ	2 Dieselmotoren 1989 Caterpillar 2 x 300 KW
10 513 1990	**NORDLAND** Kasko für Schneidkopfbagger Heinr. Hirdes GmbH Unterauftrag für O&K Lübeck	55,00 11,34		
10 514 1990	**SIMONE** Küstenmotorschiff Kpt. Logemann KG, Brake Peter Döhle Schiffahrts KG, Hamburg	81,20/77,40 11,30 5,40	1890 499 BRT	 MaK 1000 KW
10 515 1991	**NESSAND** Küstenmotorschiff Harmstorf Shipping Comp. Ltd, Limasssol, Cyprus. Gebaut als **HANSE CONTROLLER** (bei Ablieferung umbenannt)	81,20/77,40 11,30 5,40	 1890 3,66 499 BRT	 1990 MaK 595 KW
10 516 1992	**GBONGE** Schubboot Alusiusse AG, Zürich	17,00 9,00 2,70		 830 KW

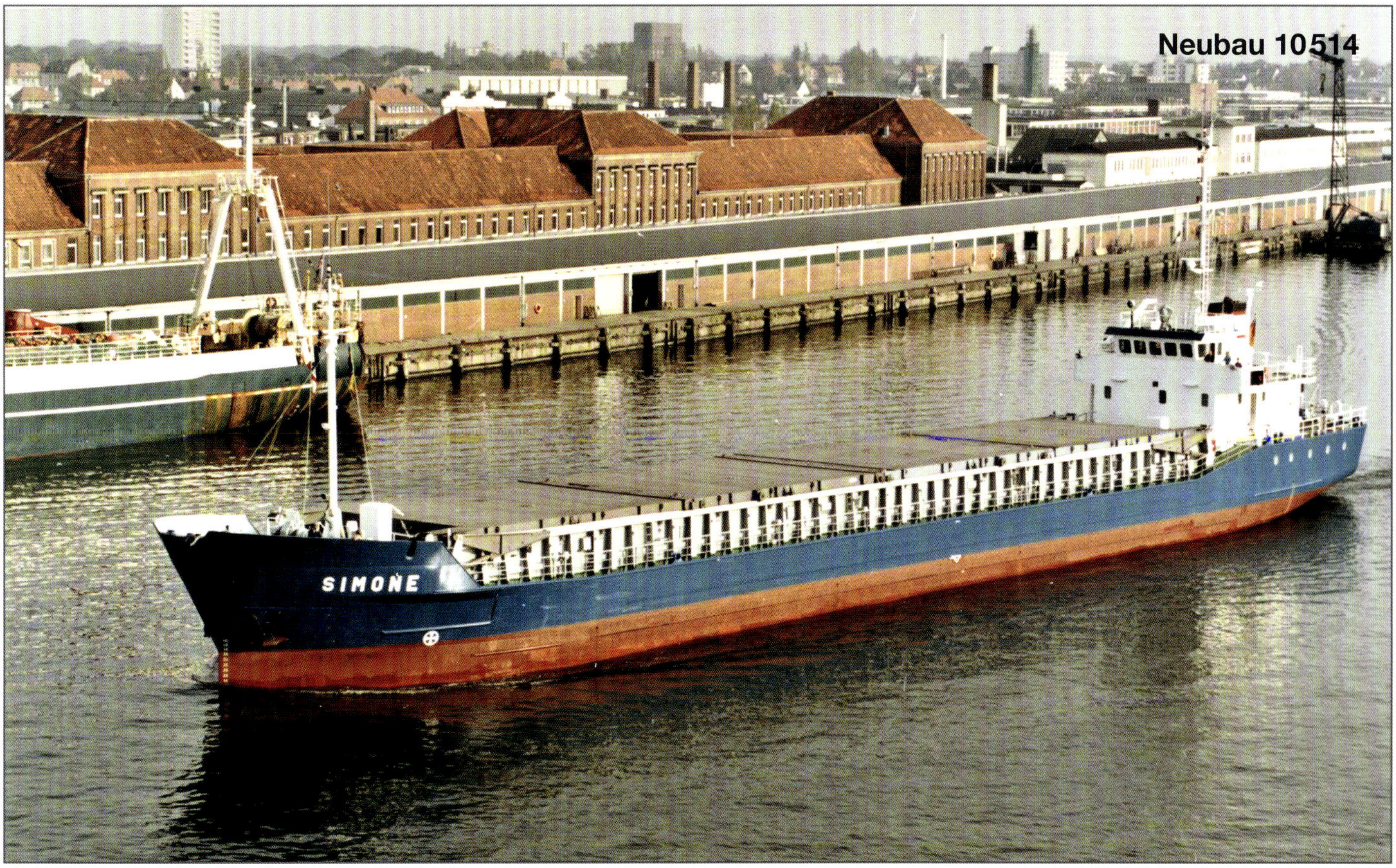

Neubau 10514

Abb. 274

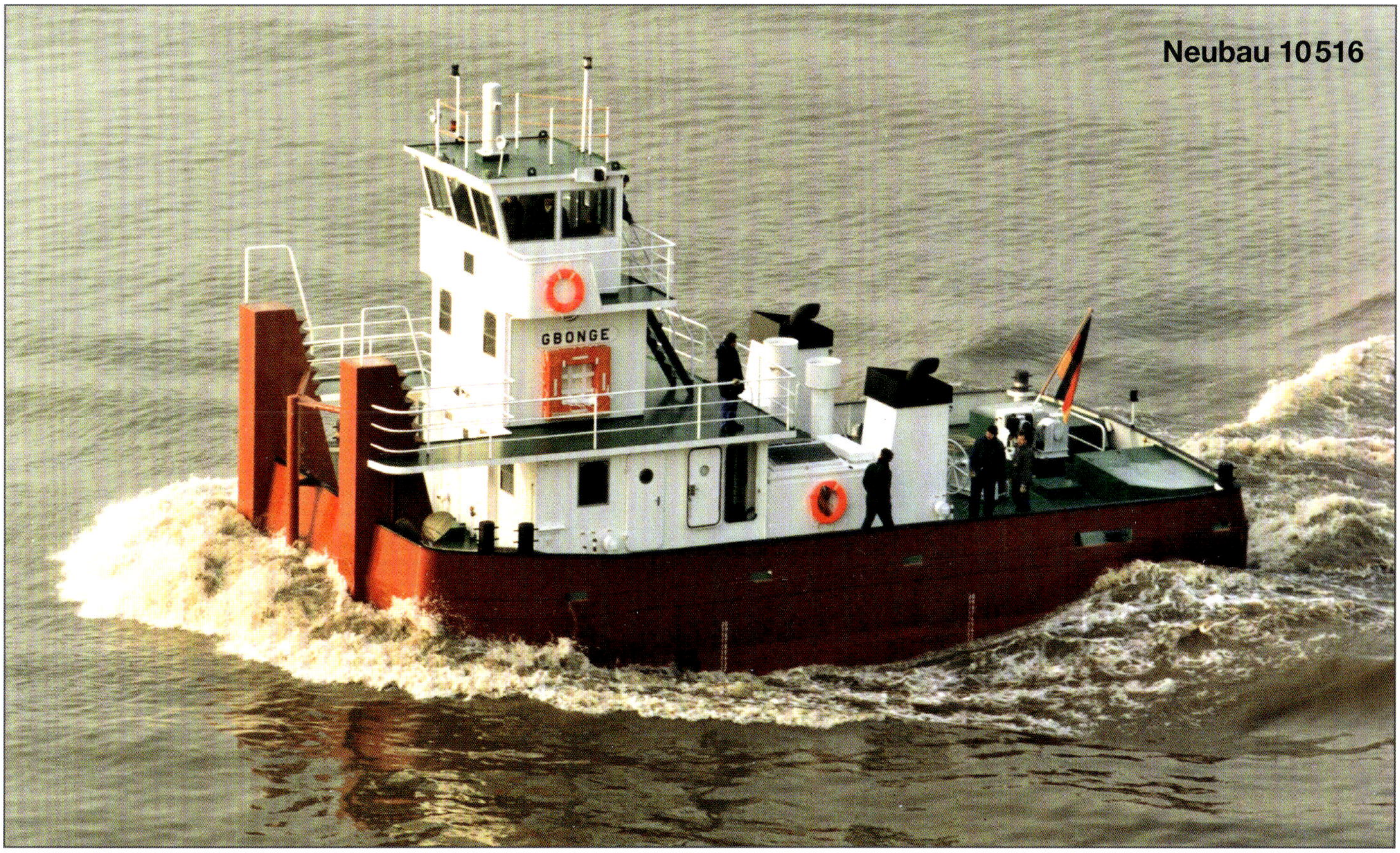

Neubau 10516

Abb. 275

Baunr. Baujahr	**Name** Schiffstyp Auftraggeber	LüA / Lpp [m] BSpt [m] H [m]	Tragf. (t) Tiefg.[m] Verm.	**Hauptmotor Typ** Baujahr Hersteller Nennleistung
10 517 1992	**LINDENHOF** (Umbau) Chemikalien-Tankmotorschiff Rheinfracht GmbH, Mannheim	110,00 9,50 3,10	2050 3,15	4Te Dieselmotor 1988 DEUTZ 960 KW
10 518 1992	**KÖNIGSTEIN** Fluss-Kabinenschiff Partenreederei/KR v.d. Heide, Potsdam	67,00 8,20 3,00	 1,50	2 Dieselmotoren 1992 MTU 2 x 214 KW
10 519 1993	**SANDAL** Küstenmotorschiff (White Sea Onega Shipp. Comp., Petrozavodsk, Russia) SAL Navigation Comp. Ltd., Limassol, Cyprus. Nicht in Bodenwerder gebaut! Nur Materialpaket nach Russland geliefert zur dortigen neuen Schiffswerft „Onega-Arminius-Shippbuilding“ in Petrozavodsk; Bau-Nr. 001	81,44/77,83 11,30 5,40	2300 1556 BRT	4Te Dieselmotor 1994 MaK 6 Zyl. 1000 PS
10 520 1994	**SUOJARVI** Küstenmotorschiff (White Sea Onega Shipp. Comp., Petrozavodsk, Russia) SAL Navigation Comp. Ltd., Limassol, Cyprus. Nicht in Bodenwerder gebaut! Nur Materialpaket nach Russland geliefert zur dortigen neuen Schiffswerft „Onega-Arminius-Shippbuilding“ in Petrozavodsk; Bau-Nr. 002	82,20/77,83 11,30 5,40	2300 4,22 1596 BRT	4Te Dieselmotor 1994 MaK 6 Zyl. 1000 PS
10 521				

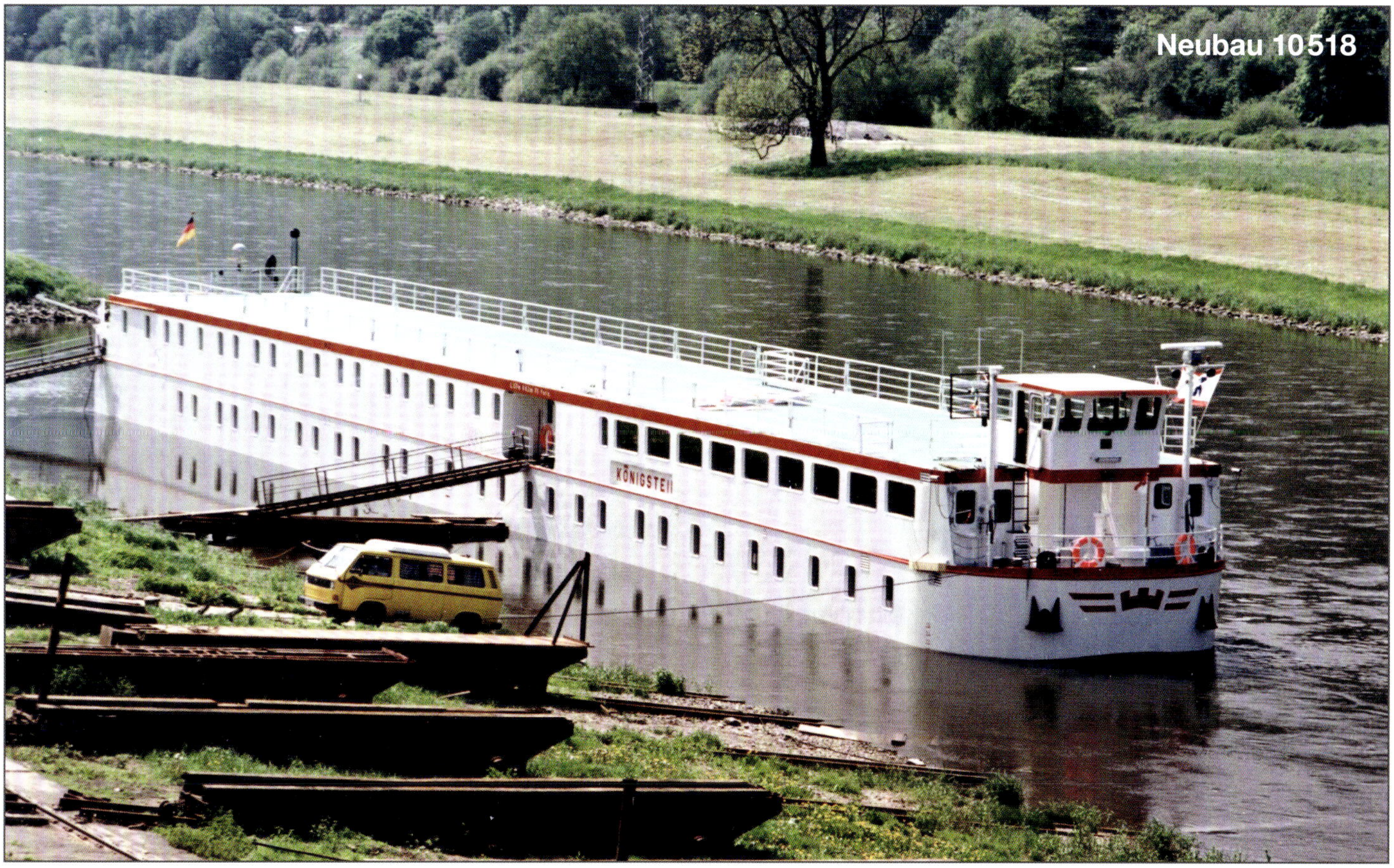

Neubau 10518

Abb. 276

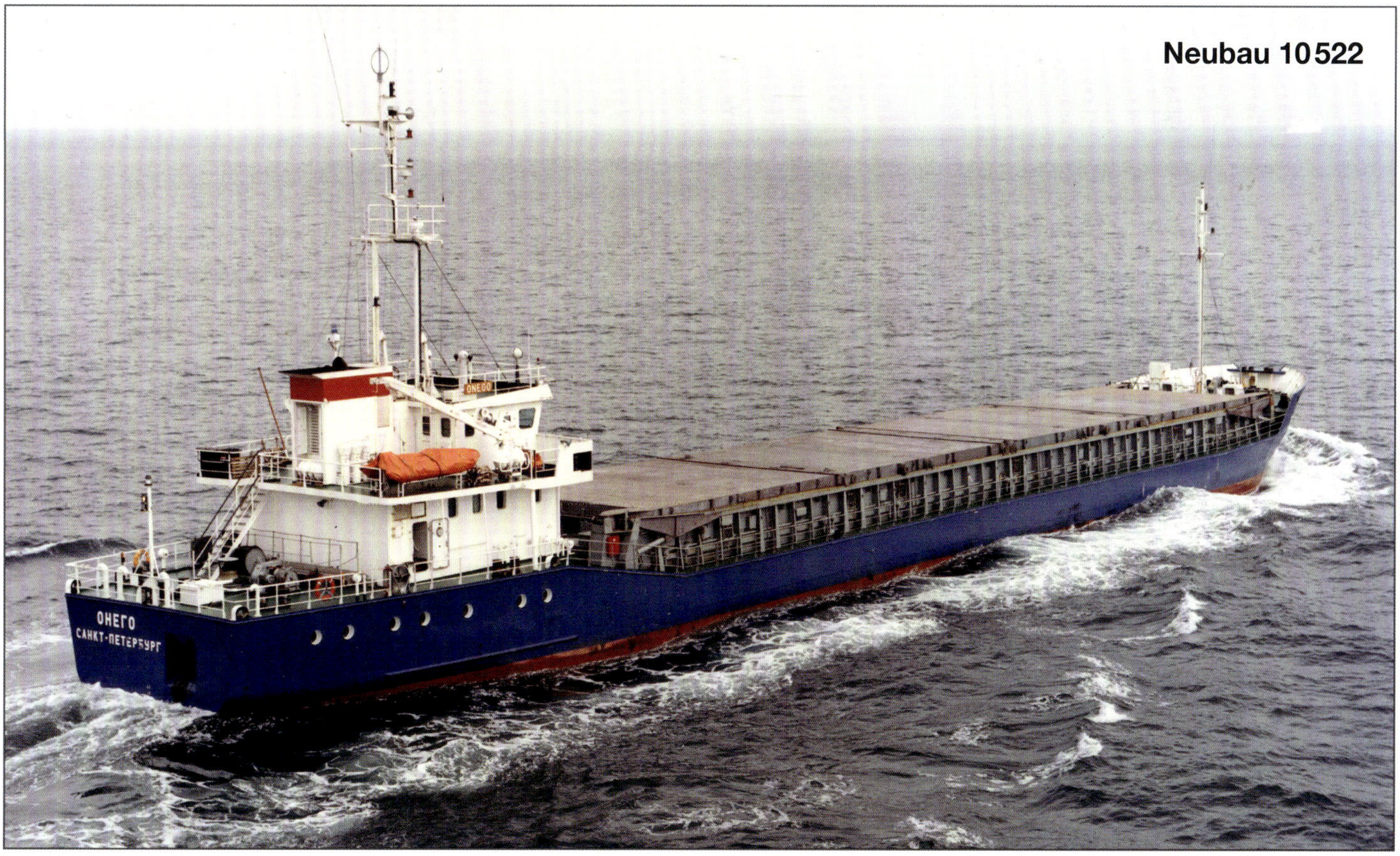

Neubau 10522

Abb. 277

Baunr. Baujahr	**Name** Schiffstyp Auftraggeber	LüA / Lpp [m] BSpt [m] H [m]	Tragf. (t) Tiefg.[m] Verm.	**Hauptmotor Typ** Baujahr Hersteller Nennleistung
10 522 1991	**ONEGO** Küstenmotorschiff White Sea Onega Shipp. Comp., Petrozavodsk, Russia	81,20/77,40 11,30 5,40	1890 3,65 499BRT	4Te Dieselmotor 1991 MaK 6 Zyl. 1360 PS
10 523 1992	**VYG** Küstenmotorschiff White Sea Onega Shipp. Comp., Petrozavodsk, Russia	81,44/77,40 11,30 5,40	2300 4,23 1599 RT	4Te Dieselmotor 1992 MaK 1000 KW
10 524 1993	**SEG** Küstenmotorschiff (White Sea Onega Shipp. Comp., Petrozavodsk, Russia) SEG Shipp. Comp. Ltd., Limassol, Cyprus	81,44/77,40 11,30 5,40	2300 4,23 1596 RT	4Te Dieselmotor 1992 MaK 1000 KW
10 525 1993	**MEG** Küstenmotorschiff (White Sea Onega Shipp. Comp., Petrozavodsk, Russia) MEG Shipp. Comp. Ltd., Limassol, Cyprus	81,44/77,40 11,30 5,40	2300 4,23 1596 RT	4Te Dieselmotor 1993 MaK 1000 KW
10 526 1994	**KENTO** Küstenmotorschiff (White Sea Onega Shipp. Comp., Petrozavodsk, Russia) UYA Shipp. Comp. Ltd., Limassol, Cyprus	81,44/77,40 11,30 5,40	2300 4,23 1596 RT	4Te Dieselmotor 1993 MaK 1000 KW
10 527 1993	**SYAM** Küstenmotorschiff White Sea Onega Shipp. Comp., Petrozavodsk, Russia (in Emden gebaut als Bau-Nr. 197)	81,44/77,40 11,30 5,40	2300 4,23 1598 RT	4Te Dieselmotor 1993 MaK 1000 KW
10 528 1994	**KERET** Küstenmotorschiff (White Sea Onega Shipp. Comp., Petrozavodsk, (Russia) KORIANGI Shipp.Comp. Ltd., Limassol, Cyprus	81,44/77,40 11,30 5,40	2300 4,23 1598 RT	4Te Dieselmotor 1994 MaK 1000 KW

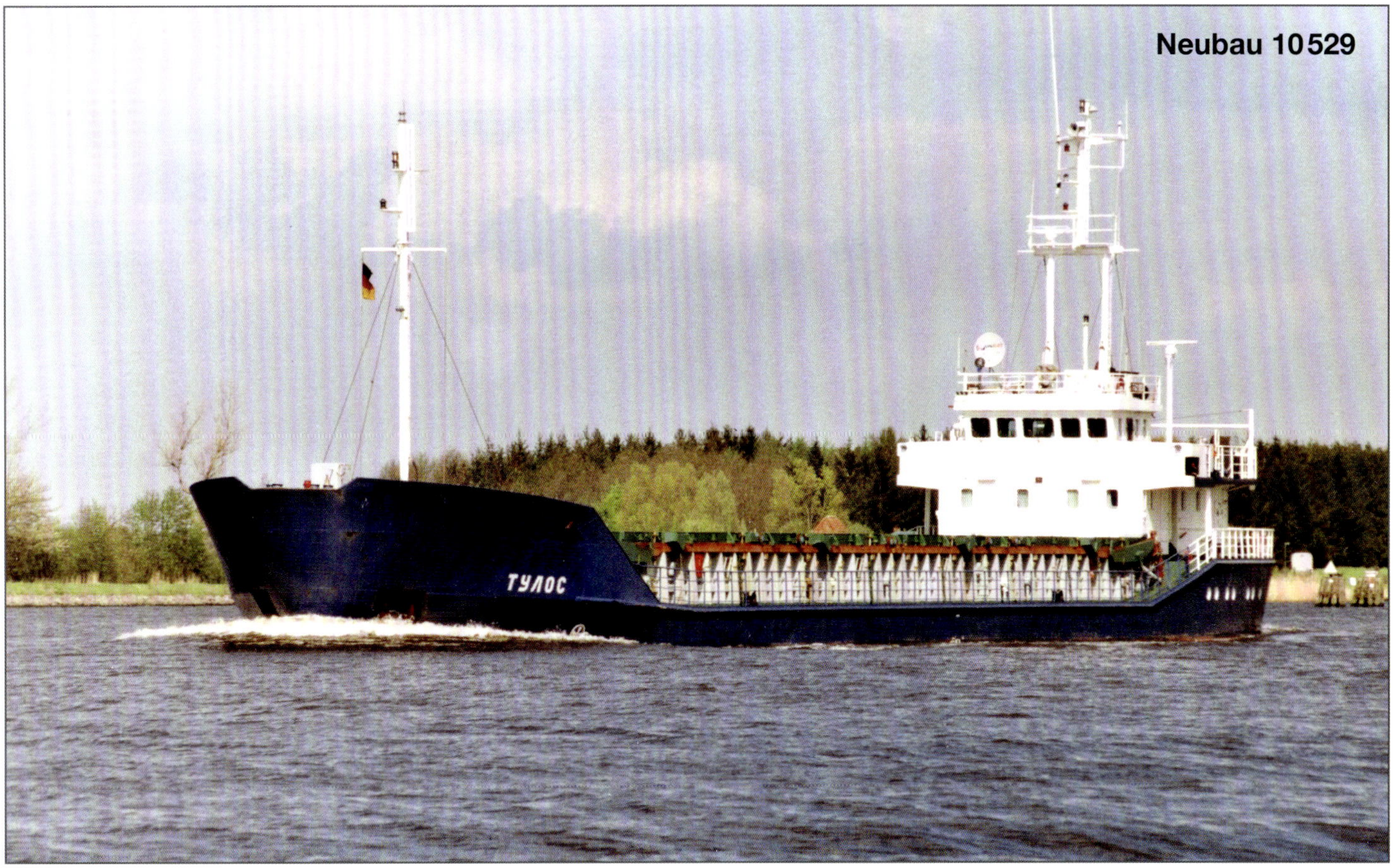

Neubau 10529

Abb. 278

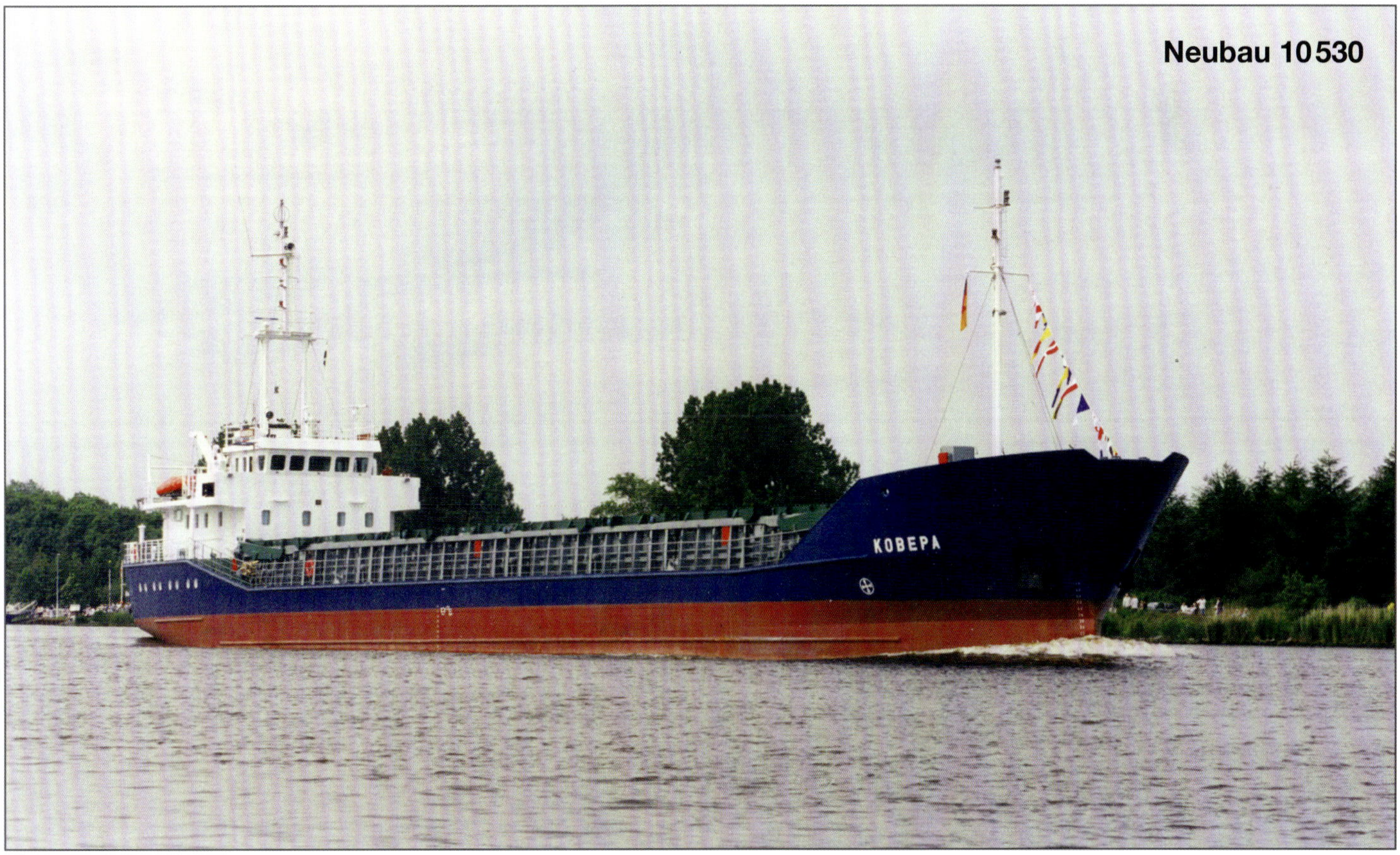

Neubau 10530

Abb. 279

Baunr. Baujahr	**Name** Schiffstyp Auftraggeber	LüA / Lpp [m] BSpt [m] H [m]	Tragf. (t) Tiefg.[m] Verm.	**Hauptmotor Typ** Baujahr Hersteller Nennleistung
10 529 1995	**TULOS** Küstenmotorschiff (White Sea Onega Shipp. Comp., Petrozavodsk, Russia) SAL Navigation Comp. Ltd., Limassol, Cyprus	81,44/77,40 11,30 5,40	2300 4,23 1598 RT	4Te Dieselmotor 1994 MaK 1000 KW
10 530 1995	**KOVERA** Küstenmotorschiff (White Sea Onega Shipp. Comp., Petrozavodsk, (Russia) KORIANGI Shipp. Comp. Ltd., Limassol, Cyprus	81,44/77,83 11,30 5,40	2300 4,23 1596 RT	4Te Dieselmotor 1994 MaK 1000 KW
10 531 1995	**KELARVI** Küstenmotorschiff (White Sea Onega Shipp. Comp., Petrozavodsk, Russia) SAL Navigation Comp. Ltd., Limassol, Cyprus	81,44/77,83 11,30 5,40	2300 4,23 1596 RT	4Te Dieselmotor MaK 1000 KW
10 532 1996	**ATAMAN GOLOVATIJ** Küstenmotorschiff Kuban River Sea Shipp., Krasnodar, Russia. Annulliert, übergegangen an Irtysh River Shipping und unter Bau-Nr. 10535 als **IRTYSH 1** abgeliefert	88,35/85,30 12,30 5,70		
10 533 1996	**(PEKA MOPE)** Küstenmotorschiff Kuban River Sea Shipping Comp., Krasnodar, Russia. Annulliert, übergegangen an Irtysh River Shipping und unter Bau-Nr. 10541 als **IRTYSH 2** abgeliefert	88,30/85,30 12,30		

Baunr. Baujahr	**Name** Schiffstyp Auftraggeber	LüA / Lpp [m] BSpt [m] H [m]	Tragf. (t) Tiefg.[m] Verm.	**Hauptmotor Typ** Baujahr Hersteller Nennleistung
10 534 1996	**OYAT** Küstenmotorschiff White Sea Onega Shipping, Petrozavodsk, Russia. Nicht in Bodenwerder gebaut! Nur Materialpaket nach Russland geliefert zur dortigen „Novo Nevskaya Shipyard“ in St.Petersburg	82,50 11,30 5,40	2300 2345 BRZ	 MaK 1000 KW
10 535 1996	**IRTYSH 1** Küstenmotorschiff Irtysh River Shipping Comp., Omsk (begonnen als **ATAMAN GOLOVATIJ** unter Bau-Nr. 10532)	88,35/85,30 12,30 5,70	2913 4,417 2080 BRZ	4Te Dieselmotor 1996 MaK 1240 KW
10 536	Leernummern aus Bestellung von 10 Schiffen der BFL!			
10 537	Leernummern aus Bestellung von 10 Schiffen der BFL!			
10 538	Leernummern aus Bestellung von 10 Schiffen der BFL!			
10 539	Leernummern aus Bestellung von 10 Schiffen der BFL!			
10 540	Leernummern aus Bestellung von 10 Schiffen der BFL!			
10 541 1996	**IRTYSH 2** Küstenmotorschiff Irtysh River Shipping Comp., Omsk	88,35/85,30 12,30 5,70	2913 4,42 2096BRZ	4Te Dieselmotor 1996 MaK 1240 KW
10 542	Leernummern aus Bestellung von 10 Schiffen der BFL!			

Baunr. Baujahr	**Name** Schiffstyp Auftraggeber	LüA / Lpp [m] BSpt [m] H [m]	Tragf. (t) Tiefg.[m] Verm.	**Hauptmotor Typ** Baujahr Hersteller Nennleistung
10 543	Leernummern aus Bestellung von 10 Schiffen der BFL!			
10 544	Leernummern aus Bestellung von 10 Schiffen der BFL!			
10 545	Leernummern aus Bestellung von 10 Schiffen der BFL!			
10 546 1995 Abl. 7.10.	**LEZHEVO** Küstenmotorschiff (White Sea Onega Shipp. Comp., Petrozavodsk, Russia) SAL Navigation Comp. Ltd., Limassol, Cyprus. Nicht in Bodenwerder gebaut! Nur Materialpaket nach Russland geliefert zur dortigen neuen Schiffswerft „Onega-Arminius-Shippbuilding“ in Petrozavodsk; Bau Nr. 003	81,44/77,40 11,30	2300 4,23	 MaK
10 547 1997	**BALTIC SKIPPER** Küstenmotorschiff Baltic Forest Line GmbH, Hamburg. **Letztes in Bodenwerder in Teilen gebautes Schiff!** **Unfertig nach Emden verholt**	82,50/78,20 12,30 6,65	3110 5,03 2280 BRZ	

Abb. 280

Anmerkungen zur Bauliste

Eine gewisse Tradition und auf fast allen Schiffswerften übliche Praxis ist die sorgfältige Aufzeichnung der neu erbauten Schiffe mit den markanten Schiffsdaten. Dieses trifft auch für die *Arminiuswerft* zu.

• Die überlieferte Liste der Neubauten beginnt aus leider nicht erklärlichen Gründen mit der Neubaunummer 95 im Jahre 1924

• Für den Zeitraum zwischen 1902 und 1924 sind jedoch auf der Werft von *Christian Pape* eine größere Anzahl spezieller Schleppkähne, vorrangig für die Weserschifffahrt, entstanden; unter Auswertung der im LEA vorhandenen Rheinschiffsregister konnten ca. 34 Schleppkähne sowie 4 Pontons und der Küstenfrachter AUGUST BLUME ermittelt werden – diese sind in der Bauliste nach Jahreszahlen geordnet und durch Linien (---) markiert.

• Für die Angabe des Schiffsnamens und des Auftraggebers bei Ablieferung in Spalte 2 gelten generell die Angaben aus den Werftakten und Zeichnungen, ggfls. ergänzt durch Angaben im Rheinschiffsregister.

• Eine Auflistung der Schiffsbiografie ist nicht vorgesehen.

• Die technischen Angaben in den Spalten 3,4,5 entstammen größtenteils den Angaben auf den technischen Zeichnungen und Beschreibungen; die Eintragungen in den verschiedenen Registern sind in einigen Fällen widersprüchlich (!) – gleiches gilt für die div. Internetplattformen.

• Wegen der in Schifffahrtskreisen bis heute noch verwendeten Bezeichnung der Maschinenleistung in PS ist ausnahmsweise diese Bezeichnung in großen Teilen der Liste verwendet worden; die Umrechnung von PS in kW kann mit dem Faktor 0,7355 erfolgen.

• Die Neubaunummern (ab 10519) für die Kümo-Neubauten der *Arminius Werke* konnten erst nach Auswertung der Bau- / Ablieferungsunterlagen korrigiert werden.

• Die Zuordnung der Schiffsfotos zu den Angaben in der Bauliste war nicht immer möglich – zur Identifikation sind daher die Fotos oben rechts zusätzlich mit der Neubaunummer gekennzeichnet.

Literaturhinweise

Bachmann, Jutta / Hartmann, Helmut: *Schiffahrt Handel Häfen – Beiträge zur Geschichte der Schiffahrt auf Weser und Mittellandkanal,* Minden, Mindener Hafen GmbH, 1987

Boie, Cai: *Von der Hansekogge zum Containerschiff – 500 Jahre Schiffbau in Deutschland (Werften und Baulisten),* Hamburg, Boie, 2001

Burg, Friedbert / Cambruzzi, Sandro: *Schubeinheiten und Koppelverbände der Binnenschiffahrt in Deutschland,* Herford, Köhler, 1991

Commerz- und Disconto-Bank AG: *WER gehört zu WEM, Mutter- und Tochtergesellschaften von A – Z,* Hamburg, 1954 und 1955

Creydt, D. / Meyer, A.: *Zwangsarbeit für die Rüstung im niedersächsischen Bergland,* Braunschweig, Steinweg, 1994

Detlefsen, Gerd-Uwe: *125 Jahre Cassens-Werft – über 300 Jahre Schiffbau in Emden,* Bremen, Hauschild, 2000

Eckoldt, Martin (Hrsg): *Flüsse und Kanäle – die Geschichte der deutschen Wasserstraßen,* Hamburg, DSV, 1998

Ellerbrock, Bernd: *Der Dortmund Ems Kanal,* Hövelhof, DGEG Medien, 2017

Hamann, Andreas: *Die Binnenschifffahrt auf mitteldeutschen Gewässern 1931-1945,* Lauenburger Hefte zur Binnenschifffahrtsgeschichte, Nr. 18, Verein zur Förderung des Lauenburger Elbschiffahrtsmuseums e.V., Lauenburg, 2021

Hartung, Fritz: *Die technische Entwicklung der Binnenflotte 1945 – 1955*, Schriftenreihe des Zentral-Vereins für deutsche Binnenschiffahrt e.V., Heft 76, Duisburg, Rhein-Verlagsges., 1955

Knoke, Horst: *Hamelner Wasserbauwerke an der Weser – die Geschichte der Schleusen und Wehre, der Münsterbrücke und des Hafens,* Bielefeld, Verlag für Regionalgeschichte, 2003

Kruse, Jan: *Frachtschifffahrt und Schiffbau im Weserbergland – vom Beginn der Dampfschifffahrt bis in die Gegenwart,* Hameln, Niemeyer, 2009

Löbe, Karl: *Das Weserbuch – Roman eines Flußes,* Hameln, Niemeyer, 1968

Löbe, Karl: *Sorgen und Schaffen für die Weser – Arbeits- und Lageberichte des Weserbundes e.V.,* Heft 1, Bremen, 1956

Löbe, Karl: *Weserschiffe – ein Bild von Leistung und Leben der Schiffseigner auf der Weser*, Bremen, Hauschild, 1961

Schirsching, Jürgen: *Schifffahrt auf dem Mittellandkanal,* Erfurt, Sutton, 2015

Schreiber, Erich: *Handbuch für die Deutsche Binnenschiffahrt 1929/1930,* Hamburg, Meissner & Christiansen, 1929,

Soldan: *Die Wasserwirtschaft Deutschlands und ihre neuen Aufgaben,* Band III, Berlin, Hobbing, 1925

Strasburger, Erich: *Die Schweißtechnik – mit besonderer Berücksichtigung des Schiffbaus,* Leipzig, VEB Fachbuchverlag, 1955

Zentral-Verein für deutsche Binnenschiffahrt e.V.: *Verkehrspolitik und technischer Fortschritt der Binnen-*

schiffahrt, Duisburg, Binnensch.-Verlag, Heft 99, 1964

Zentral-Verein für deutsche Binnenschiffahrt e.V.: *Binnenschiffahrt in der Jahresmitte 1958,* Duisburg, Binnensch.-Verlag, Heft 83, 1958

Zentral-Verein für deutsche Binnenschiffahrt e.V.: *Verkehr und Wirtschaft, Festschrift für Otto Most,* Duisburg, Binnensch.-Verlag, 1961

./. : Westfälische Transport-Aktien-Gesellschaft (Hrsg.): *WTAG 1897 – 1957,* Dortmund, 1957

Periodika / Register

Die Weser – Werra und Fulda, Monatsschrift des Weserbundes e.V., Bremen, Jahrgänge 1969 – 1989

Binnenschiffahrtsbüro beim Germanischen Lloyd, Germ. Lloyd, Hamburg, Ausgaben 1951, 1953, 1955, 1957

Deutsches Binnenschiffahrtsbüro, Hamburg, Register 1961, 1963, 1966, 1968, 1970, 1974

Internationales Register, Germanischer Lloyd, Berlin/ Hamburg, Jahrgänge 1950 bis 1995

Rheinschiffs Register 1926, Rheinschiffs-Register-Verband, Frankfurt a.M., 1926

IVR, Internationale Vereinigung des Rheinschiffsregisters, Köln, Jahrgänge 1972 bis 1999

Internationales Rheinschiffsregister, IVR (Hrsg.), Rotterdam / Köln, 1963

HANSA – Zeitschrift für Schiffahrt, Schiffbau, Häfen, Hamburg, Jahrgänge 1949 bis 1990

SCHIFF und HAFEN – Organ der Schiffbautechnischen Gesellschaft, Hamburg, Jahrgänge 1953 bis 1990

Binnenschiffahrt, Bundesverband der deutschen Binnenschiffahrt e.V., Duisburg, Geschäftsberichte, Jahrgänge 1975 bis 1980

Binnenschiffahrts Nachrichten, Duisburg, Binnenschiffahrtsverlag, Jahrgänge 1946 - 1989

Zeitschrift für Binnenschiffahrt, Zentral-Verein für deutsche Binnenschiffahrt e.V. (Hrsg.), Berlin, Jahrgänge 1910 – 1934

Zeitschrift für Binnenschiffahrt und Wasserstraßen, Zentral-Verein für deutsche Binnenschiffahrt e.V. und Verein zur Wahrung der Rheinschiffahrtsinteressen e.V. (Hrsg.), Duisburg, Binnenschiffahrtsverlag, Jahrgänge 1945 – 1982

Schiffahrt und Technik – internationale Fachzeitschrift für die Schiffahrt, Duisburg, Krüpfganz, Jahrgänge 1993 – 2000

Werft – Reederei – Hafen, Organ der STG, HTG und der HSVA, Berlin, Springer, Jahrgänge 1922 – 1942

Schiffbau – Zeitschrift für die gesamte Industrie auf schiffbautechnischen und verwandten Gebieten, Berlin, Jahrgänge 1904 – 1928, 1934, 1940

Deister- und Weserzeitung – Dewezet, Tageszeitung für das Weserbergland, Hameln

Archive

Niedersächsisches Landesarchiv, Abtlg. Hannover
Niedersächsisches Landesarchiv, Abtlg. Stade
Stadtarchiv, Hannover
Kreisarchiv Landkreis Holzminden, Holzminden
Elbschifffahrtsarchiv, Lauenburg (LEA)

Quellennachweise für Fotos, Zeichnungen, Archivalien

Der überwiegende Teil aller Unterlagen entstammt den Sammlungsbeständen des Elbschifffahrtsarchivs in Lauenburg zur Geschichte der *Arminiuswerft* in Bodenwerder. Weitere Fotos aus Privatbesitz bilden eine wertvolle Ergänzung. Trotz aller Bemühungen konnte in wenigen Fällen der Fotograph nicht korrekt ermittelt werden. Wir bitten daher eventuell Betroffene um Nachsicht.

Elbschifffahrtsarchiv Lauenburg (LEA)

Sammlungsbestand „Arminius" im LEA:

Eigene Fotos Arminiuswerft: Abb. 12, 16 bis 28, 30 bis 36, 37, 38, 41, 44, 45, 46, 48, 51 bis 72, 77 bis 92, 94 bis 99, 100 bis 106, 108, 109, 110, 111,112, 114 bis 125, 128, 129, 130, 137, 138, 171 bis 174, 178, 179, 182, 187, 189 bis 194, 196 bis 211, 213, 218 bis 227, 229, 230 bis 233, 238, 239, 244 bis 254, 265, 270, 281, Titelbild

Eigene Fotos Arminius Werke: Abb. 141 bis 146, 149 bis 163, 166, 180, 181, 271, 273, Umschlagrückseite

Technische Zeichnungen und Pläne: Abb. 1, 14, 15, 29, 36, 42,49, 93, 107, 126, 131, 147, 177, 217

Aktenbestände: Abb. 6, 9, 10, 39, 43, 73, 127, 135, 139, 164, Vorsatzbild

Andere Bild-Autoren:

Henry Albrecht, Neuwied: Abb. 167, S. 6 und S. 251 ; Westdeutsche Luftwerbung: Abb. 2; Kurt Gassner, Hannover: Abb. 74; Werftunion: Abb. 75; Dieter Kemp, Homberg: alle Abb. Anhang 1

Unbekannte Bild-Autoren: Abb. 228, 240, 259, 261, 277, 278, 279, 280

Andere Bestände im LEA: Abb. 12, 169, 170, 176

Archive:

Niedersächsisches Landesarchiv, Hannover: Abb. 47, 50; Stadtarchiv Hannover: Abb. 175; Kreisarchiv Landkreis Holzminden Abb. 3, 4, 5, 7

Private Sammlungen/Fotos:

Haeger & Schmidt, Duisburg: Abb. 133

Werner Hinsch, Hohnstorf: Abb. 76, 136, 168

J.G. Hitzler, Lauenburg: Abb. 40

Jan Kruse, Hameln: Abb. 8 (Slg), 165, 183 (Slg), 184, 188 (Slg)

Gerd Schuth, Koblenz: Abb. 113, 132, 134, 140, 148, 255, 257, 258, 266, 267, 268

Gerhard Fiebiger, Bad Segeberg: Abb 11 (Slg), 186 (Slg), 241

Peter Voß, Bremerhaven: Abb.149, 262, 263, 269, 272, 274, 275, 276

Lutz Nitze, Tangerhütte: Abb. 195

Jürgen Schirsching, Oldenburg: Abb. 212, 216, 237

Ulrich Brammer, Bleckede: Abb. 215, 235

H. Stegmann, Mainflingen: Abb. 214

Konrad Spitzlay, Duisburg: Abb. 242, 243

Roland Hesse. Rodgau: Abb. 234, 236

Hans-Werner Garbe, Hamburg: Abb. 256

Bernd Kirtz, Duisburg: Abb. 260

Jürgen Pfennigstorf, Hamburg: Abb. 264

Abb. 281: Neubau der ersten Tankschiffe 1954 auf der *Arminiuswerft*